农业机械产业创新发展蓝皮书

国家农业装备产业创新发展报告

（2022—2023）

中国农村技术开发中心　组编

机械工业出版社

农业机械化是转变农业发展方式、提高农村生产力的重要基础，是实施乡村振兴战略的重要支撑。没有农业机械化，就没有农业农村现代化。习近平总书记指出，要大力推进农业机械化、智能化，给农业现代化插上科技的翅膀；党的二十大提出，要加快建设农业强国，实现中国式现代化，为新时期农业装备科技创新和产业发展提供了根本遵循，也提出了更多、更新、更高的要求。为厘清发展思路，找准发展方向，中国农村技术开发中心组织开展了"国家农业装备产业创新发展研究"并著写了本书。本书围绕国家战略和产业发展需求，系统分析了农业装备重点领域国内外产业发展与技术趋势、市场与政策，并基于文献计量和专利分析方法研究典型农业装备技术产品的前沿态势和转化应用情况，同时，结合"十四五"国家重点研发计划"工厂化农业关键技术与智能农机装备"重点专项的实施，坚持系统观念，进一步研究谋划我国农业装备创新发展的重点方向，并提出有关建议。

本书数据翔实、知识新颖、内容系统，既可供农业装备科技产业从业者学习借鉴，又能为企业、研究机构和政府管理部门提供决策参考。

图书在版编目（CIP）数据

国家农业装备产业创新发展报告. 2022—2023 / 中国农村技术开发中心组编. -- 北京：机械工业出版社，2025. 6. -- ISBN 978 - 7 - 111 - 78155 - 4

Ⅰ. S22

中国国家版本馆 CIP 数据核字第 2025XT4977 号

机械工业出版社（北京市百万庄大街 22 号　邮政编码 100037）
策划编辑：高　伟　周晓伟　　责任编辑：高　伟　周晓伟　章承林
责任校对：张亚楠　张　征　　责任印制：单爱军
北京盛通数码印刷有限公司印刷
2025 年 6 月第 1 版第 1 次印刷
169mm×239mm · 18.25 印张 · 2 插页 · 304 千字
标准书号：ISBN 978 - 7 - 111 - 78155 - 4
定价：168.00

电话服务　　　　　　　　网络服务
客服电话：010-88361066　　机 工 官 网：www.cmpbook.com
　　　　　010-88379833　　机 工 官 博：weibo.com/cmp1952
　　　　　010-68326294　　金 书 网：www.golden-book.com
封底无防伪标均为盗版　机工教育服务网：www.cmpedu.com

《国家农业装备产业创新发展报告（2022—2023）》

编审委员会

序

　　强国必先强农，农强方能国强。没有农业强国就没有整个现代化强国。农业强国是社会主义现代化强国的根基，满足人民美好生活需要、实现高质量发展、夯实国家安全基础，都离不开农业发展。农业装备是加快推进农业农村现代化的基础支撑和新质生产力，是保障粮食安全、全面推进乡村振兴、实现农业农村现代化、建设农业强国的重要支撑。

　　习近平总书记指出，要大力推进农业机械化、智能化，给农业现代化插上科技的翅膀。2024 年中央 1 号文件提出"大力实施农机装备补短板行动"。推进农业装备新质生产力发展，要锚定建设农业强国目标，坚持以保障国家粮食安全、全面推进乡村振兴为战略重点，既要补齐"一大一小"短板，又要强化原创性引领性创新，也要前瞻谋划培育战略新兴和未来产业方向。新时期，农业装备支撑、引领、保障现代农业的使命责任更加重大，迫切需要厘清发展思路，明确主攻方向，强化关键核心技术攻关，走出中国特色的农业机械化、智能化道路，以高水平科技自立自强助力中国式现代化。

　　习近平总书记指出，关键核心技术是要不来、买不来、讨不来的，要打赢关键核心技术攻坚战。经过多年的快速创新进步，我国已经成为全球农业装备制造和使用大国，科技创新进入自主创新的新阶段。但我国还不是农业装备强国，与欧美日韩等强国相比，我国在产品技术水平、制造质量、生产效率、国际市场占有率等方面尚有较大差距，突出表现为原始创新能力不足、关键核心技术受制于人、重大装备自主化水平不高、产业应用不平衡不充分。我国农业多样，区域特色突出，"大国小农"仍是基本农情，推进建设农业装备强国，要体现中国特色，立足我国国情，立足人多地少的资源禀赋、农耕文明的历史底蕴、人与自然和谐共生的时代要求，要走自己的路，既不能完全按照欧美模式，也不能照搬日韩发展模式。

　　习近平总书记强调，保障粮食和重要农产品稳定安全供给始终是建设农业强国的头等大事。党的二十大提出，要加快建设农业强国，强化农业科技和装备支撑，确保中国人的饭碗牢牢端在自己手中。要树立大农业观、大食物观，农林牧渔并举，构建多元化食物供给体系，多途径开发食物来源。2023年，全国粮食总产量达6.95亿吨，连续9年超过6.5亿吨，但总体上，我国谷物供需基本处于紧平衡状态。全方位夯实粮食安全根基，实施藏粮于地、藏粮于技战略，农业装备是重要支撑。未来，"谁来种地""怎么种地""如何种好"需求迫切，要紧盯世界农业装备科技前沿，推进自主智能农业装备、智慧农业等引领性技术创新，大力提升我国农业装备科技水平；要聚焦重大产业需求，以重大农业装备领域关键核心技术攻关为引领，发展更加先进适用、高效绿色、节约减损型农业装备，进一步提升生产机械化、智能化、机器人化水平，大幅提升农业综合生产能力和效率效益；要聚焦补齐农业机械化智能化短板弱项，着力提升农业信息化应用水平，加快推进丘陵山区实用高效作业装备"从无到有"的突破和"从有到好"的整体提升，增强丘陵山区和特色农作物生产机械化供给水平；要着力打造国家战略科技力量，强化企业科技创新主体地位，强化系统观念和战略引领，构建梯次分明、分工协作、适度竞争的产业科技创新体系，提升创新体系整体效能，加快实现高水平农业科技自立自强，提升产业链供应链韧性和安全水平。

创新贵在坚持。"农业机械产业创新发展蓝皮书"已经发布了5版，可以看到我国农业装备科技创新和产业发展的历程。《国家农业装备产业创新发展报告（2022—2023）》接续了之前的理念，用丰富的素材、多角度的视野回答疑问，提出方向，优化路径，突出特色。一是研究站位比较高远。从大农业产业和全产业链出发，以全球视野谋划和布局我国农业装备发展的历史方位、目标任务和未来方向，并提出有关对策与建议。二是研究视角比较独特。既有农业装备科技产业宏观分析，也有基于知识文献的国内外前沿科技研究，还有基于知识产权的农业装备产品技术转化与应用研究，也呈现了国家重点研发计划重点专项实施的进展成效，内容丰富，体系完善。三是研究团队构成比较合理，研究基础深厚，研究经验丰富。中国农村技术开发中心联合中国农业机械化科学研究院集团有限公司、中国科学院科技战略咨询研究院、中国技术交易所有限公司等单位共同推进，集政策、科研、开发、知识管理与转化应用于一体，凝聚形成了具有国际视野、全局观念、系统思维的中青年科技专家为主的战略研究团队，具备了长期持续跟踪研究农业装备产业科技创新的能力。

农业装备是国之重器，是实现农业强国的重要支撑。我国农业机械化担负着服务国家发展战略、提升农业综合生产能力和竞争力、促进农业农村现代化发展的历史使命。当前全球农业科技创新和产业变革加速,中国式农业农村现代化需求迫切,亟须加快发展农业装备新质生产力,助力新型工业化和建设农业强国。本书的出版,恰逢其时,既是学习贯彻落实党的二十大和二十届二中全会精神的切实举措,也是助力农业强国建设的有效方式,可作为农业装备行业企业、研究机构、政府行政管理部门和广大从业者的有益参考。希望该研究团队能够坚持开展此项研究工作,驰而不息,引领农业装备科技创新和产业发展的前行之路!

罗锡文

目　录

第 1 章 总 论

　　农业装备关乎国家粮食安全、乡村振兴和农业强国，是转变农业发展方式、促进农业增产增效、提高农村生产力的重要物质基础。农业装备不仅是摆脱繁重生产劳动的基础工具，还承载着追求持续生态、提升生活品质愿望实现的重要使命，更是推进人类社会生态文明进步的关键引擎。迫切需要加大力度推进原创性引领性重大农业装备攻关，实现重大装备智能化、制造能力高效化、作业服务智慧化、产业链条自主化，护航粮食安全，助力中国农业农村现代化。

1.1　全球农业装备发展进入新阶段

　　随着人工智能（AI）、物联网（IoT）、大数据等新一代信息高新技术与生物技术、先进制造技术的不断创新和深入融合渗透，农业装备技术进入了以"智能"为显著标志、服务领域多面化、机械功能多层次、作业更精准高效的新阶段，农业装备产品在全球食物系统中促进农业增产、系统增效、预防与应急的不可替代作用越来越突出。

1.1.1　农业装备产业强是世界农业强国的重要特征

　　1）美国、德国、日本等农业装备强国具有主导优势。2022 年，全球农业装备产业规模约 1620 亿美元，欧洲、美洲的产业规模、市场份额分别约占全球的65%、50%。

　　2）世界主要农业强国拥有一批占据产业链、价值链高端的跨国企业。欧美的约翰迪尔、凯斯纽荷兰、爱科、克拉斯代表了全球农业装备领先水平，位居全球第1、第2、第4、第5位，据不完全统计，从动力机械功率、联合收割机喂入量等角度看，拖拉机、联合收获机全球市场占有率分别达66%、80%；日本久保田位居全球第3位，洋马、井关、三菱在中小型水田农业装备方面全球领先；德国雷肯、阿玛松等在经济作物生产装备、播种机、植保机方面全球领先；法国库恩公司、意大利赛迈道依茨法尔公司也具有专业技术和细分市场专用产品优势。

3）面向全球的研发布局。约翰迪尔、凯斯纽荷兰、爱科和久保田等在全球建立了分支机构，包括销售网点、制造工厂、研发中心等，其中约翰迪尔公司有102家分支机构遍布全球，凯斯纽荷兰建有64家制造工厂和49个研发中心，业务遍及全球180个国家。

1.1.2 高效绿色农业装备是农业高质量发展的核心

1）农业动力装备大型化、绿色化、智能化，驱动农业规模生产高效化。大型化是推动生产效率跃升的关键。国际上，拖拉机主流机型达到300～500马力（1马力≈735.499瓦），凯斯纽荷兰公司拖拉机达到了778马力，动力换挡、无级变速等技术成熟应用于大中马力拖拉机。绿色化是实现节能减排的重要路径。电动、混合动力、甲烷动力等技术在拖拉机中商业化应用，约翰迪尔、芬特公司大马力电动拖拉机作业时间可持续4～7小时；凯斯纽荷兰甲烷动力液化天然气拖拉机拥有与柴油拖拉机相同的动力性能。智能化推进向少人化、无人化发展。自动导航、避障、路径规划等技术实现应用，2016年凯斯纽荷兰公司开发了全球首款无人驾驶拖拉机，实现了无人自主作业。

2）全程生产作业装备精细化、高效化、高质化，提高农业生产质量和效益。发达国家实现了农业生产作业及管理精细化。例如，单粒播种、单株管理、精准精量的投入调控，农业灌溉水利用系数达到0.7～0.9、农药利用率超过60%、化肥有效利用率达到50%以上。装备性能质量大幅提升实现作业高效化。世界先进农业装备中，谷物联合收获机配备动力达到530马力、喂入量25千克/秒；玉米青贮饲料联合收获机动力配备更是高达1073马力、收获效率120千克/秒；播种机最高速度18千米/时。智能控制推进农业装备作业高质化。智能控制由单目标向多目标、多参数融合，由单机作业向机群协同作业发展。从国际领先水平来看，播种精度达到99.5%，水稻联合收获机总损失率低于1%。

　　3）智慧农业引领未来农业生产颠覆性变革。发达国家纷纷布局发展智慧农业，构建了全程信息感知、定量决策、智能控制、精准投入的智能生产技术体系，形成了美国和德国大田生产、荷兰设施种养、以色列机器人化生产等典型智慧农业模式。预计到 2025 年，全球智慧农业市值将接近 300 亿美元。跨国企业布局人工智能、农业机器人等前沿技术领域，200 多种农业生产作业机器人进入商业化应用。

1.1.3　智能农业装备技术是国际竞争的焦点

　　随着人工智能、物联网、大数据和互联网技术支持的无人农场和智慧农业等新模式的涌现，近年来，大型跨国企业纷纷并购新能源、人工智能、农业机器人等初创企业，加速智能化转型，推进产业变革。例如，约翰迪尔推出了智能工业战略，并提出了以新能源技术为核心的"The Next Leap"愿景；凯斯纽荷兰推出以精准技术为核心的"Breaking New Ground"战略；克拉斯、约翰迪尔、凯斯纽荷兰等跨国企业共建了"365FarmNet"数据接口项目，实现了数据互联；爱科开发了作业路线规划平台"Geo-Bird"，与凯斯纽荷兰、克拉斯、天宝、拓普康等跨国企业农业装备辅助终端兼容。另外，数字化设计、数控加工、柔性生产线、各型工业机器人等先进制造技术的大量应用，以及严谨的生产管理、制造过程的质量检验、下线整机的实验测试与精细调整等方式，确保了智能农业装备产品质量和可靠性的世界级顶尖水平。

1.1.4　农业装备技术发展态势

　　国际农机展是观察农机技术发展态势的重要窗口，2023 年先后举办了北海道国际农机展和汉诺威国际农机展等，呈现了近年来全球农机的技术进展和产品升级。汉诺威国际农机展展出的设备呈现出向大型化、绿色化、高效化、智能化、多功能方向发展的趋势。北海道国际农机展除了展示欧美大型智能农业装备以外，更突出了适合日本丘陵山地小型作业机械智能化、自动化、省力化及精准化高度融合的特点。

1. 2023 年汉诺威国际农机展

1）在动力装备方面，体现了大马力、环保型与智能化控制的显著特点。农机制造巨头如约翰迪尔、凯斯纽荷兰、芬特等公司推出了多款功率超过 400 马力的大型拖拉机，最高达到 778 马力。电动、混合动力和甲烷动力拖拉机成为绿色化发展的主要方向，显示出对低碳排放和环保技术的重视。约翰迪尔的电动拖拉机概念机、凯斯纽荷兰的全电动 T4 拖拉机等产品进一步推动了农机电动化的进程。

2）农业生产作业装备的精细化和高效化也成为关注重点。播种、耕整、植保、收获等环节的机械装备广泛应用了智能技术，以提升作业效率和质量。例如，库恩公司和德国豪狮公司推出的精密播种机能够以更高速度和更大的作业幅宽实现精准作业。展出的植保、收割装备也具备了智能控制、自动调节等功能，大大提高了农业生产的精细管理水平。

3）人工智能和机器人技术的广泛应用正在改变农业装备的运作模式。农业物联网、传感器、大数据和智能算法等技术的结合，使得农业装备可以实现智能化的作业管理，如约翰迪尔的 See&Spray 定向植保技术通过深度学习识别作物和杂草，极大减少了农药使用量。德国 NEXAT 公司自主作业平台采用模组连接方式，搭载耕作、种植、植保和收获等机器人化作业机具，变革了农业装备动力与机具配套模式。无人作业平台和多机协同系统等展示了农业装备未来向自主协同作业方向发展。

4）农业装备材料技术的进步也是一大亮点。新型纳米材料、耐腐蚀材料等在农机结构和零部件中的应用，提高了农业装备的耐用性。农业机械进一步向资源节约、环境友好的方向发展，各类精准播种、节水灌溉、精密施肥装备成为推动农业生产可持续发展的重要工具。

2. 2023 年北海道国际农机展

1）推出更省力化的轻便型作业装备。久保田、洋马、井关等公司推出的水稻插秧机、蔬菜移栽机，采用纯机械驱动方式，体积小、灵活移动，适用于丘陵小地块和温室作业，技术上优化改进了苗盘进给结构，使人工上盘更方便，且该部分可选配定制，满足不同场景需求。

2）推出了更具人性化的操控系统。遥控和自动控制技术，提升了电控功能，如补苗盘提升、缺苗报警、定速巡航、各关键部件保养提示等，减少了人力投入。

3）推出了更精细化的作业方式。久保田升级了久保田智能农业系统（KSAS系统），涵盖机械化的全程作业，通过机、液、电一体化实现农田环境、作物、水肥药、产量等的数据收集和精细化作业，最大程度提高农业生产效益。

1.2 我国农业装备发展的战略需求

我国农业机械化迈入了向全程全面高质高效转型升级的发展新时期。目前，我国城镇化与现代化持续推进，农村务农青壮年劳动力短缺成为常态，农业生产的人力成本逐年飙升，对农业装备高性能、高效率、高舒适性的期望成为不可逆转的趋势。用先进农业机械解决好"谁来种地、怎样种地"的需求日益迫切，农业装备产业科技创新能力要持续提升，新技术、新产品、新服务、新模式、新业态要创势而变，信息化、智能化、数字化技术要加快普及应用，产业链供应链自主可控能力要稳步提升。技术自动化与智能化迭代、产品配套化与大型化并重、作业高效化与高质化相承、服务组织化与社会化互融、智能制造与可靠性提升是未来发展的必然趋势。

1.2.1 保障粮食安全，提高粮食综合生产能力，迫切需要农业装备提质增效

习近平总书记指出，中国人的饭碗任何时候都要牢牢端在自己手上，我们的饭碗应该主要装中国粮，要把提高农业综合生产能力放在更加突出的位置。2023年，全国粮食总产量达 6954 亿千克，总体上供需处于紧平衡，但玉米、大豆、小麦等平均单产分别仅为世界领先水平的 60%、60%、80% 左右。据预测，我国2030 年的粮食（不含大豆）缺口将达到 1 亿吨，在全球安全格局变化背景下，必须进一步增加食物供给的弹性。我国耕地面积 19.18 亿亩（1 亩 ≈ 666.7 米²），位居美国、印度、俄罗斯之后，但中低产田约占 70%，我国粮食生产的产能潜力发

挥仅为 50% 左右，急需提升生产潜能。灾害减产和产后损失大，每年因气象灾害导致的粮食减产超过 500 亿千克，粮食收获、储备和消费环节的全链条损失率达到 10% 左右。迫切需要发展先进高效、高适应性农业装备，提高粮食综合生产能力。要面向"良田、良种、良法"，聚焦"种好、管好、收好"，发展高效、精细、智能、绿色智能农业装备，加快推进农业装备"从有到好"的提升和"从好到强"的引领，助力大面积提高单产，大幅提升农业综合生产能力，实现增产减损提质。

1.2.2 树立大食物观，构建多元化食物供给体系，迫切需要设施农业装备支撑

习近平总书记指出，要树立大食物观，在确保粮食供给的同时，保障肉类、蔬菜、水果、水产品等各类食物有效供给，要向森林要食物，向江河湖海要食物，向设施农业要食物。设施农业能极大拓展农业生产的可能性边界，是推进农业现代化的重要标志。我国是设施农业大国，设施蔬菜（含设施食用菌）年生产面积近 3500 万亩，年产量 2.65 亿吨；养殖奶牛 640 万头左右、年产 3900 多万吨牛奶；肉鸡养殖规模年出栏近 100 亿羽、笼养蛋鸡年存栏约 12 亿羽，基本实现了果蔬周年充足供应和畜禽产品供需基本平衡。预计我国水果蔬菜、猪禽肉、奶制品人均消费未来年均增速为 2%，我国 2030 年肉类、奶类、蛋类和水产品缺口将分别达到 4000 万吨、6000 万吨、1300 万吨和 2400 万吨。全方位、多途径开发食物资源，是更好满足人民美好生活需要的必然途径。但人均管理温室的面积是日本的 1/5、欧洲国家的 1/8；设施蔬菜平均单产是荷兰的 1/3，奶牛单产较美国低 50%，水产养殖单产较北欧低 30%~50%；生猪、蛋鸡死淘率分别为 20%、15%，远高于发达国家少于 10%、6% 的水平，设施生产机械化、自动化、智能化程度低，种植、畜禽和水产养殖机械化率仅为 40% 左右，制约了设施农业生产、设施养殖能力和绿色可持续发展，迫切需要加强设施装备支撑，实现设施标准化、绿色化、智能化、精细化生产，提高生产效率、产量、品质及安全和经济水平。发展低碳设施、智慧管控、智能作业等高效绿色设施生产技术装备，发展植物工厂、数字牧场、智慧渔场，加快设施种植、畜禽和水产养殖规模化、工厂化、智能化发展，持续提升质量效益和绿色发展水平。

1.2.3 全面乡村振兴，发展现代化大农业，迫切需要补齐农业装备短板

"十四五"时期进入全面推进乡村振兴、加快农业农村现代化的新阶段，强化农业科技和装备支撑对农业机械提出了更高的需求，也带来了新的发展机遇。《"十四五"全国农业机械化发展规划》要求，展望 2035 年，我国农业机械化取得决定性进展，主要农作物生产实现全过程机械化，机械化全程全面和高质量支撑农业农村现代化的格局基本形成。2023 年，我国主要农作物综合机械化率达到 74%，小麦、玉米、水稻三大粮食作物综合机械化率分别超过 97%、90% 和 85%，但农业机械化在区域、产业、品种、环节上发展不平衡不充分，其中占全国作物生产 1/3 的丘陵山区机械化率不足 50%，西南丘陵山区更是只有 29%；主要农作物种业装备机械化、智能化程度低，品种小区试验与繁育机械化水平低于 5%；我国农产品加工转化率仅为 65%，比国外低 20%，粮油、畜禽产品储运损失率为 8%，果蔬储运损失率达到 20%，果蔬、肉类、水产品冷链流通率仅为 35%、57%、69%，也远低于美国和日本的 90% 以上。这些短板弱项严重制约了实现全程全面、高质高效农业机械化、智能化，集中解决农业机械装备薄弱问题、提高农业装备自主研制能力、推进适宜装备研发推广成为重要任务。要补齐丘陵山区和种业装备短板，提升农产品加工装备的自动化、智能化水平，必须在关键单机成熟的基础上，发展成为成套技术和装备，促进品种、种植、流通、加工产业链技术创新升级。以科技创新引领构建现代化的大农业产业体系，推动种植业、养殖业、农产品加工与流通全程全面机械化，发展"土特产"商品化，延伸产业链、提升价值链，推动乡村产业发展壮大。

1.2.4 加速农业现代化，发展新质生产力，迫切需要农业装备自主可控

没有农业机械化，就没有农业现代化。农业机械化和农业装备是转变农业发展方式、提高农村生产力、加快农业农村现代化、发展农业强国的关键抓手和基础支撑。我国已经是农业装备制造和使用大国，农业装备科技进入自主创新的新时代，2023 年，农机行业规模以上企业营收达到 2400 多亿元，农机产品近 4500 种，国产农业装备保障能力达到 90% 以上。但比较来看，与世界强国相比，我国

农业装备存在产业散小弱、原创性引领性技术少、高端装备及高性能零部件受制于人、性能质量水平差距大等短板弱项，与实现农业农村现代化需求的目标还有较大差距。当前，全球农业装备进入体系化推进高效化、智能化、网联化、绿色化发展新阶段，新能源、人工智能、机器人等技术渗透，带动农业装备技术变革和新兴产业孕育。建设农机强国既面临重大战略机遇，也面临严峻挑战，要立足国情、农情，体现中国特色，紧盯世界农业科技前沿，推动战略性、全局性、前瞻性、颠覆性技术创新，破解产业重大科学和技术难题、瓶颈，支撑未来农业、能源、制造等未来产业发展，开辟发展新领域新赛道，不断塑造发展新动能、新优势，牢牢掌握我国农业装备科技发展主动权，实现高水平农业科技自立自强。

1.3 我国农业装备产业发展的技术需求

落实推进中国式现代化目标和保障粮食安全、树立大食物观、全面推进乡村振兴战略需求，需要坚持全程全面机械化、大中小一体推进、高质高效绿色智能统筹和机械化、自动化、信息化、智能化并联发展的中国式农业机械化智能化的发展思路，以引领性重大装备为突破口，统筹开展关键核心技术、高性能零部件、高效绿色智能装备、引领性产业应用等攻关，形成自主可控的技术、产品、制造、标准、服务和数据体系，推动发展新一代及未来农业装备产业。

1.3.1 农业装备基础共性技术攻关

围绕农业装备智能制造、智能装备、智能服务等，聚焦基础、共性、前沿重点方向，突破入土与切割部件高强耐磨材料与表面处理、仿生柔性采摘功能材料及制备等技术，突破土壤及环境智能感知与构建、动植物与农业微生物智能感知与生长调控等技术，突破高效传动、高适应行走和作业驱动、多源动力控制等技术，突破自主导航、作业监控、精准作业、大数据与智慧管理服务、智能网联及协同作业等智能生产技术及标准，实现传感器、控制器、驱动器等自主化，构建产业链技术、标准、数据等体系，夯实自主创新的共性技术基础。

1.3.2　大田生产智能机器人化作业技术攻关

围绕大幅提高规模化、集约化和丘陵山区粮食作物和经济作物生产效率，提升装备适应性、可靠性和安全性水平，强化人工智能、机器人、智能制造等技术与农业装备融合，重点突破多地貌姿态自适应、行走与转向驱动及控制、宽幅高效与多功能作业等技术，突破农业场景理解与感知、地图实时构建、路径动态规划、多机协同操控、多任务协同作业等自主作业技术，突破总线操控、作业工况和作业质量智能监测、作业参数智能调控等技术，突破精细整地、高速栽植、精量播种、定位除草、节水灌溉、精准施肥施药、减损收获等技术，研制大田耕种管收生产智能化和机器人化作业装备，推进由机械化智能化向机器人化发展。

1.3.3　高效及新能源智能农业动力技术装备攻关

围绕高效、节能、绿色等发展需求，聚焦大型化、多功能、新能源等发展方向，重点突破大功率柴油机节能及能量智能管理、橡胶履带行走系统、全动力换挡、无级变速传动、全工况电液悬挂提升等技术，突破柴电混合、纯电动、氢能动力、甲烷动力、太阳能等新型绿色能源动力系统适配和应用技术，突破智能总线控制与通信标准化、高精度自动作业导航、田间作业路径自动规划、动力与机具协同调控、集群作业等智能操控技术，开发柴电混合动力系统、能量及热管理系统、智能传动系统、低速发电机、大扭矩电动机等高性能零部件和系统，研制大型履带、柴电混动、大型电动等高效绿色拖拉机、机器人化动力平台，以及丘陵山地、水田、设施园艺等多功能动力平台，助力实现"双碳"战略实施。

1.3.4　种苗智能化生产作业技术装备攻关

围绕种苗高效提质制繁种生产需求，面向水稻、小麦、玉米等粮食作物种子生产，研制高通量表型平台、精准育种播种装备、玉米去雄与水稻高效授粉装备、高精度测产收获装备、种子精细分选和品质检测装备；面向水稻工厂化育秧、蔬菜园艺种苗生产，重点突破育苗环境光温水气热调控、水肥精准施用、种苗生长监测、智慧管理等关键技术，创制种子高质量处理、种苗精量播种成套设备、种苗生产智慧管控系统等工厂化商品种苗智能生产装备，着力形成全链条种业装备技术及产品体系，提高种业生产效率和质量水平。

1.3.5 工厂化设施种养智能技术装备攻关

围绕设施农业高效高质、生态绿色等发展需求，聚焦工厂化、智能化和可控化等发展方向，重点突破水肥自动比例混合、基于作物长势和需水量的水肥施用决策与控制、水肥一体化精准施用、作业远程监测与控制等关键核心技术，突破畜禽水产个体及群体生命与健康信息采集、生产精细监测及智能巡检、精量饲喂及投料、畜禽产品智能采集等关键核心技术，突破光温水气环境智能调控、生产精细管控等系统技术，开发节能绿色工厂化、立体化的种养设施，研制园艺精细生产智能装备、植物工厂立体栽培及采收设备、分级分群精细饲养设备、养殖防疫消毒智能设备、单元式/转盘式挤奶机器人等，推进设施种养向机械化、智能化、无人化方向发展。

1.3.6 农业智慧生产技术及系统装备攻关

面向未来农业发展，聚焦大田种植、畜禽养殖、设施园艺、水产养殖等智慧无人化生产，以智能计算、人工智能、新一代信息等为技术支撑，突破农业生命对象、复杂环境和工况下多源多类多元数据智能计算、农情预测理解等大数据技术，突破算法模型、智能装备、机器学习、自动对话等人机物高度融合技术，突破认知感知、协同互联、智能作业、全链管控、自主决策等端边云一体化管控技术，构建共享开放的农业智慧大脑，构建智能感知、自主决策、精准作业和智慧管理为基础的未来生产技术及装备体系，引领和支撑未来农业发展。

第2章　农业装备产业发展现状

2.1　国外农业装备产业发展现状

2.1.1　国外产业发展现状

1. 全球农业装备产业规模不断扩大，市场相对集中

2022 年，全球农业装备产业规模约 1620 亿美元，欧洲、美洲和亚洲分别约占全球农机产业的 22%、35% 和 34%。2022 年，约翰迪尔、凯斯纽荷兰、久保田、爱科、克拉斯全球前 5 位企业分别实现营业收入 526 亿美元、183 亿美元、192 亿美元、125 亿美元、54 亿美元，约占全球的 67%。跨国企业农业装备制造和产业链供应链朝着区域化、本土化、多元化、数字化等方向加速发展。瞄准通用型主导产品走国际化的道路，即"卖全球"，强化产品通用性，在满足本国需要的基础上，依靠出口和技术本土化生产达到产品技术适应性和制造性的经济型产能。已有 20 多家国外企业在我国设立了 40 多家工厂或代表机构，高端产品体现技术的先进性、成熟性和产品实用性，占据产业价值链的高端。

2. 农业装备产业集中度高、主导产品全球化

发达国家农业装备研发、制造、应用、推广、服务体系完善。以强大的工业实力为基础，核心基础零部件与元器件、基础材料、基础软件、基础工艺及产业技术体系化、成套化、专业化，支撑制造的农业装备性能先进，标准化、系列化、通用化程度高，使用可靠、方便、舒适性好。以领先的技术优势占据产业价值链的高端，并通过强大的商业资本实现产业整合，推动全产业链、金融链和跨国发展。约翰迪尔海外业务占比 48%，而凯斯纽荷兰、爱科、克拉斯海外业务占比都超过了 80%，久保田也有 73%。从全球发展角度看，全球贸易和欧洲、美洲

出口进一步拓展，亚洲、非洲进口逐步扩大。全球性贸易活跃，产业国际化明显，农业机械进出口额超过1000亿欧元，其中，欧洲、美洲占全球农机进口额的75%左右，占全球农机出口额的85%左右。从出口农机产品的种类来看，主要是拖拉机、草坪机械、收获机械，占比超过60%，德国、美国、英国、日本和法国为主要出口国。

3. 农业装备现代设计与制造技术高度集成，信息化管理系统完备

产品的数字化设计与数控加工、柔性生产线、各种工业机器人和先进的生产管理技术运用于实际生产中。采用现代产品开发技术，注重产品的创新设计，缩短产品的设计周期。可靠性寿命预测技术应用于产品的设计中，立足基础数据，等价设计产品寿命。柔性生产工艺适用于批量小、品种多、质量高的要求。生产过程在线质量检查技术全面应用。等离子切割、激光切割、数控成形、机器人焊接、高精度加工中心、数控化热处理等保障了零部件的精度和一致性；机器人涂装、全自动表面涂装线、无人化组装生产线、装备过程在线检测、整机性能测试等全方位把好质量关口；先进制造技术的广泛应用确保了产品的性能和质量。现代物流、智能调度、协同制造进一步精细化，降低了成本。国际农业装备巨头企业约翰迪尔、凯斯纽荷兰、爱科、克拉斯、久保田等，每年的研发费用投入与销售额的比值基本为2%~5%，拥有比较完善且自主化的设计制造基础数据、专用设计制造工具、材料选用与研发体系、产品全生命周期验证系统，设计制造系统性强，形成了标准化技术体系和专用设计制造平台，实现设计制造验证的智能、绿色、节能、高效、可靠、集成。

4. 农业装备技术产品体系基本成熟，进入全程全面机械化发展阶段

1）覆盖农业生产全过程。农业机械由种植领域的粮食作物，油料、糖料、纤维等经济作物向畜牧业、林业、果业、农产品加工业、农用工程机械等推进，覆盖了农业生产从种子生产、耕整地、种植、田间管理到收获加工、秸秆利用的全过程。

2）传感器与操控软件专用化。农机导航用陀螺加速传感器、毫米波雷达、谷物流量与清洁度测量、金属与异物监测、作物生长与土壤养分检测等作业对象感知与跟踪、工况实时监测与智能测控专用传感器件、机器作业参数操控软件，以及低损低耗高效作业的流程工艺、材料和部件等突破，应用于农业装备整机。

　　3）高效化技术工艺系列化、标准化发展。农机专用材料，动力换挡、电液悬挂等拖拉机节能增效技术，耕整与栽植复式作业、多种作物种子联合播种、水肥药一体化施用、多功能收获等技术与零部件系列化、标准化。

　　4）精准化技术成熟并广泛应用。农业生产作业及管理由群体向个体、广域向局域、定量向变量的全生命周期精细生产调控，达到单粒播种、单株管理，实现水、肥、药、光、热等生产要素的精准精量投入调控。

　　5）农业机器人软硬件全产业链发展。各类作业机器人不同程度地进入示范应用和产业化阶段，近200款机器人商品化应用于育苗、嫁接、番茄/葡萄/黄瓜采摘、农药喷洒等，荷兰设施农业，瑞士、德国大田除草，英国果实分拣和蘑菇采摘，以及西班牙、法国果品采摘，澳大利亚牧羊和剪毛等生产作业，极大提高农业产出效益。

2.1.2　国外技术发展现状

1. 大田农业装备技术加速向自主智能方向发展

　　1）农机测控精准化。由单项监控功能向多目标、多参数、多工况的更加智能方向升级，控制精度超过95%，甚至达到99%以上，实现了水、肥、药、光、热等生产要素的精准精量投入。

　　2）农机作业高效化。大型负载换挡拖拉机、耕整与栽植复式作业机具、大型多功能智能测控联合收获机，以及机器人化作业系统获得突破。例如，拖拉机动力达到515千瓦；条播播种机作业行数60行、作业速度18千米/时；喷杆喷雾机喷幅超过48米；谷物联合收获机喂入量超过20千克/秒、损失率降低到1%以下；玉米青饲收获机喂入量超过100千克/秒；大型机器人化智能作业装备实现了耕、种、管、收多功能机具同机换挂作业。

　　3）农机绿色化。电动、氢能、甲烷等清洁能源农机推进能源替代和节能减排。新型的农用动力平台可节省20%~40%的能源，农业灌溉水利用系数达到0.7~0.9、农药和化肥利用率达到60%和50%以上，农业废弃物综合利用、农产品减损保质处理和可持续发展绿色生态加速推进。

2. 设施农业技术已成为发达国家农业现代化的典型标志

　　设施农业已成为美国、荷兰、以色列、日本等发达国家部分地区农业生产的主流，对农业产生了重要影响。产量和产值在农业产业中的地位日益突出，荷兰70%的蔬菜，美国、加拿大、欧洲80%以上的肉、蛋、奶，挪威、以色列90%以上的水产品，韩国、日本、美国等90%以上的食用菌，均来自设施农业生产。设施农业的资源利用率逐步提高，以色列生产1千克番茄用水量仅为15～22升；与传统农场比，美国垂直农场用水量减少95%，肥料减少50%，农药零投入，年产量高出390倍。设施农业智能化水平不断提升，发达国家的设施农业实现了自动化生产；在智能感知方面，生产环境实时监测、作物长势、畜禽健康表征、鱼类行为感知等智能技术装备在荷兰、以色列、美国、挪威等国得到广泛应用；在智能决策方面，温室光热环境模拟、蔬菜营养需求、畜禽养殖专家系统、三文鱼精确投饵等核心知识模型和智能决策管理系统的应用，实现了设施农业的精细化智能管理；在智能作业方面，设施蔬菜工厂化育苗、移栽、嫁接、整枝、喷药、采收，畜禽水产精准投料与饲喂、自动清洗与消毒、健康感知与巡检、奶牛挤奶等智能作业装备和机器人的应用，大幅减少了人工依赖，提高了作业精度和作业效率。

3. 无人化农场技术成为国际农业竞争制高点

目前，农业数字化与农机数字化已成为世界农业科学家们的关注焦点，通过将信息技术应用于农业，推动农业生产实现机械化、智能化、信息化，以及物联网化，赋予农业全新的发展模式。应用5G等先进网络技术，农业将具备类似人类大脑的智能能力，农民无须亲临田间，只需坐在计算机前便能精准掌控农业生产的各个环节，实现"耳聪目明"的远程管理。无人化农场作为农业生产无人化的实施载体，可实现全天候、全过程、全空间的农事少人化、无人化生产，具有全生产要素系统性、生物信息工程等技术集成性和农业生产模式引领性，能够显著提高劳动生产率、土地产出率和资源利用率，推动传统农业转型升级，催生智慧农业新模式、新业态。发达国家积极布局农业数字化、农机数字化、无人化农业生产关键技术研究。世界主要发达国家出台了一系列支持政策，欧洲"地平线2020""Farming4.0"等计划，布局未来农场智慧农业项目，支持以现代信息技术与先进农业装备应用为特征的未来欧洲农业发展方向。大型跨国企业对无人化农场关键技术进行了研发和布局，其产品、系统和解决方案品类丰富、适用广泛、可靠性强、生产效率高，为无人化农场提供了有力支撑，产生了较大经济价值。例如，凯斯纽荷兰推出了凯斯精准农业系统AFS®，提供全方位的农田智能管理；克拉斯公司推出了精确定位解决方案 GPSPILOT；初创企业 Iron Ox 公司创新开发了自动化的种植和收获机器人系统，应用于大田和设施生产。有关数据显示，2025 年全球自主导航农机等核心产品的市场规模将超过 270 亿美元。英国、美国等国家将无人化农业生产关键技术应用于无人农场建设与实践。2020 年，约翰迪尔公司发布了集成导航定位、自动驾驶、多机协同、远程操控等产品的系统解决方案，即"未来农场 2.0"，实现了一键指令无人化农业生产。

4. 丘陵山区已经实现机械化生产

以日本、韩国为代表的国外典型丘陵山区农业发达国家，主要农作物生产机械化水平全球领先。日本丘陵山地面积占比将近 80%，61% 属于山地，但水稻在 1980 年就基本实现机械化，胡萝卜、洋葱等蔬菜的移栽、收获环节也基本实现机械化。韩国山地占据 2/3 的国土面积，地形多样，低山、丘陵和平原交错分布，其中水稻机耕、插秧、收获环节机械化率达到 100%，植保达到 98.1%；马铃薯、豆类、甘薯、萝卜、白菜、蒜、葱、辣椒等作物机耕达到全覆盖，覆膜和植保机械化率分别达 80%、90% 左右。在谷物生产方面，气力式精密播种、机电液智能控制系统、行距液压无级可调、高速气流辅助投种、电机驱动、卫星定位测速系统、播种和收获作业智能调控技术成熟应用，实现了作业高速化、智能化、精准化；蔬菜育苗、整地、移栽各环节已基本实现了机械化，链式纸钵、自动上盘等技术创新应用，正推动丘陵山区作业向高速化、自动化、专业化方向发展。

2.1.3　2023 年汉诺威国际农机展看发展趋势与重点

1. 农业装备进一步向大型化、绿色化、多功能方向发展

1）农业动力装备大型化、绿色化、智能化发展。世界农机巨头纷纷推出大功率、多功能、智能化拖拉机及其配套机具。拖拉机主流机型功率达到 300 ~ 500 马力，约翰迪尔 9030 系列拖拉机最大功率超过 400 马力，其中 9630（T）最大功率达到 597 马力。凯斯纽荷兰 Steiger 715 Quadtrac 拖拉机达到 778 马力。克拉斯 XERION 12.650 TERRA TRAC 拖拉机功率达到 653 马力。约翰迪尔、芬特、凯斯纽荷兰等纷纷推出电动、混合动力、甲烷动力等拖拉机，推进绿色化发展，约翰迪尔收购奥地利的 Kreisel Electric 公司，开发高密度、高耐久性的电池模块和电

池组，推出了输出功率500千瓦的电动拖拉机概念机，斯太尔（STEYR）混合动力CVT拖拉机最大功率260马力，芬特公司Fendt e100/e107 V Vario纯电动拖拉机电池100千瓦·时，可满足4～7小时连续作业；凯斯纽荷兰公司商业化T4全电动自动化多用途拖拉机功率达到120马力，可节省成本90%；凯斯纽荷兰T7液化天然气拖拉机，最大功率达到270马力，具有与传统柴油拖拉机相同的功率和扭矩，与T6压缩天然气拖拉机相比，续航里程提高一倍以上。

2）耕整、播种、植保、收获等全程生产作业装备精细化、高效化、高质化，大幅度提高了作业效率和质量。库恩公司的播种技术可以精确施用2种、3种或4种植物到3种不同播种深度。德国豪狮公司的Solus SX精密播种机工作幅宽可达12米，工作速度可达15千米/时，具有播种深度、压力调节等精确播种功能。格兰公司Optima SX高速播种机，工作速度可高达18千米/时，每个播种单元都通过电动机单独驱动并实现作业控制，其Geoseed®系统可精确和均匀控制播种行宽及株距，实现精密种植。马斯奇奥CHRONO高速电控精量播种机，可在15千米/时的高速下，精准完成玉米等作物的穴播作业，播种深度和株距准确率能够达到95%以上。约翰迪尔播种机最大作业幅宽可达27米，具有精量排种、覆土镇压力调节、堵塞监控等功能。美国大平原制造公司的播种机作业幅宽达到18米，其AccuShot精确施肥系统利用每行安装传感器，为每粒种子选择精确的肥料剂量，并将肥料喷洒在与单个种子保持合理距离的位置；雷肯公司的中耕机安装iQblue刀具监控系统，可在作业过程中检测可能的刀具损失和犁刀磨损情况；ARTEC F40 EVO自走式喷雾机作业幅宽最大达50米；Leeb VL系列喷药机工作幅宽可达48m，地隙高度最大2米，轮距调节范围可达1米，可在32千米/时作业速度下稳定控制喷杆；凯斯纽荷兰CR11联合收获机可在较低损失率下实现高速作业，最大动力775马力，可实时监测作物成分，分析和绘制养分和水分含量。克拉斯LEXION 8900TERRA TRAC联合收获机达到790马力，收获效率达到94吨/时，可自动调节脱粒滚筒速度、凹板间隙等，自适应调节脱粒、清选、流量。芬特IDEAL 10T联合收获机达到790马力，收获效率140吨/时，可自主识别并调整喂入量，自动调节割台、滚筒等，满足坡地作业需求，损失率控制在1%以内。

2. 人工智能和机器人化技术应用成为高端农业装备的重要发展方向

农业物联网、农业传感器、农业大数据与智能算法、农业机器人等智能农机关键技术应用推进智慧农业发展。

1）物联网技术结合传感器和定位系统，可实现精确的农田管理和资源利用。田间耕作、播种、收获、施肥、施药等农业机械全部加装有计算机控制系统和软件应用系统，根据地理位置、土壤、作物种类等情况，实现自动化耕作、精量化点播、变量化施肥等，利用智能化、自动化控制技术开展农业生产作业，并对农场、土地进行科学管理和决策。例如，AEF（农业电子基金会）创制 AgIN 为农业平台在线交互提供了解决方案，其将与数字服务提供商进行可靠、高质量的信息互连，同时利用现有的 AEF 为数字业务提供了大规模平台。

2）农业传感器技术应用可提供详细的农田信息，并通过图像处理和分析算法实现实时的决策支持。在作物生长情况与病虫害方面，高分辨率摄像头捕捉农田中的细节信息，可以实时监测作物的生长状态、病虫害情况及其他田间信息。例如，芬特公司创制的 E-Vario 除草系统设置有杂草识别及用于检测工作状态的传感器，可对田间杂草进行高精度识别；精密种植公司创制的 Radicle Agronomics 农田土壤分析系统，采用多项土壤传感技术搭建了土壤分析虚拟实验室。

3）农业大数据分析和人工智能算法在高端农业智能装备中发挥着关键作用。通过对农田中大量数据进行统计、分析与建模，可提取有关作物生长、土壤质量、气象条件等方面的农田信息。例如，凯斯纽荷兰创制的轴流式联合收获机雷达，利用人工智能算法可计算出收获机的最优刀杆高度，提高了联合收获机的作业效率。

4）人工智能技术应用提高作业质量。约翰迪尔 See&Spray 定向植保技术，采用深度学习视觉识别技术，识别至喷洒响应速度 0.2 秒，精确记录施用除草剂或农药的位置，实现定点喷施作业，减少除草剂和农药使用量 67% 以上，满足 12～19 千米/时作业速度需求。雷肯公司的 IC-Weeder AI 智能机械式除草机，基于深度学习原理的算法，通过颜色特征、质地、形状、大小和叶片位置，能够独立区分作物和杂卓，植物识别率超过 95%。约翰迪尔 X9 1100 联合收获机融合人工智能、计算机视觉、现场机器间通信等技术，集成传感器和自动驾驶，可自适应实时调整机器达到峰值作业水平，收获效率超过 100 吨/时，损失率 1% 以内。AgXeed、阿玛松和克拉斯公司联合开发的 Advanced Automation & Autonomy（3A）系统通过 ISOBUS 接口实现拖拉机与机具协作控制，以及不同田间作业机器人的规划与作业。

5）农业机器人技术的应用提高自主作业程度。德国 NEXAT 公司自主作业平台采用模组连接方式，用于耕作、种植、喷洒和收获等机器人化作业，变革了农业装备动力与机具配套模式。库恩公司 KARL 无人化平台，配备多种传感器，实现自主作业、编组（群体）作业，最大动力 175 马力，作业速度 3～15 千米/时。科罗尼（KRONE）和雷肯公司联合开发 Combined Powers 平台，基于美国 Apex. AI 公司的机器人操作系统（ROS）开发，最大动力达到 230 马力，搭载智能作业系统，可实现耕作、播种、刈割和其他农业作业，通过多个传感器系统，可监控周围环境和连接的机具，可远程通信、监控和控制。荷兰 AgXeed 公司系列 AgBot 平台最大 156 马力，定位精度 ±2.5 厘米，速度范围为 0～13.5 千米/时，可以油动、电动，具备障碍物检测、电子围栏、轮距可调等功能，可不间断地、无人监督地运行，满足耕种管无人化自主作业需求，节省高达 90% 的劳动力，与传统拖拉机相比，总成本平均降低了 25%～35%。约翰迪尔种植新技术，使用传感器和机器人技术，实现肥料精确施用到种子上，记录每个种子个体进入土壤的过程，减少 60% 以上的肥料用量，作业速度 16 千米/时，每秒播种 30 次。克拉斯将液压上连杆集成于多维三点控制系统中，高度测量传感器将机具三维位置信息传输至控制单元，控制单元将机具三维位置信息转换为液压系统连杆长度的调节值，可实现不同工况下拖拉机机具的自适应作业；凯斯纽荷兰的全电动自动多功能农业拖拉机的"跟随"模型可实现拖拉机随人行驶，当人过于靠近拖拉机传动轴安全系统自动关闭动力输出轴（PTO），设置有手势控制系统，拖拉机根据人的手势接受驾驶指令。

3. 多机协同作业技术应用提高农机利用率、提升农机作业质量、提高作业效率

3A 农业多机协同系统，其中 AgXeed Box 模块可通过 ISOBUS 接口将拖拉机和机具集成于自主作业过程中，机具可通过该接口与其他农机互动。同时该系统传感器可探测农机运行过程中的故障，可确保农业机械系统的平稳运行。Fachhochschule Kiel、Fachbereich Agrarwirtschaft、Christian-Albrechts-Universitätzu Kiel 联合研制的 AgTech CoPilot 系统，可将拖拉机、无人机（UAV）和机器人集成到协同网络中的新型系统。同时该系统能够实现精准农业，确保高效可持续作业。通过互联网、物联网技术实现与其他设备、系统的互联互通，实现不同农业装备的协同作业、资源信息共享，提高农业生产效率及生产力。

4. 高性能材料广泛应用于农业装备

农业纳米材料技术应用于微型传感器和监测系统，能使作物与电子设备通信，以优化作物生长和产量，应对胁迫或资源短缺，已有部分农场使用纳米传感器，检测土壤养分和农作物生长情况，为决策者提供准确信息，提高农业的生产效率。农机结构材料、农机具材料、橡塑材料和基础元器件等工程材料技术大幅提升农业装备的可靠性。其中，农机结构材料用于加工耕作机械的机架结构、收获加工机械和各种农机具的覆盖件，以及各种农机具的结构件。例如，ALL-IN-ONE 创制的新型土豆起垄装置，集成了新型土壤分割元件，有效避免土壤中杂质堵塞整机，起垄机中的各个结构化元件可单独更换，且由耐腐蚀材料制成，延长了整机使用寿命。农机具材料主要用于加工与土壤接触的易损件，也用于加工切割作物茎秆的易损件。科罗尼公司创制的割草机自动草料研磨装置，采用了新型磨削材料，磨削次数 2200 次，无须进行任何维护保养。橡塑材料主要用于制造植保机械、畜禽饲养设备、农田灌溉机械和其他农业机械的零部件。Zunhammer 创制的 FLUSTO 气动阀门，采用了创新型结构，使得管内物质快速通顺流动，阀门开闭不干扰管内物质流动。

5. 农业机械进一步向资源节约、环境友好方向发展

可持续农业发展受到高度重视，高精度传感器、电子、遥感、机器人等技术的发展，使智能化、自动化农业机械技术得到快速应用，以秸秆覆盖播种技术、大型免耕播种机和自走式耕播联合作业机为代表的保护性耕作技术装备快速发展，以精量播种、超低量喷洒、风幕喷洒为代表的精准精量播种、施肥、施药技术装备应用，成为节约资源和保护环境的重要技术装备支撑。许多农机企业开发出有利于保护性耕作的深松灭茬圆盘犁，有利于节约化学药剂的精密喷雾植保机械，有利于节水的喷灌机械、节约种子的精密播种机等。格兰公司研发的同步轨道播种技术，实现更高效地利用作物生长空间和养分，有利于提高收益率和保护环境。德国格力莫公司生产的大型马铃薯（甜菜）播种机能够将旋耕、覆土、播种、施肥、起垄 5 项作业一次完成，其大马力马铃薯（甜菜）收获机械能将去叶、刨掘、收获、清土、装运 5 项作业联成一体，农机作业效率得到明显提高，同时又可减少机器的类型和在田间的运行次数，达到了保护土壤、节约成本、提

高效率的多重功效。部分企业推出能源林收获、秸秆收集打捆、农牧业废弃物利用、沼气生产与利用装备等。

2.1.4　2023 年北海道国际农机展看发展趋势与重点

1. 信息传感、自动驾驶、大数据等技术广泛应用，实现省力、高质高效生产

1）本次展出的日本和欧美多品类农业装备，传感检测、总线通信、决策、电控、液压气动等技术和装置广泛使用，从智能农机感知、连接、数据、分析和控制五要素来看，大多装备具备了或者部分具备了智能化特征。机电液一体化技术普遍应用并充分融合信息化技术，基于处方图、地理信息和遥感数据的处方农业开始应用到播种和植保等生产环节中，如格兰的智慧农业系统 iM FARMING，综合应用 GPS、高精度电驱、总线通信、智能控制等技术，可对播种机、喷药机和撒肥机等装备精准控制，实现精准、变量、高效作业。使用该系统的播种机实现高速高精度播种控制，可以使行距和种间距等距，可以让每粒种子都能均匀一致地吸收土壤中的水分和养分，实现了坐标式种植，提高单株作物的质量和产量，进而提高亩产。

2）播种机械向高效、智能、精准化方向发展。展会上播种机的机型主要以欧美发达国家进口机型为主，主要有精密播种机械、条播精量播种机械、蔬菜播种机、马铃薯播种机 4 类机型。其中精密播种机械有 Vicon、MONOSEM、Agromaster、MaterMacc、库恩、YANMAR、格兰、阿玛松等品牌，主要采用气力式精密排种、机电液融合的智能控制系统，实现高效、精准、智能化播种作业。在机具的行距调整上，MaterMacc 采用液压无级调整机构，Vicon 采用螺杆机械调整，提高调整效率，降低人工强度。在排种器结构上，格兰采用气室与排种盘同步旋转结构，增强气室的密闭性与可靠性，提高排种的合格指数。Vicon 和阿玛松机型采用气压式精密播种、高速气流辅助投种、电机驱动、卫星定位测速系统、播种作业智能调控系统，实现播种作业的高速化、智能化、精准化，作业速度可达到 18 千米/时。Vicon 增加风机进气口高度及增加防尘系统，防止异物通过风机进气口进入排种器；精量播种机械有马斯奇奥和格兰 2 个代表性品牌，主要采用复式播种形式，前端采用立旋旋耕机构进行土壤整地、压平，后端采用气流输送系统排种，单元盘加辅助滑刀开沟播种、覆土镇压结构，普遍具有智能化驱动控制系统，土壤精

细整备、集中排种气流辅助输种、整机智能化调控，实现高效、大型、智能播种作业。

蔬菜播种机，机械式、气力式、种带式多种机型并存。拖拉机悬挂式为主，可与旋耕起垄机、施肥机联合作业，实现开沟、施肥、播种、覆土、镇压等一体化作业；机具增配了电控单元，能够监测作业情况，并使作业参数匹配不同部件作业，提高播种深度合格率、株距、镇压力等作业质量；MONOSEM 公司采用排种器低位投种与正压气流辅助投种相结合的方式，确保小粒径种子排种的均匀性；日本植物播种株式会社的种带式 SDM – T/K 播种机采用预制种绳带播种方式，满足不同的株距要求，确保播种深度与均匀性，同步铺膜打孔作业，通过电控实现膜上孔距与种间距相等并同步。

马铃薯播种机，产品技术成熟，专业化、系列化发展。日本在马铃薯播种前将种薯通过分级机进行分类，以确定适用于不同重量和尺寸的播种机。小薯和整薯可使用传统播种机，大尺寸种薯则需要切块。日本配备专用的马铃薯机械化切薯装备，能高效地将种薯切成规定尺寸的块状，以备后续播种操作。日本十胜农机株式会社研发的马铃薯播种机，通过主动喂入技术，可省去马铃薯切薯环节，驱动电机可实时调整播种速度，种薯在落下时由主动喂薯机构接替，在旋转过程中经过切薯刀切割并立即消毒。消毒后的种薯分 2 次掉入土中，通过兜状结构缓冲，待到下一个点再掉入土中。如有漏播，顶部补薯机构可快速补种。在相同取种速度的情况下，播种速度提升一倍，最大播种速度可达到 15 千米/时。具体的 5 个技术创新为：一是主动喂种技术，采用一个曲柄连杆机构主动振动种子，可以让种子跳动起来主动填充取种勺，提高取种成功率；二是异形勺取种技术，先使用一个大种勺多取几粒种子，后面通过方向转换，其中一粒种子转换到另一方向的种勺，其余种子流回种箱，进一步提高取种成功率；三是自动补种技术，传感器检测漏种情况，再使用自动补偿输送带实现漏种补偿；四是机上切种技术，把取完的种子一切两半，分时排出；五是机上消毒技术，配置逐粒消毒装置。

3）实时变量施肥技术广泛应用。针对水稻施肥，井关公司采用实时检测土壤导电率来控制施肥量；久保田公司采用大数据技术，根据土壤数据编制的处方图来实时调整施肥量；HI 农业技术有限公司的 GPS 导航系列 MGL1204P 撒肥机，采用 GPS 导航脚轮，可改变施肥角度，实现更均匀的喷洒并节省肥料；通过百叶窗控制器，双面和单面喷洒可调整施肥量；具备施肥量自动校准，车速联锁、路线引导、变量施肥、撒肥实时通知等多项功能；洋马的宽脚轮 MGC – PN/ – WN

系列施肥机，利用遥感数据，根据施肥量图进行精准施肥，解决生长不均匀和肥料成本的问题。通过拍摄整个田地来创建 NDVI（生长状态）图，并检查增长变化，根据 NDVI 图制作追肥图和基肥图，制定下一季作物施肥计划。根据生长情况确定目标位置和施肥量，基肥由机械施肥，追肥由无人直升机撒施。

4）精确变量施药已在实际生产中应用。日本植保机械以丸山、井关、久保田、共立等本土产品为主，法国波尔图、美国约翰迪尔、德国阿玛松等知名欧美产品为辅并存。自走式、悬挂式、牵引式多种机具形式并存，喷杆尺寸、药箱容积等的装备性能更适合于适度规模化农场，操作控制体现省力化理念，保证高效率、高品质生产的需求；日本生产的植保机械做工精良、乘坐舒适，充分考虑人机工程学、操作便捷，为用户提供优质的使用体验。成套的系列化产品体系，能够满足不同规模农场对装备的差异化需求。日本针对特有的土地条件特点，应用了不同于欧美传统桁架式折叠喷杆的技术路线，创新开发应用滑动式喷杆、伸缩式喷杆和喷杆主动平衡控制技术；防飘移施药、智能精确变量施药和机械智能除草技术普遍应用；日本高地隙自走式喷杆喷雾机以紧凑型为主，药箱容积以 2～3 吨为主，最大喷幅 30 米左右，更适宜在适度规模化农场的防治作业。在底盘驱动技术上，不同于欧美产品底盘驱动多采用柱塞泵＋轮边马达的静液压闭式驱动系统，日本产品主要采用静液压变速传动系统（HST）驱动模式；在喷杆布置位置上，欧美产品多采用喷杆后置式布置结构，日本产品主要采用喷杆前置式布置结构；多功能乘用管理技术，除可以挂接喷杆喷雾系统进行化学防治作业外，还可以通过更换作业部件完成除草、中耕、培土、追肥、起垄、覆盖、播种等多种作业，为实现田间管理提供了通用作业平台。

5）蔬菜移栽已基本实现机械化，正在向高速化、自动化、专业化方向发展。全自动移栽技术逐渐应用，技术上优化改进了苗盘进给结构，使人工上盘更方便，且该部分可选配定制，满足不同场景需求；提升了电控功能，如补苗盘提升、缺苗报警、定速巡航、各关键部件保养提示等。自动上盘式全自动机型，进一步节省人力、降低劳动强度。洋马和 Minoru 公司开发的自动移栽机采用纯机械驱动方式，体积小、灵活移动，适用于丘陵小地块和温室作业，同时注重蔬菜育苗、整地、移栽各环节的机具配套。洋马推出的具有乘坐式踏板变速、方向助力的蔬菜移栽机，实现镇压、取苗、开孔、落苗、覆土全自动一体化钵体苗移栽。日本甜菜制糖株式会社研发了链式纸钵系列机型，主要部件包括栽苗台、圆弧形引导板、切槽器、定植轮、压苗棒等，纸钵采用可降解材料，有利于均匀吸收氧气和水分，促进出苗健苗，适用于白葱、白菜、菠菜、西蓝花等多种蔬菜作物。

6）蔬菜收获机械处在研发试验阶段。在叶菜收获机械方面，不同于欧美国家以预制菜和加工菜为主的消费习惯，日本主要以鲜食为主，要求带根收获。日本的叶菜收获机均为中小型机具，生产企业有光洋精工、久保田、洋马等。机具技术特点明显，主要有往复式锯齿刀和铲式振动刀，可入土切割或贴地切割；割后或直接铺放或由柔性夹持输送实现有序收集。久保田的 SPH400 型菠菜收获机，采用铲式振动刀入土切割，割后两级柔性夹持波纹带实现输送和有序收集，整机采用电驱，以温室为主要应用场景。在根茎菜收获方面，新机型主要聚焦马铃薯、萝卜、洋葱、南瓜等，萝卜主要采用夹持缨叶式，洋葱和马铃薯采用振动网式，南瓜采用柔性夹持式，生产企业有久保田、洋马、训子府机械工业株式会社、Osada 等。

2. 应用推广降低成本的种植技术

1）广泛采用密苗种植技术。在水稻育苗阶段增加播种量（密播），减少栽植环节的基本苗（稀植）。久保田、洋马、井关等公司都推出了专门用于密苗种植的水稻插秧机，每亩种植的基本苗数量约为 1 万株。据日本农林水产省公布的数据显示，通过密苗种植可以有效降低水稻种植的成本和劳动力需求。

2）基于铁粉包衣的水稻直播技术。使用精选水稻种子作为载体，在种子外包裹一层铁粉"外衣"，形成一道屏障，为后续种子发芽和幼苗生长提供保护。铁粉包衣技术具有方便播种、发芽快、防治病虫害、减少环境面源污染等优点。同时，快速生长的水稻能够抑制杂草生长。

3. 发展省力化农业机械

水稻高速插秧机广泛采用 HST，在操控方面采取一杆操作，提高机手操作的便捷性。在稻田除草方面，广泛采用除草剂撒布机，2023 年日本高北株式会社（Takakita）推出的电动遥控撒布机比以往的产品更省力。撒布机的行走部件设计为船体，通过遥控器可以轻松控制其移动，实现水稻田的除草剂撒布，从而有效进行除草工作。这种先进的电动遥控撒布机使得除草工作更加便捷高效。日本井关公司推出了省力化的萝卜收获机，将人工收获 6 秒/个变为机器收获 2 秒/个。法国 Terrateck 公司生产的自走式小型青菜收获机，割台设置一排机械剪，切割后以防滑传送带收集到收货箱中，割台高度可调，实现了机械化收获菠菜、生菜、芫荽，收获宽度有 90、120、150 厘米，2 小时收割 1 亩地。

2.2 我国农业装备产业发展现状

2.2.1 国内产业发展现状

1. 农机产业规模稳定，产业结构持续优化

2023 年规模以上农机企业收入 2428 亿元，利润 139 亿元。全国农机总动力达到 11.37 亿千瓦，农业装备总量接近 2 亿台（套），具备研发生产制造 32 大类 72 小类 4000 多种农机产品的能力。产品技术和产业结构优化升级，产品由主要作物的耕种收环节向全程全面延伸，从粮食作物到棉油糖等经济作物，由种植业向养殖业、初加工业拓展；2022 年拖拉机产量 56.95 万台，大中型占比超 70%；北方平原旱作区作业机械逐渐向全程化、大型化、复式功能、智能升级；丘陵山区及果菜茶、中草药等特色优势产业开始解决"无机可用"难题；牧草生产、饲料加工、标准化精细饲养机械开始由单一机械向成套化、智能化、绿色化转型。全国农作物综合机械化率稳步提高，2023 年达到 74.3%，小麦、水稻、玉米耕种收综合机械化率分别达到 97.81%、88.03%、91.67%；薄弱环节机械化水平升速加快，水稻机种与油菜、马铃薯、棉花机收等关键薄弱环节机械化率分别达到 64.95%、58.27%、37.09%、76.45%。

2. 农机企业区位优势和产业集群效应日益凸显

初步形成了国有或国有控股企业、民营企业、三资企业组成的多元企业结构，呈现以大型综合企业集团为引领，大、中、小企业并进的产业格局，产生了一批技术优势明显、市场占有率较高、综合实力较强的龙头企业（表 2 - 1）。潍柴雷沃智慧农业科技股份有限公司（简称潍柴雷沃）、中国一拖集团有限公司（简称中国一拖）等大型企业以可持续的创新能力和较强的制造能力及丰富的产品线逐步发挥引领作用；中机美诺科技股份有限公司（简称中机美诺）、新乡市花溪科技股份有限公司（简称花溪科技）、郑州市龙丰农业机械装备制造有限公司（简称郑州龙丰）、北京德邦大为科技股份有限公司（简称德邦大为）等中小企业发挥自身"专精特新"优势，强化自我创新，专注细分市场，形成了较强的核心竞争力和较高的市场占有率；贵州轮胎股份有限公司、石家庄中兴机械制造

股份有限公司（简称中兴机械）、中航力源液压股份有限公司（简称中航力源）等零部件企业在技术创新、产品开发、产业链协同中的作用提升；培育浙江永康、浙江温岭、湖南双峰、重庆江津等 4 个国家中小企业特色产业集群；中国铁建重工集团股份有限公司（简称铁建重工）、中联重科股份有限公司（简称中联重科）、柳工集团、东风汽车集团有限公司（简称东风汽车）、深圳市大疆创新科技有限公司（简称深圳大疆）等一批工程机械、汽车制造及高科技企业也主动进军农机领域；产业集中度进一步提升，2022 年年产值超 10 亿元、100 亿元的农机企业分别达到 37 家、3 家，117 家农机企业被认定为国家级专精特新"小巨人"企业。2022 年国内农机龙头企业潍柴雷沃营业收入 167.27 亿元，一拖股份营业收入 124.55 亿元，江苏沃得农业机械股份有限公司（简称沃得农机）营业收入 112.15 亿元，山东五征集团有限公司（简称山东五征）营业收入 45.1 亿元，中国农业机械化科学研究院集团有限公司营业收入 32.86 亿元，常州东风农机集团有限公司（简称常州东风）营业收入 32.6 亿元，江苏常发集团营业收入 25 亿元，中联农业机械股份有限公司（简称中联农机）营业收入 21.38 亿元；第一拖拉机股份有限公司（简称一拖股份）、潍柴动力股份有限公司（简称潍柴动力）、中联重科、星光农机股份有限公司（简称星光农机）、新疆机械研究院股份有限公司（简称新研股份）、安徽全柴动力股份有限公司、青岛征和工业股份有限公司、浙江中马传动股份有限公司、吉峰三农科技服务股份有限公司、林海股份有限公司、重庆宗申动力机械股份有限公司、江苏悦达投资股份有限公司、江苏农华智慧农业科技股份有限公司、隆鑫通用动力股份有限公司、利欧集团股份有限公司、常柴股份有限公司（A＋B）等拖拉机、联合收获机、农用柴油机等农机及零部件概念企业在沪深主板、中小企业板、创业板上市。

表 2-1　国内农机相关上市企业情况

序号	证券名称	证券代码	2022 年营业收入/亿元	2022 年净利润/万元	2023 年营业收入/亿元	2023 年净利润/万元	上市年度	主营业务
1	全柴动力	600218	49.36	9218	48.19	9722	1998	农机动力
2	一拖股份	601038	124.55	68105	115.28	99702	2012	农机制造
3	吉峰科技	300022	27.08	5941	26.50	1680	2009	传统农机、智慧农机等
4	林海股份	600099	7.30	932	6.95	1331	1997	插秧机等

（续）

序号	证券名称	证券代码	2022 年营业收入/亿元	2022 年净利润/万元	2023 年营业收入/亿元	2023 年净利润/万元	上市年度	主营业务
5	中联重科	000157	416.31	238463.81	470.75	350600	2000	大型拖拉机、联合收获机等
6	星光农机	603789	2.44	−16009.65	3.08	−5579.26	2015	联合收获机等
7	新研股份	300159	21.44	6559.19	11.91	−13300	2011	农机制造
8	宗申动力	001696	81.51	40595.11	79.97	36200.00	1997	汽油微耕机、割灌机等
9	悦达投资	600805	30.73	2958.75	31.27	3834.41	1994	拖拉机等
10	智慧农业	000816	12.15	−874.84	13.00	−6699.69	1997	收获机、插秧机、拖拉机等
11	隆鑫通用	603766	124.10	48736.65	130.66	58300	2012	微耕机等
12	利欧股份	002131	202.68	−45791.21	204.71	196600	2007	割草机等
13	苏常柴 A	000570	21.82	7924.61	21.56	10800	1994	农机动力
14	苏常柴 B	200570	21.82	7924.61	21.56	10800	1996	农机动力
15	潍柴动力	000338	1751.58	568269.14	2139.58	901400	2007	农机动力
16	潍柴动力（HK）	02338	1751.58	568269	1603.83	963808	2004	农机动力

3. 创新发展持续推进，农机创新环境加快改善

探索边研发、边熟化、边推广的机制办法。农业关键核心技术攻关、先进制造业高质量发展、先进农业装备攻关产业化、农机研发制造推广应用一体化试点等重大政策项目相继实施，激发和调动了农机企业、科研单位的创新积极性。在黑龙江和北大荒农垦集团有限公司建设大型大马力高端智能农业装备研发制造推广应用先导区，江苏和甘肃协同，浙江与贵州、云南协同建设丘陵山区适用小型机械先导区。企业逐步成为农机行业技术创新的主体，"十三五"以来，企业积极参与国家和地区的各类科技计划，在国家重点研发计划"智能农机装备"重点专项、产业振兴和技术改造专项、增强制造业核心竞争力三年行动计划（2018—2020 年）等项目支持下，自主创新能力大幅度提升，特别是企业牵头实施了30项"十三五"国家重点研发计划"智能农机装备"重点专项项目，占比高达61.2%。研发投入逐年增长，2022 年行业内龙头企业研发经费投入比例平均在

4%以上，最高达 11%，已与约翰迪尔、凯斯纽荷兰等国际农机巨头相当。企业创新平台建设和人才培养取得新进展。目前农机行业有 2 家国家重点实验室、9 家国家工程技术研究中心、4 家国家工程研究中心（省部共建工程实验室），支持国家农机装备创新中心搭建智能农机装备管理平台，接入农机装备超过 16 万台，可实时监控农机状态及作业情况。围绕耕、种、管、收等各个环节建立 12 个试验检测平台，检测能力达到国际同类实验室同等水平。建成 37 个全程机械化科研基地和 33 个农机化领域重点实验室。中国一拖和潍柴雷沃等国内龙头农机企业建立了技术开发中心，工程技术人员、试验仪器设备不断完善优化。企业产品契合市场需求结构更加优化。企业技术产品更注重农机农艺融合，向高效节本、绿色环保、智能安全方向发展，形成了大、中、小机型和高中低端兼具的产品体系，与我国农业发展水平基本相适应，基本满足了国内农机 90% 的市场需求。

4.　"引进来、走出去"，国际融合步伐加快

我国农机企业加快"走出去"步伐，在法国、意大利、白俄罗斯等国设立研发基地，聘用当地研发人员，并与国内协同进行产品研发。同时，国内部分骨干企业对海外企业的并购投资拓宽了吸收国外技术、布局全球市场的路径。国内农机企业掌握核心技术，扭转了我国农机进口大国的局面，在提升农机自给率的同时，逐步向农机出口大国迈进。2022 年农机出口在上一年高基数的基础上增长 7%，2023 年农机进出口额 152.8 亿美元，同比下降 4.3%，但对俄罗斯、哈萨克斯坦、乌兹别克斯坦等国，拖拉机、收获机出现不同幅度增长，特别是采棉机出口起到拉动作用，同比增长 31.4%，国产采棉机首次实现批量出口。我国的农机市场对国外农机企业有着巨大的吸引力，众多跨国农机企业在我国已设立工厂，主要以独资为主，个别合资企业多由外商控股，国内的三资企业已经成为我国农机产业的重要组成部分。部分企业将其在我国的工厂定位为全球制造基地，借助本土产业链及成本优势，将产品销往世界各地。产品主要集中在拖拉机系列及配件、联合收获机、发动机及动力传动系统、插秧机等领域。

2.2.2　国内技术发展现状

1.　农业装备关键短板机具研发取得明显进展

近两年来，国内聚焦"一大一小"和智能化领域的短板，扎实开展攻关，农

业装备补短板和农业机械稳链强链取得重要阶段性成效。一是短板技术全面摸清。全产业全链条深入摸排分析，梳理出整机装备、关键核心技术、重要零部件等方面的 442 项短板，形成了涵盖大型大马力、丘陵山区适用小型、设施种植与畜牧水产养殖、农产品初加工等领域的短板机具目录。对产业急需、农民急用的 140 种机具逐一编制方案、储备入库，明确攻关的重点方向、技术路径，集聚了一批优势团队力量，初步形成了以需求引领攻关的工作格局。二是大型大马力农机加快提档升级。240 马力、320 马力无级变速拖拉机先后投入量产，700 马力青饲料收获机、喂入量 18 千克/秒谷物联合收获机完成样机试制。三是丘陵山区一些关键领域开始了从"无机可用"到"有好机用"的跨越。油菜移栽机、大豆玉米带状复合种植适用播种机等急需装备实现产业化应用。6～15 度丘陵山地拖拉机、再生稻收获机等小批量生产。四是智能农机"跟跑"速度明显加快。成功研发出雏鸡断喙机器人、设施巡检机器人等智能装备，全国已有超过 170 万台（套）农机设备安装了北斗终端，其中 5.6 万台（套）出口，展现了我国智能农业装备的技术实力和国际竞争力。

2. 丘陵山区农业机械化仍是短板弱项

丘陵山区农业机械化水平远落后于平原地区，是我国农业农村现代化过程中发展农业机械化的难点区域，同时也是潜力提升区域。近年来，在稳定发展粮食作物机械化生产的同时，也开启了特色产业全程机械化、现代设施农业机械化探索。

1）我国丘陵山区农业机械化发展取得了积极成效。2022 年，丘陵山区农作物耕种收综合机械化率 53.5%，比 2012 年提升 16.5%；总体来看，农业技术装备水平和农业机械化水平得到了大幅提高，有力支撑了丘陵山区现代农业建设、产业扶贫和农民增收致富。从现状来看，丘陵山区农业机械化发展虽然取得了积极进展，但比全国平均水平低 20 个百分点，养殖业、农产品初加工等方面的机械化水平也不高。总量不足、结构不优、质量不高，仍旧是农业机械化薄弱区域，与农业、农村和广大农民对机械化的迫切需要尚有差距。

2）区域特色农业试验完善机械化模式。例如，广西对柑橘的全程机械化生产模式进行了探索，形成了以宜机化改造、机械化种植、管理、运输、冷藏保鲜为主要环节的丘陵山区生产全程机械化技术路线、机具配套方案及技术要求，推行机械化与标准化种植、规模化经营、精细化管理并重的发展模式。

3）国内已开始针对丘陵山区作业农业装备开展攻关工作。2022 年，农业农村部农业机械化总站、中国农业机械化协会公布了丘陵山区适用农业机械遴选推荐结果公示名单。在遴选出的适用于丘陵山区的农机产品中，共 114 家企业 312 个型号的农业机械产品入选，但现阶段各企业生产的轮式、履带式山地拖拉机基本处于样机阶段。2023 年，农业农村部、工业和信息化部、国家发展改革委和财政部联合印发了《关于在若干省份开展"一大一小"农机装备研发制造推广应用先导区建设的通知》，提出要聚焦解决大型大马力高端智能农业装备和丘陵山区适用小型机械"一大一小"两方面短板，推动农机企业、农机相关科研院所、农机推广机构和农机应用各类主体等共同发力，形成自主可控、具有较强竞争力的高质量农业机械化产业生态。

3．无人农场创新探索与实践初具成效

我国面向主粮与大宗经济作物，围绕无人化农业生产关键技术开展研发，推动了无人化农场的创新实践，涌现出一批新技术新产品，催生了农业产业新业态。

1）"十四五"重点研发计划"工厂化农业关键技术与智能农机装备"重点专项，针对水稻、小麦、玉米三大主粮作物全程无人化生产关键技术开展攻关，取得了显著的阶段性成果。水稻无人化农场，围绕全过程无人化作业集成了 100 余项农机和农场建设技术，攻克了水田农机路径跟踪、多机协同、倒伏检测、谷物流量监测等 10 项核心技术，实现了路径覆盖率超过 95%，主从机位误差小于 20 厘米，5 米内冠层高度检测精度 ±10 厘米，测产平均误差 3.91%，收获效率提高了 12.1%，无人化技术在广东、黑龙江等 40 个农场得到应用，累计作业面积超 30 万亩，节约成本 24%~35%，增产 4%~8%。玉米无人化农场，攻克了作物生长状态识别、无人驾驶协同卸粮、大型装备全程作业协同调度等关键技术，创制了无人化大马力 CVT 电液提升拖拉机、人型自走式喷杆喷雾机、大型玉米籽粒直收机等系统和装置样机。小麦无人化农场，攻克了全生育期氮素监测、收获边界快速检测等 7 项关键技术，构建了小麦全程无人化生产智慧云管控平台。目前正积极进行全程无人化作业试验。

2）无人化农场探索实践逐步推进。华南农业大学罗锡文院士在国内最早提出无人化水稻生产相关概念，在广州增城建成 100 亩直播水稻无人化农场，实现田间作业全无人，具有耕种管收生产环节全覆盖、机库田间转移作业全自动、自

动避障异况停车保安全、作物生产过程实时全监控、智能决策精准作业全无人等特点。经测算，水稻增产 32.6%，人工费用减少 85%，每年增加收益约 20 万元。北京、上海、江苏等地也积极开展探索应用，据不完全统计，2022 年，无人化农场在建数量超过 40 个，部分农业生产环节实现了无人化。

3）技术发展催生新产业新业态。我国传统农机、服务型和互联网等企业积极发挥自身优势，推动传统技术转型升级、前沿技术拓展应用、集成技术交叉融合，催生了服务于无人化农场的新兴企业和新产业新业态形成。潍柴雷沃在吉林、湖南等地开展农业全过程无人作业装备试验，已基本实现 L2 级行走能力的水田、旱田耕种管收作业；上海联适导航技术股份有限公司自主研制了精准作业测控系统，在黑龙江、上海等地服务于水稻生产无人化作业；阿里巴巴集团控股有限公司布局建设高效能示范农场，针对主粮、棉花等作物开发系列智能管控方案，提高智慧化无人化水平。

4. 设施农业技术装备降本提能成套性持续提升

设施农业是保障"菜篮子""肉坛子""奶瓶子"产品供应、促进农民增收和繁荣农村经济的有效途径，设施装备和机械化生产是设施农业高质量发展的重要支撑。

1）设施宜机化已经得到共识。以日光温室、联栋温室、塑料大棚为主的标准化温室设施正逐步适应不同地区的气候特点、主要栽培品种等需求，其设施结构与建造趋向标准化，温室的空间结构、出入口、内部通道设计更加适合机械化作业，结构强度也进一步优化；种植空间布局有效改进，光能利用更加充分，涵盖了平面型、立体型、光配方等智能化种植模式；未来发展重点包括突破并应用节能型保温材料、易得型储能材料、高透光覆盖材料等先进技术。

2）设施、种植装备智能化与生长决策系统融合，在实践中得到不断优化。包含环境传感与调控、养分传感与供给、生长监测与预警、病害检测与预警，电动卷帘、电动启膜、电动遮阳、电动开窗等智能系统，电动动力及配套耕整、精量播种、精准移栽、自主运输机械，育苗精播、健康苗识别与自动嫁接、选择性采摘收获等机器人化装备，土壤与基质和营养液消毒、水肥一体化智能系统等。

3）设施畜禽、水产养殖向全面智能化系统要效能。基于健康养殖与疫病防控、动物生理与环境调控、动物行为与健康等基础成果，发展高效饲草料收获加工、智能环控、精准饲喂、健康与繁殖监测、疫病预警与防控、养殖产品采集、高效粪污资源化利用、病死动物无害化处理、水产养殖循环水净化处理等智能装备，发展蛋白植物收获、初加工机械。

4）实现设施种养机械化生产综合管理信息化。包括基于设施种植主要农作物、设施养殖主要畜禽和水产生长模型的环境、营养、健康等专家决策系统，设施种养殖信息采集、设备运行数据监测、故障诊断与预警、市场信息对接、大数据分析与决策等系统。

2.3　国内外典型企业案例分析

2.3.1　国外重点农机企业发展

1. 约翰迪尔公司技术产品发展

（1）企业整体情况　美国约翰迪尔（John Deere）公司成立于1837年，总部位于美国伊利诺伊州，目前位居世界500强第318位。约翰迪尔2022年、2023年的营业收入分别达到了526亿美元、612亿美元，实现利润106.5亿美元、155.7亿美元，研发投入达19.1亿美元、21.8亿美元。

约翰迪尔的设备主要包括农业设备、建筑设备及营林设备等。目前提供超过25个品牌的产品组合，包括维特根集团（Wirtgen Group）、海吉制造有限公司（Hagie Manufacturing Company）、蓝河科技（Blue River Technology）等，并提供贯穿设备全生命周期的创新解决方案。在农业设备领域，约翰迪尔是全球领先的农业机械制造商，产品种类丰富，从拖拉机、收获机到种植机等，几乎涵盖了农业生产过程的所有环节，能够满足不同类型农场需求；在建筑设备领域，约翰迪尔为全球建筑业提供设备和服务，其市场份额在建筑设备中占据一席之地；在营林设备领域，约翰迪尔也是全球市场的领导者之一，为林业作业提供系统的设备和解决方案，帮助用户提高生产效率，确保作业质量。

约翰迪尔致力于产品创新和技术研发，持续改进和优化产品线，通过不断推动技术创新，提高产品质量和性能，提供更高效、更智能的解决方案，以满足市场日益增长的需求。一是关注前瞻性技术。持续探索推动其业务发展的前沿技术，将先进的感知技术、人工智能技术集成到产品中，进一步提升产品功能。二是发展智慧农业。作为智能农业的倡导者和实践者，通过利用科技创新优化农业生产过程、提高农业生产效率等方式，帮助农业用户提高生产效率，同时减少对环境的影响。三是研发并推出了一系列先进设备，涵盖拖拉机、联合收获机、采棉机等农用机械，旨在为用户提供技术最先进的设备，帮助其提高生产力，提升作业效率。

在全球战略布局方面，约翰迪尔不仅关注传统市场，同时也积极拓展新兴市场。公司产品和服务覆盖了全球大部分区域，包括但不限于美洲、欧洲、亚洲和大洋洲。公司产品满足了农业、建筑、土地管理等多个领域的需求。多元化的产品线使得约翰迪尔在全球市场环境中保持稳定运营，并通过现代科技提升产品品质和服务能力，推动数字化和智能化解决方案的广泛应用。

自2022年以来，约翰迪尔制定了一系列的发展策略，以推动公司的业务增长和可持续发展。一是约翰迪尔致力于持续实现销售利润的双增长，2022年、2023年实现了净利润的大幅增长。二是2022年约翰迪尔发布了名为"飞跃目标"的可持续发展计划，旨在提升用户的经济价值和可持续性，设定了在未来4年（截至2026年）和未来8年（截至2030年）内实现目标的计划，通过提升精准农业水平为用户带来更高的效率，互联150万台机器。三是约翰迪尔还设定了到2030年将每单位产量的二氧化碳排放量减少15%的目标，以应对农场温室气体排放问题。约翰迪尔战略性收购扩大其业务范围。2022年，公司以控股形式收购了奥地利电池制造商Kreisel Electric，这一收购展示了公司对新兴技术和市场机会的重视，力求加强其在可持续能源领域的竞争力。

（2）技术产品发展情况　约翰迪尔充分利用科技手段，大力推进农机产品的创新，不断研发和推出各类先进农业装备，如配备了GPS系统和传感器的自动化农机，以及利用人工智能技术开发的智能农场管理系统等。这些设备精准地对农田进行管理，提高农业生产的效率和产出，从而助力农户科学高效地进行农业生产。近期，约翰迪尔公司在其产品线中推出的新代表性产品如下。

1）JDInsight™约翰迪尔智联数字农业平台。仅需联网，此平台可让约翰迪尔用户在任何时间、任何地点查看机器的各类信息，如基本位置、作业轨迹、车辆实时及历史运行数据、DTC（诊断故障码）等重要信息。通过此平台，约翰迪尔用户可通过高精度卫星地图，绘制属于自己的地块，并分配定制作业规划。当车辆在作业季内进入地块工作时，平台将自动计算作业亩数、作业进度、作业效率等重要数据，并提供精确的实时重要数据解析。当约翰迪尔机器发出故障报警时，经销商与用户可通过平台生成诊断故障码，进行诊断并判断故障严重度，及时准备并采取相应的措施，大大减少人工及其他成本。

2）AutoTrac® 自动导航系统。ATU 为通用型自动导航系统，采用电机驱动，目前主要标配于 6E 和 6M 系列拖拉机上，安装简便，通用性强，仅需要 30 分钟即可从一台机器转移到另一台机器上。ATI 为集成自动导航系统，采用液压驱动，6R 拖拉机、8R 拖拉机、S 系列收获机、采棉机、喷药机等先进机型都预留了快速接口，可以实现即插即用，更加方便快捷，并且可以实现更加出色的转向控制。

3）9R－4904 拖拉机。采用超大功率约翰迪尔 PowerTech™ JD14 发动机，发动机额定功率 490 马力，最大功率 539 马力，扭矩储备高达 38%，最大功率储备 10%，配备高压共轨燃油系统、旁通阀涡轮增压器。采用 e18™ PowerShift 动力换挡变速箱，提供 18 个速度换挡操作，智能易操控。e18™ 有 3 种模式：全自动模式、自定义模式和手动模式。全自动模式和自定义模式可以协调发动机与变速箱达到理想工作状态，覆盖大部分的工况和地况，具备持续稳定的工作表现、可靠的质量、快速的响应及顺畅的操控等特点。

4）S770 谷物联合收获机。配备约翰迪尔 6090 发动机，额定功率高达 397 马力，标配 ProDrive™ 变速箱，最高行驶速度可达 40 千米/时，同时配备差速锁配置，提升复杂地况的通过性。S700 系列联合收获机使用 TriStream™ 三作物流单纵轴流脱粒分离系统，适用于玉米籽粒、大豆、小麦等多种作物的收获，配合逐级放大的螺旋上盖板在一拉一放间轻柔脱粒，节省油耗，粮箱容积高达 10600 升，作业更高效省时。除配备交互式收获机调整功能外，S770 还新增了主动坡地调整功能，自动化调整，减少冗余量，降低损失并提升籽粒洁净度。

5）CP770 打包采棉机。采用全新的约翰迪尔 PowerTech™ 13.6L 发动机，额定功率 555 马力，与新的可反转冷却风扇配合，冷却效果更高，燃油效率更高。作业速度提升了 5%，达到 7.4 千米/时，每小时可收获 60 亩地，缠膜和运输成本降低了 8%，燃油消耗量降低了 20%。

6）8600 青贮收获机。采用 PowerTech™ PSS 6135 发动机，额定功率 582 马力，纵向排布的发动机提升了冷却效率并降低了对风扇的功率要求，同时具有出色的可维护性和合理的重量分布。3 种可选籽粒破碎辊，满足牧场和草业公司对饲料籽粒破碎质量的不同要求。提供高强度的耐磨锯齿辊方案，通过齿数差异进一步加强碾压强度，提升破碎效果。670 毫米大直径刀鼓，可通过不同的刀片组合，轻松并高质量地完成不同作物的切割工作。反转磨刀系统在保证刀片锋利的同时，可减少磨刀过程中的刀片损耗，延长刀片使用寿命。

2. 凯斯纽荷兰公司技术产品发展

（1）企业整体情况　凯斯纽荷兰（Case New Holland）公司成立于1842年，至今已有180多年的历史。2023年营业收入达到189亿美元，实现利润23.8亿美元，研发投入达到10.4亿美元。2022年以来，凯斯纽荷兰成功地实现了分拆目标，分拆后在农业机械及工程机械方面共拥有10个品牌、38座工厂、30个研发中心、40000多名员工。

凯斯纽荷兰提供涵盖拖拉机、联合收获机、采棉机、葡萄收获机、甘蔗收获机及多种牧草机械等，以满足不同农业生产的需求，并为用户提供全面完整的产品线。公司已推出了20多项世界首创产品，其中包括纽荷兰T4电动拖拉机与纽荷兰T7液化天然气拖拉机，尤其在联合收获机等农业设备领域表现突出，成为全球乘坐式联合收获机行业头部企业之一。在全球市场，凯斯纽荷兰公司提供全方位的农业应用，从设备到农业机具再到增强其能力的数字技术，拥有的区域性市场品牌包括Siev（农用拖拉机）、Raven（农业数字化）、Flexi-Coi（精准技术及无人驾驶系统）、Mier（耕作和播种农机具）、Ongskilde（植保机械）与Eurocomach（耕作、播种及牧草、青贮机械）等。

在全球市场布局方面，凯斯纽荷兰于2022年进一步加大了对核心市场的投入，重点关注欧洲、北美和亚太地区。凭借精准的市场定位和产品差异化策略，成功在全球范围内建立起强大的品牌影响力。在电动轮式拖拉机等重点细分市场上，凯斯纽荷兰与约翰迪尔、久保田和爱科等全球知名农机品牌并列，成为全球最重要的生产商之一。同时，凯斯纽荷兰高度重视中国市场，加大了在中国市场的布局和投入。凯斯纽荷兰哈尔滨工厂于2014年建成投产，占地面积40万米²，建筑面积11.6万米²，总投资超过20亿元，集先进智能农机研发创新、精益生产、销售服务、备件供应为一体。2022年，凯斯纽荷兰在中国市场的规模进一步扩大，强化与中国本地企业的合作，不断提升在中国市场的竞争力和影响力。此外，凯斯纽荷兰也在非洲和南美洲等新兴市场积极布局，开拓新的增长空间。

凯斯纽荷兰的发展策略宗旨为"Breaking New Ground——开辟新天地"，为2024年新战略规划提供了重要支撑。围绕创新、可持续和生产力，加速提升凯斯纽荷兰的能力，帮助全球农业和工程行业应对巨大挑战，解决不断增长的人口带来的粮食和居住的问题。新战略以精准技术为核心，致力于实现无人化农业，并将这一技术延伸到工程机械领域，以提升工程机械的竞争力。通过收购 Raven 先进精准技术，凯斯纽荷兰大力推广即插即用的自动化和无人化解决方案，并推出一系列的数字服务，进一步加快智能设备的交付，满足用户多样化需求。Raven 技术显著增强了凯斯纽荷兰在快速升级产品解决方案方面的能力，确保能够及时应对市场的变化与用户需求的升级。

（2）技术产品发展情况　在产品创新上，凯斯纽荷兰不断探索和引领新技术、新产品的开发，为农业机械行业注入活力。凯斯纽荷兰致力于发展精准农业，通过搭载 AFS™ 远程信息处理系统，帮助农场主和管理者远程监控和管理机器设备；通过精确制导 GPS 信号和无线数据网络，管理者能够实时跟踪农机作业情况，以及允许远程诊断和与驾驶员的即时沟通。凯斯纽荷兰的产品在质量和技术上都达到了行业的领先水平，广泛应用于各类农业生产环节，提供高效、便捷的解决方案，大幅提升了农业生产的效率和质量，得到了全球市场的广泛认可。

1）CNH Industrial Connect 机队管理平台。平台不仅满足了 GB 20891—2014 《非道路移动机械用柴油机排气污染物排放限值及测量方法（中国第三、第四阶段）》的要求，同时也为中国用户提供了新的数字化车联网平台。通过安装在农机上的智能终端设备，实时采集并上传各种数据，包括位置、速度、工作小时等。用户可以通过智能平板电脑或计算机随时随地查看自己的机器状态和作业情况，如实时地理位置、作业轨迹、车辆实时及历史数据。通过对海量数据进行挖掘和分析，生成各种报表和图表，为用户提供有价值的信息和建议；优化农机调度管理，提升农机作业效率。

2）Magnum 3404 拖拉机。配套功率 340 马力，采用凯斯纽荷兰 Cursor 9 系列发动机，高压共轨燃油系统，并带有动力提升功能，具有长达 600 小时的维护保养间隔，减少停机时间和维护成本；全动力换挡变速箱，配有 18 个前进挡和 4 个后退挡，操作轻松方便，动力换向手柄具备挡位记忆功能。配备自动换挡及自动生产管理功能，能提高作业效率并降低油耗。配备冷暖空调及良好的通风系统，噪声低至 69 分贝。

3）PUMA2504 拖拉机。配套功率 250 马力，采用无级变速方式，配有高压共轨发动机，带有动力提升功能，免维护高效选择性催化还原二代技术，无废气再循环，节油高效。标配自动四驱、自动差速锁、车速雷达和打滑率控制系统。

4）Optum CVXDrive 3004 拖拉机。配套 300 马力，搭载 NEF 系列 6 缸 6.7 升

24 气门发动机，用途广泛，可配套多种农具完成犁地、深松、耙地、联合整地、平地、播种及施肥等多种田间作业；还能搭配不同牧草设备，完成刈割、打捆到转运的所有工作。配备免维护的 ECOBlue™ 高效 SCR（选择性催化还原）后处理系统，可延长保养时间，降低维护运营成本。机油更换间隔高达 750 小时；630 升的大容量油箱，可保障全天作业无须二次加油。采用 CVXDRIVEwuji 无级变速技术、主动式保持控制技术，无须离合、刹车，自动驻车，坡路停行。

5）AF 4000 系列轴流式收获机。采用直径为 610 毫米的轴流滚筒，适用于不同农作物和收获条件，对高产谷物和在较高水分含量的情况下也能实现高质量的脱粒。分离之后的横流清选系统采用了波浪形鳍板，气流均匀地从筛板底部通过，并可通过调整风扇转速来满足小粒作物的需要，从而获得更高的清选能力。可选 5000 升（Axial-Flow® 4077）和 6000 升（Axial-Flow® 4088）大型粮箱，确保长时间的收获作业，减少卸粮次数，4.1 米的卸粮绞龙拥有 45 升/秒的卸粮速度。

6）AFS™ 远程信息处理系统。凯斯纽荷兰 AFS™ 远程信息处理系统帮助农场主和管理者在办公室内监视和管理他们的机器。通过使用精确制导 GPS 信号和无线数据网络，计算机实时跟踪机器在农场里的作业情况，以及允许远程诊断和与驾驶员的即时沟通。凯斯纽荷兰 AFS™ 远程信息处理系统所提供的数据分析有助于改善物流，减少燃料消耗，充分发挥设备性能。

7）AFS AccuGuide™ 导航系统。能够优化机器的使用，减少对操作者的技能要求并提高舒适度，同时省种子、化肥和化学药剂的投入成本，节省燃油和人工成本，减少在田地里花费的时间，减少作业重叠和遗漏，提高田间作业的精准度。

3. 爱科集团技术产品发展

（1）企业整体情况　美国爱科集团（AGCO）成立于 1990 年，总部位于美国佐治亚州德卢斯，专注于农业机械设备的设计、制造和销售，旨在提高农业生产效率。通过持续的技术创新和市场拓展，爱科集团已发展成为全球领先的农业机械设备制造商（表 2-2）。2023 年爱科集团实现了创纪录的 144 亿美元净销售额，较上一年增长了近 14%。在发展历程中，收购和并购成为其迅速发展的关键策略。自 1990 年以来，爱科集团成功收购了多家世界知名农机企业，包括英国麦赛福格森、德国芬特拖拉机、美国海斯顿牧草和青贮饲料机械工厂、美国卡特彼勒挑战者橡胶履带拖拉机工厂及芬兰维美德拖拉机等公司。这些收购扩大了爱科集团的产品线，增强了其技术实力，进一步巩固了其市场地位。目前，爱科集团的产业布局逐步形成，包括麦赛福格森、维美德、芬特、挑战者和谷瑞（GSI）5 个方面。在研发投入方面，爱科集团计划于 2023—2026 年间重点投资德国、法国和芬兰等地的研发项目，过去 3 年其研发支出增长超过了 60%。

爱科集团在全球范围内拥有广泛的市场布局。产品已经遍及世界 150 多个国家和地区，为全球用户提供全方位的现代化农业机械。同时，爱科集团还在全球范围内设立了 3150 多个独立经销商和分销商，形成了庞大的销售网络。除了销售产品，爱科集团还为用户提供技术支持和售后服务，确保用户能够充分发挥设备的性能，提高农业生产效率。

表 2-2　爱科集团全球市场布局

地区	经销商数量/个	服务主要农作物	全球销量占比
亚太地区和非洲	316	谷物、大米、棕榈油、玉米、甘蔗、乳制品、牲畜	8%
欧洲和中东地区	868	小麦、大麦、玉米、油籽、乳制品、牲畜	59%
南美洲	245	大豆、甘蔗、玉米、咖啡	9%
北美洲	1821	小麦、干草、玉米、油菜籽、大豆、棉花、乳制品、牲畜	24%

爱科集团推行"农民第一"战略，旨在为农民提供卓越的用户体验。一是推进全球范围内的 FarmerCore 计划，通过整合数字和实体元素，为农民提供更便捷的销售和服务分配方式，该计划以农场思维、智能网络覆盖和数字参与为核心支柱。二是与 Trimble Ag 合作成立合资企业，专注于精密农业业务的发展，推动 Fendt 品牌产品的全球化，并扩大零部件和服务业务。三是重点关注降低制造成本、提高运营效率，并积极减少库存。四是加大高品质技术和智能农业解决方案的投资，通过收购 FarmFacts 的数字资产以增强数字能力。五是推出爱科风险投资计划，正式化采购和资助新技术已实现公司的战略重点。爱科强调精密农业在整个作物生命周期中的关键作用。基于对 2024 年增长的假设及先进的季节性解决方案的成功实施，爱科认为行业领先地位的持续不仅取决于种植者的能力，还在于跨越作物生命周期的产品和技术创新。爱科在谷物和蛋白质仓库发布 Fendt 600，将提出更多针对精密农业产品和技术的解决方案，其中包括推出配备了最新精密种植技术的完整行单元 CornerStone Planting System，这一创新允许农民以更为经济的价格获得最先进的种植设备，同时提供原始设备制造商（OEM）完成

和集成；推出针对小颗粒的 Clarity 解决方案，该系统将提供逐行高清细节，显示气力播种机的流量变化，将这些信息呈现在精密种植 2020 监视器上；推进 Symphony Vision 系统在 2024 年商业化，该系统通过仅对杂草进行现场喷洒，而非整个田地进行覆盖，帮助农民大幅减少除草剂的使用量，从而实现对田地的精准管理。

（2）技术产品发展情况　爱科集团是一家在全球农业领域具有重要影响力的企业，致力于为全球范围内的农民和农场主提供创新的农业解决方案，以提高农业生产效率、优化资源利用、改善农产品质量，并为可持续发展做出贡献。爱科集团在拖拉机、牧草及秸秆收获设备系列、"爱·农"农机车联网系统、粮食解决方案和养殖业解决方案等方面的不断创新和研发，为全球农业发展和现代化提供了重要支持和保障。

1）在拖拉机领域，产品覆盖了各种规模和类型的农场需求。最新的研发成果采用了先进的电子控制系统和智能化技术，以提升拖拉机的精度、可靠性和操作便捷性。此外，爱科集团还不断完善其拖拉机产品线，以满足不同地区和作业的多样化需求。具体而言，爱科集团拥有"全球"系列 [尊享版（F1004-C、S1104-C、S1204-C、S1304-C）、智享版（S1204-A、S1204-C、S1304-C）]、麦赛福格森 MF 7700 系列（MF 1804、MF 2204、MF 2404），以及麦赛福格森 MF 8700 系列（MF 2704、MF 3004、MF 3204、MF 3404）的产品。

2）在牧草及秸秆收获方面，致力于提供高效、可靠的收获设备，帮助农民充分利用牧草资源并实现丰收。最新的研发进展包括采用先进的收获技术和智能控制系统，使收获过程更加精准、高效，同时降低能耗和资源浪费。爱科集团拥有捆草系列（MF 1800）、搂草系列（MF RK802），以及割草系列（MF WR9960）产品。这些设备具有高强度结构下的作业平稳流畅、保证收获作物品质下的高作业效率，以及高安全性的多作业模式的优点。

3）"爱·农"农机车联网系统是爱科智能化农业解决方案的重要组成部分，旨在利用物联网技术实现农业机械设备与数据平台的连接，以实现远程监控和管理。该系统集成了实时监测、数据分析和远程控制等多种功能，为农民提供全方位的农业生产管理支持。其主要功能包括实时数据传输及显示，每秒采集 1 次数据，每 60 秒向服务器传回 1 次数据，数据可以实时在计算机 Web 端和手机/平板电脑 APP 端进行显示；自动生成的作业日志减少用户操作，可以提供机器的运营效果、工作效率、设备状态及报警与提醒的报告供用户查阅；更多的数据采集，得益于爱科智能化农业装备，终端可以通过 CAN 总线采集发动机工作参数及车辆运行参数；完善的 LBS（基于位置信息服务）功能，车辆的实时位置分布，最新运动轨迹，历史运动轨迹，动画呈现轨迹行进路线及电子围栏等基于位置信息的服务；报警和提醒，如车辆故障实时报警、故障处理时限报警、保养提醒、电子围栏预警并提供核心关键参数的限值提醒。

4）在粮食解决方案方面，不断推出先进的种植管理技术和收获设备，帮助农民实现高产高效的粮食生产。最新的研发成果包括智能化的种植管理系统、精准农业技术和智能收获设备，以满足不同作物种植需求并提高农业生产效率。主要有 GSI 粮食存储分公司和 Cimbria 粮食存储分公司。GSI 粮食存储分公司，在粮食仓储、粮食烘干、粮食运输等方面为用户提供行业可信赖的粮食系统设备，GSI 提供行业内种类较丰富的谷物烘干和通风设备；Cimbria 粮食存储分公司，拥有粮食存储领域的核心技术，涵盖色选机、除尘器、重力分离器、种子离心喷涂机及进气系统等关键设备，在存储条件、输送条件，以及曝气和温度检测方面也表现出色。

5）爱科的谷物和蛋白质品牌帮助养活了不断增长的人口，满足了人们对高品质蛋白质不断增长的需求，并贮存下更多的产品。它始于设计和制造的经过验证的可靠设备。虽然它们作为谷物、种子加工和蛋白质生产设备出售，但它们是综合系统，主要包括理想生活环境的搭建、家禽家畜养殖解决方案。通过结合先进的养殖设备和智能化管理系统，爱科集团帮助养殖户实现养殖过程的智能化、高效化和健康化。最新的研发成果包括智能化的饲料喂养系统、环境监测系统和疾病预防控制技术，为养殖业的可持续发展提供了重要支持。

4. 久保田株式会社技术产品发展

（1）企业整体情况　日本久保田株式会社（Kubota Corporation）成立于 1890 年，是日本最大的农业机械制造商。长期以来在"水""土""环境"这些与人类生活和文化息息相关的领域中，不断开发先进技术和产品，致力于为人类创造更加美好的生活。公司业务遍及亚洲、美洲、欧洲等全球市场，共拥有 158 家子公司及 19 家关联公司。久保田在农业机械、小型建筑机械、小型柴油发动机、铸铁管等领域处于世界前列，产品包括拖拉机、农用设备、发动机和建筑设备等。2023 年，久保田销售收入达 195 亿美元，其中机械制造业务占总收入的 76.6%，海外业务收入占比高达 73%。

（2）技术产品发展情况

1）M7002系列拖拉机及DSX-W撒肥机。采用了自动驾驶、电力驱动及TIM（拖拉机机具管理）自动控制等技术，极大提升了智能化程度。标配拖拉机机具管理系统，可提高机组作业效率，减轻驾驶员疲劳。

2）DSX-W精准化肥撒施机。将机械驱动与电力驱动相结合，根据需要调节肥料撒施量。采用Rota flow肥料分配技术和电子称重技术，通过中央释放点进行精确分配。精确快速的小区控制，根据区域调节施肥量；2个行星齿轮电驱撒肥盘，每个撒肥盘转速均可独立控制，撒播更精准。

3）PRO688Q谷物收获机。加装水稻收获选装件，可实现水稻收获，通过水稻收获选装件及参数调整，将水稻收获的破碎率、含杂率、损失率控制在标准范围内。通过割台更换及喂入、脱粒、筛选系统的改装，实现玉米的收获与脱粒一机多用。

4）多功能水稻插秧机。一次完成侧深施肥、插秧和撒除草剂等作业，实现节本增效。采用导航系统，自动保持直行，仅需1人即可完成插秧作业，省工省时。侧深施肥与除草剂施用系统，解决了肥料易被冲走的问题。采用拜耳除草技术，实现了除草剂的精准施用。

5. 克拉斯技术产品发展

（1）企业整体情况　德国克拉斯公司（CLAAS）营业收入呈持续上升态势，2022年达到49.26亿欧元。2022年以"改变（Change）"为主题，持续增加研发投入，全年研发费用达到2.791亿欧元，增长6.4%。研发重点投入领域为新型机械架构模型、新型收获机械和拖拉机的相关技术、机器控制和连接的电子架构、农业过程数字化。

（2）产品技术创新情况　克拉斯不断推动技术升级。公司将欧洲第五阶段排放标准应用于其窄轨和特种拖拉机系列产品中；对NEXOS系列拖拉机实施了技术升级，推出了1款新型变速箱、1款新型平地板驾驶室和1项新设计方案；更新了LEXION和TRION系列联合收获机的外观，沿用了2019年出现的标志性"Y"形设计，采用平引擎盖以扩大驾驶员视野；服务升级，将大型拖拉机享有的MAXI CARE Protect（售后保修）服务扩展到窄轨拖拉机系列产品中。

克拉斯与荷兰Venray初创公司——AgXeed成功合作了一系列研发和销售项目，克拉斯通过追加投资以确保自动化农业装备创新技术的落地，其国际销售网络和专业资质推动 AgXeed 在农机研发、销售和服务方面的发展。2022 年位于德国的 CVG 投资子公司部署 AgXeed 进入克拉斯在德国和瑞士经销商网络的销售和服务市场。AgXeed 的自动化拖拉机提供了一个具有可扩展硬件、虚拟规划工具和综合数据模型的智能、可持续和全自主的农业生产系统，技术达到欧洲领先水平。

2022 年，克拉斯多项创新产品在美国农业与生物工程学会（ASABE）颁发的 AE50 奖中获奖，包括 XERION 12 系列拖拉机、拖拉机用 CEMOS 系统、TRION 740 联合收获机、VARIANT 网式包装系统、VARIANT 500 智能密度控制器、双辊驱动 DISCO 3600 FRC 前置割草压捆机、DISCO 9700RC 自动割草机 7 项产品。

1）2023 版 LEXION 联合收获机。底盘坡度补偿，通过将 TRION 驾驶室与 MONTANA 车型相结合来实现，已列入克拉斯公司产品功能名录。LEXION 模型优化，增大了发动机功率和粮仓体积。CEMOS（克拉斯机器电子优化系统）接口新功能研发，实现了联合收获机运行优化参数向联合收获机车队的发送。

2）AXION 900 拖拉机。拥有四点悬挂驾驶室，驾驶乘坐舒适性高；拥有全悬挂履带，土壤保护性好、生产力和生产效率高、经济效益高。

3）VARIANT 500 圆捆牧草打捆机。"Y" 形结构设计、多种捆仓规格、打捆压力控制优化、VARIANT HD 新型切割单体、大型土壤保护轮胎。

4）CEMOS 1200 机器电子优化系统。应用于 LEXION 联合收获机、JAGUAR 青贮饲料收获机、拖拉机系列；替代先前的 S10 通用控制终端；自动转向，处理在线文档和 ISOBUS 应用程序任务，实现局部控制和变量控制；CEBIS 控制台拥有 12 寸多功能触摸屏和图形显示功能，操作直观简便。

2.3.2　国内重点农机企业发展

1. 潍柴雷沃智慧农业科技股份有限公司

（1）企业整体情况　潍柴雷沃智慧农业科技股份有限公司（简称潍柴雷沃）成立于 2004 年，主营业务包含智能农机和智慧农业。公司在轮式谷物收获机械领域稳居国内市场销量第一。2023 年潍柴雷沃小麦收获机国内市场占有率 63%，玉米收获机国内市场占有率 26%，拖拉机国内市场占有率 25%，履带式谷物收获机械国内市场占有率 27%，拖拉机出口量多年排名全国第一。2022 年，公司实现营业收入 167.27 亿元，利润 8.30 亿元。

（2）技术产品发展情况

1）大马力 CVT 无级变速智能拖拉机技术和产品。成功突破了无级变速传动、拖拉机整机系统智能控制、电液悬挂控制等多项关键核心技术，实现了 180～380 马力系列 CVT 无级变速智能拖拉机的商品化，实现了从"0 到 1"、从"1 到多"的连续跨越。CVT 拖拉机产品较传统农机相比，综合作业效率提升 30%、综合燃油消耗降低 10%。正在开展 500 马力 CVT 无级变速智能拖拉机的研制，相关产品也正在进行田间试验，将逐步形成 CVT 高端产品系列。

2）大马力动力换挡智能拖拉机技术和产品。突破动力换挡湿式离合器技术，提升产品舒适性及作业效率的同时降低离合器故障率，提升了与国内品牌机械换挡产品差异化竞争优势，完成系列动力换挡产品的开发，产品覆盖 70～300 马力。其中 200 马力以上动力换挡产品已完成工装设备试运行（TTO）验证，正在进行小批试销，120 马力以下动力换挡产品正在进行 TTO 验证，与 CVT 形成高端产品组合。2023 年高端动力换挡产品实现销量 340 台，市场占有率 7.8%。

3）果园型拖拉机技术和产品。突破了电控前 PTO、超级转向、四级驾驶室等关键技术。2022 年推出 F4000 果园拖拉机，是为满足葡萄、苹果等标准化果园作业开发的大马力拖拉机，可实现进口替代，满足多路大流量液压输出，具有"重心低、轮廓窄、马力大、功能全"的优点，可满足果园的剪枝、施肥、除草、打药、深松、还田、运输等全流程作业。产品采用全配置开发理念，可实现机械换挡、动力换挡 2 种传动方式，欧三、欧五、国四多种动力匹配、电控提升器、力位提升器、电控液压输出、机械液压输出及二级驾驶室、四级驾驶室等多种配置组合，满足不同作业要求，适应性更强。目前已授权 60 余项专利，并通过国家推广鉴定。

4）丘陵山地拖拉机技术和产品。突破了"折腰＋扭腰"技术、机具姿态自适应调控技术，能够适应复杂的丘陵山地工况，2024 年推出丘陵山地拖拉机 F3000。该产品整机结构紧凑"低矮窄"，前视野开阔，转弯半径小，定位于满足丘陵山地狭小地块的作业要求。创制了"扭腰＋折腰""扭腰＋四轮转向"2 种具有自主知识产权的全地形行走底盘，实现悬挂系统实时柔性姿态控制，全方位满足丘陵山地"耕种管收运"需求。

5）复式条播机技术和产品。突破了排种单体及仿形、播深一致性调整、排种量调整等关键核心技术，研制了适宜旱田小麦播种的潍柴雷沃 2BGXF-24C 复式精量条播机，能够实现动力驱动耙与条播机联合复式作业，一次作业完成整地、播前镇压、播种、播后镇压，提高了播种质量与作业效率。驱动耙变速箱、传动箱等核心零部件全部为自主开发，实现了快速换刀功能。采用钉轮式排种器、无级变速箱、四连杆仿形单体，实现了精确排种、精确控制播深和镇压力，保证了播种质量，出苗率提高20%，可增产15%~20%。该成果被评为2023中国农业农村十大新技术。

6）高速电驱精量播种机技术和产品。突破了高速气吸排种器技术、电驱动播种技术、高精度种子传感技术，集成创制了潍柴雷沃2BMQE-6E气吸式精量播种机，实现了播种质量和作业效率的协同提升。播种机通过ISOBUS与拖拉机互联，实现车机同屏、协同作业，作业数据实时上传云平台。产品核心零部件除测速雷达外全部为潍柴雷沃自主研发，国产化率在行业内最高。实现了国产大型电驱气吸式精量播种机在北大荒农垦地区的玉米、大豆播种作业。漏播率低、不伤种子，玉米综合亩增产5%以上。该成果被评为2022中国农业农村重大科技新成果。

7）大型高端谷物收获机械技术和产品。突破了低损柔性减振切割、纵横两维仿形、电液仿形、作业参数检测、关键作业部件自适应控制等关键核心技术，创制了GS180大型收获机。样机分别在湖南、新疆和东北地区完成小麦、玉米、大豆功能性能试验验证和第一阶段可靠性模拟试验验证。

8）穗茎兼收玉米收获机技术和产品。突破了发动机风扇反吹技术、还田机自动升降技术、粮仓草仓一键回位技术、草仓二次举升技术及切碎刀辊整体磨刀生产工艺，创制了潍柴雷沃谷神4YJ-4FR穗茎兼收玉米收获机，获授权实用新型专利20项，发明专利3项。可一次性完成玉米果穗的摘穗、剥皮、集粮及玉米秸秆的切碎回收功能，具有智能、高效、舒适、可靠、灵活、适应性强等特点，提高了穗茎兼收玉米收获机械作业质量和收益，应用于中原、西北、东北等9个玉米主产省区。

9）履带式全喂入谷物联合收获机技术和产品。突破了双泵双马达液压驱动、导航控制、电控离合、卸粮筒一键回位功能等关键核心技术，创制了RG智能化无人驾驶水稻收获机。自主开发了车辆控制程序，所有工作部件的操纵均升级为电控操纵，通过逻辑控制，实现割台、拨禾轮、离合控制、车辆行走、卸粮等操作。通过导航接收机实时接收卫星信号，根据规划好的路径，实时调整行进方向，使车辆能够按照规划路径进行作业，可以实现车辆的无人化作业、自动作业、自动卸粮、远程打点、远程操作，极大地降低了对劳动人员的依赖。控制程序配备故障诊断功能，可以检测到所有工作部件的短路、断路等故障。还具备远程升级功能，可以通过远程信息处理控制单元（TBOX）实现控制程序的远程升级。

10）智慧农业技术和产品。突破了北斗智能监控终端、遥感 & 地理信息系统（GIS）、农机远程运维管理等关键核心技术。一是实现了智能服务决策系统上线，调度数据量 1500 万条/天，完成数据标准定义 600 多项，完成数据指标 120 多项，搭建数据模型 70 多个，开发智能服务决策指挥大屏辅助"三夏""三秋"服务调度，数据报表由 24 小时缩短到 30 分钟，最大单日在线农机超过 18 万台（套），服务资源利用率提高 3% 以上。二是农场管理平台成功升级，2023 年发布 6 次大版本更新，分别完成了遥感平台开发、社会化农服、分角色视图、作业补贴平台、APP 合并和物联网统一接入平台功能上线。三是遥感平台、GIS 平台于 2023 年上线运营，充分利用 3S 空间技术——全球定位系统（GPS）、GIS 和遥感技术（RS），实现对农业生产相关空间数据的高效获取、处理、分析与可视化，为农业生产提供辅助决策。

2. 第一拖拉机股份有限公司

（1）企业整体情况　第一拖拉机股份有限公司（简称一拖股份）成立于 1955 年，是我国"一五"期间兴建的 156 个国家重点项目之一，也是"A + H"股资本平台的上市公司。公司主导产品涵盖"东方红"系列履带拖拉机、轮式拖拉机、柴油机、收获机械、专用车辆等多个品类。2022 年主营业务收入 124.55 亿元，利润 6.81 亿元，大中型拖拉机销量 94638 台，市场占有率约 25.20%，研发投入 5.28 亿元。

（2）技术产品发展情况

1）大功率混动拖拉机。开展了大功率混合动力拖拉机驱动系统技术研究，提出了大功率混合动力拖拉机及其驱动系统的设计与智能优化方法，进行了大功率混合动力拖拉机驱动系统控制策略研究与智能控制器开发，通过大功率混合动力拖拉机整机试验与检测技术，成功研制出 220 马力混合动力拖拉机。

2）大马力智能拖拉机。针对当前国产大马力智能拖拉机存在的"卡脖子"技术和市场短缺问题，重点攻关发动机高效低排放、全动力换挡及无级变速传动、湿式离合器、传动系清洁度控制等关键核心技术，突破了 YTN7 柴油机、

YTN9 柴油机、220 马力动力换挡变速器、320 马力动力换挡变速器、230 马力单行星排液压机械无级变速器、320 马力单行星排液压机械无级变速器等核心零部件及整机智能控制系统、作业控制系统，创制了国际先进、具有自主知识产权的 220～340 马力动力换挡和无级变速大马力智能拖拉机系列产品。

3）无人驾驶拖拉机。突破了无人驾驶拖拉机在农田作业复杂工况下感知层、决策层与执行层等关键技术，开发了自动导航、主动避障、路径规划、远程遥控、农具操控等系统。拖拉机无人驾驶技术可使直线作业误差小于 2.5 厘米，有效取代了复杂的人工操作。

4）新型节能环保农用发动机。开展了新型节能环保农用柴油机关键核心零部件、智能管理系统、中功率节能环保农用柴油机集成开发与整机匹配、大功率节能环保农用柴油机集成开发与精益制造等研究，突破了节能环保农用柴油机有关基础理论和关键技术，推动了国产农用柴油机升级换代，大幅提升我国智能农业装备技术水平。

5）大马力橡胶履带拖拉机。开展了模块化大马力橡胶履带拖拉机整机、橡胶履带行走系统、橡胶履带拖拉机试验、电液控制行星差速转向系统等技术研究，研制出 220 马力橡胶履带拖拉机，自主化率达到 95% 以上。

6）丘陵山区专用拖拉机。研制了 MH804 丘陵山地专用拖拉机，额定功率 80 马力，满足了丘陵山地特殊作业环境对拖拉机安全性、稳定性、转向灵活性、操纵舒适性等方面的迫切需求。整机重心低、四轮等大，作业时前后质量分配均衡，坡地作业稳定性好，更加适宜丘陵坡地作业；折腰、扭腰转向，双向驾驶，具有优异的转向灵活性和机动性，更加适宜狭窄区域作业。

7）主粮生产作业全程无人化解决方案。突破了农业装备无人驾驶、多机协同、任意曲线行驶控制和农具控制、全程机械化作业检测和作业大数据云服务等关键技术，应用大数据、物联网、人工智能和智能装备等技术，打通数据与装备、农艺的关联。攻克了预定义调度区域衔接的协同规划技术，构建了基于大数据的全程无人化作业云平台，多场景地针对不同农艺、场景、作物进行全过程无人化示范作业，可在大面积作业的场景下进行推广应用。该成果入围"2021 中国智能制造十大科技进展"。

3. 江苏沃得农业机械股份有限公司

（1）企业整体情况 江苏沃得农业机械股份有限公司（简称沃得农机）成立

于 1988 年，是一家集研发、生产、销售和服务于一体的大型现代农业全程机械化制造商，位列中国民营企业 500 强。公司核心产品包括收获机、拖拉机等。产品远销至全球 38 个国家和地区。2022 年，沃得农机实现营业收入 112.15 亿元，利润 16.78 亿元。

（2）技术产品发展情况　沃得农机在核心零部件的结构设计和自主化生产方面取得了重大突破。基于自主研发制造的专用机械设备，沃得农机实现了定制化农机零配件的规模化生产，其核心产品联合收获机零部件自制率达到 90% 以上，打破了过去关键核心技术被国外企业"卡脖子"的困境，同时提升了自制零部件与整机的匹配度和兼容性，使沃得农机的产品更具核心竞争力。

沃得农机通过多年的不断研发创新，持续拓展产品线，现已形成种植机械、田间管理机械、收获机械、牧草机械、烘干机械、动力机械（含农机具）六大产品种类，基本覆盖现代农业生产的各个环节。经过近 20 年的深耕细作，沃得农机打造形成了锐龙、飞龙、巨龙、旋龙、半喂入、皓龙、裕龙、鸿龙等联合收获机系列产品，可以收获水稻、小麦、玉米、油菜、大豆、甘蔗等多种作物，充分满足农业生产各领域、各环节对农业器械的个性化需求。

4. 中联农业机械股份有限公司

（1）企业整体情况　中联农业机械股份有限公司（简称中联农机）成立于 2011 年，是中联重科的三大业务板块之一，专注于农业装备的研发与制造。其产品涵盖北方旱田作业机械、南方水田作业机械、经济作物机械、收获后处理机械四大系列，产品经销网络覆盖全球 70 多个国家和地区。2022 年，中联农机实现营业收入 21.38 亿元，利润 9473.30 万元。

（2）技术产品发展情况

1）中小马力电驱动轮式拖拉机。立足新能源农业机械发展趋势与大棚、果园作业特点，开展了动力总成电动化及传动系统控制策略与技术、驱动与作业系统独立工作技术、智能作业及整车控制策略与技术等研究，主要应用于现代设施农业和标准化果园，利用作业与行走相互独立的双电机驱动系统，并配备无人驾驶、人工智能作业等智能模块，打破了国外产品的技术垄断，在 2023 年中国农业机械学会科技成果评价会上被认定为国际先进、国内领先。目前已完成实地作业试验验证，开展小批量销售。

2）轮履复合式混合动力机械。针对南方丘陵山地复杂地形，开发了 CB503

轮履复合式混动拖拉机。该产品是国内首款轮履复合式混合动力产品，专注油电混合动力、轮履复合地面仿形、分布式电机协同控制、轮边电机差速转向等技术领域全面实现了创新，同时在作业性能、通过性、操控性能、节油高效、适应性等方面表现优异，打破了丘陵山地农作物关键环节"无机可用、无好机用"的局面。目前正在开展田间试验，2024 年面向市场小批量销售。

3）动力换挡大马力拖拉机。突破了技术壁垒，离合器采用湿式多盘油浴式电液操作，变速箱可以实现 40 个前进挡 +40 个倒挡，6 区段各 4 个负载换挡 + 爬坡挡，使得换挡速度快，结合平顺，有效降低换挡冲击。开发的三点悬挂控制系统，通过多功能液压技术匹配多种农机具来实现复合作业，控制更精准，作业更平稳顺畅。整车采用全电液控制系统，拥有故障自诊断功能，在智能化、人机工程等方面取得了重大的突破，实现了国内高端大马力拖拉机的最新智能化水平，打破了国外技术在该领域的长期垄断。目前已面向市场开展批量销售。

4）CVT 无人驾驶拖拉机。基于智能感知、农机与农机具智能化协同等技术，研发出 240 马力无级变速无人驾驶拖拉机，打破了国外长期以来对大马力 CVT 拖拉机技术的垄断。整机采用全电液控制，搭载 CVT 无级变速箱，实现了自动换挡及动力换向，配置卫星导航及无人驾驶设备，具有主动避障功能，可实现故障自诊断，产品额定功率 240 马力，最大牵引力在 120 千牛以上。目前已在黑龙江、新疆等地进行耕整地和播种环节作业验证，正在开展小批量销售。

5）抛秧机智能化技术。在现有 2ZPY-13A 水稻有序抛秧机产品上实现了电液化改造，搭载了人工智能、自动驾驶系统、作业质量监测和质量控制等智能技术，实现了行距、漏秧和堵秧的自识别和自调整。产品可实现一次 13 行的水稻有序抛秧作业，株距 8 挡可调，最高作业效率可达 15 亩/时，是普通插秧机的1.2～1.5 倍，人工抛秧的 10 倍。率先掌握人工智能技术在抛秧机上的应用，实现了抛秧机的作业质量检测和作业智能控制，提升了抛秧机的智能化水平。

6）人工智能谷物联合收获机。应用人工智能、计算机、控制等多学科多领域技术，研制出收获机人工智能控制器/传感器等人工智能系统关键部件。应用机器深度学习等人工智能技术和卫星、视觉、惯性导航系统等融合的多源导航技术，开发出收获机人工智能感知、控制、优化和自动驾驶等人工智能软件，对收获机底盘及电液控制系统进行升级并搭载人工智能关键硬件和软件，创制出人工智能收获机，并应用人工智能、5G、云计算等技术，构建了水稻、小麦等作物的特征静态数据库，通过路径规划、模型构建，实现了收获机无人驾驶、精准操作等功能，减少人工劳动强度。目前已完成产品开发与试验验证。

7）混合动力小麦收获机。开展了混合动力系统节能控制技术研究，突破了收获机械作业智能控制及自适应、籽粒破碎工作参数智能调节、智能能量流管理等关键技术，以及电驱行走底盘等关键部件，对混动收获机行驶速度、滚筒转速、风机转速等作业参数进行了自动优化与调节，实时监测喂入量，实现了动力传动系统的电动化，加快了绿色智能农业装备推广应用。目前已开展田间试验。

8）大喂入量多功能谷物联合收获机。突破了纵轴滚筒低损脱粒分离技术、喂入辊加双纵轴滚筒适应多种作物高效收获技术、行走静液压驱动技术、整机集成智能控制技术、高性能低排放大功率国四发动机应用技术、智能控制和自动驾驶技术，研发出15千克/秒谷物联合收获机，打破了国外大型高端收获机市场垄断。整机搭载人工智能技术，实现高效、减损收获，应用于东北、西北及中原大地块区域农场、合作社及种粮大户，用于小麦、水稻、玉米和大豆等多种作物收获，作业效率高于500亩/天，平均无故障时间在100小时以上。目前已完成国内外验证，在新疆、东北等地开展小批量销售。

9）大型切段式甘蔗收获机。通过对根切刀总成调节机构、浮动随地仿形悬挂机构、物料自动摊平、变径输送机构及基于北斗导航智能化模块等关键技术攻关，集自动扶起倒伏甘蔗、切削、砍蔗、输送、剥叶、蔗叶分离等功能于一体，完成了产品开发。整机可实现纯工作效率为52.4吨/时、含杂率不高于6%、总损失率不高于6.7%、有效度不低于96.8%，有效地解决了甘蔗挤压损伤和堵塞的问题，保证了作业效率和质量稳定，实现了国产大型甘蔗收获机技术突破，填补了我国大型切段式甘蔗收获机产品空白。

10）智能谷物烘干技术。针对不同干燥条件下粮食干燥品质的变化规律，分别研究了水稻在不同初始含水率、不同干燥温度和风速及低温循环干燥方式下，水稻的爆腰增率、整精米率、发芽率及脂肪酸含量的变化规律。通过烘干机理研究及烘干曲线、多级混流等技术开发，研究了干燥温度、谷物温度、含水率和干燥速率对爆腰增率影响的在线预测方法和模型，以爆腰率增值为品质约束条件，以干燥速率最大化为指标，开发出基于自适应动态规划的干燥工艺参数优化控制策略，实现了主要水稻品种的智能化干燥，系统化全面提升粮食烘干机技术水平。目前已实现产业化生产。

11）水稻的数字化种植技术。通过梳理水稻标准化种植的13个阶段和49个决策环节，将其分类整合至10个算法模块，对应23类算法，以需求为导向，构建"天、地、空、人、农机"五位一体的数据采集体系，实现算法与多元数据的融合，进而落地水稻的数字化种植；并建成完善的"智慧稻米区块链溯源平台"，实现了稻米从生产、加工、销售到到流通环节的生产可记录、信息可查询、流向可追踪、质量可追溯，保证农产品安全，使用户买得更放心、吃得更安心。

5. 中国农业机械化科学研究院集团有限公司

（1）企业整体情况　中国农业机械化科学研究院集团有限公司（简称中国农机院）成立于 1956 年，1999 年整体转制为中央直属科技企业，隶属于世界 500 强中国机械工业集团有限公司。其产品涵盖农牧业装备、特种装备、农产品与食品工程、冷链与环境工程、勘察设计与施工、信息技术与精准农业、标准与检测、出版传媒等领域。2022 年，中国农机院实现营业收入 32.86 亿元，利润 10741 万元。

（2）技术产品发展情况

1）突破了一批关键核心技术。围绕培育重大原创技术"策源地"，聚焦农业装备应用基础、战略前沿及重大装备关键核心技术，取得了蔬菜穴盘苗高速低损移栽、高速气流智能排种、大出变量施药与果园多行风送式仿靶施药、圆包成型缠膜、滚筒自动磨刀智能对刀、割台自动仿形和籽粒破碎与秸秆揉丝组合、秸秆切割揉丝圆捆卷捆与除尘打捆、采棉机电液控制、农机作业部件表面增材制造材料与装备，以及大田机器人化作业装备技术等一批关键技术突破，同时对象识别与定位、机器人运动与作业决策关键核心技术推进了作物表型获取、果蔬采收机器人技术与装备的研发与应用，助力实现自主可控。高速蔬菜栽植技术取得重要进展，栽植速度可达 120 株/（行·分钟），与国外并跑；高速气流播种实现 13 千米/时以上条播作业，达到国际领先水平，玉米播种实现播深自动调控，作业速度大于 12 千米/时；采棉机电液系统实现自主化、批量化应用；圆包成型技术自主化替代进口，作业效率提高 20% 以上，采净率超过 95%；研制农业装备轻量化、高强度、耐磨新材料，并在旋耕刀、青饲机和谷物收刀片上规模化应用，使用寿命提高 3 倍以上，建立了农机关键部件表面增材制造工艺、涂层结构精准调控与涂层基础性能测试评价系统，达到国内领先。

2）创制了系列重大农业装备。围绕高端农业机械产业链链长建设，聚焦重大农业装备国产化升级替代，培育和壮大主导产品，推进高性能农业装备开发和产业化转化，开发了气流输送式播种机、高速玉米智能化播种机、玉米指夹式播种机、3WP-1660 型喷杆喷雾机、3WPZ-3000 型高地隙自走式喷杆喷雾机、4U2LJ-1730 自走式马铃薯捡拾联合收获机、玉米小区测产收获机、高密度小方捆打捆机、9QSF-3.0 型草原切根施肥复壮机、9ZFD-2.0 型自走式灌木收割粉碎打捆一体机、自走式杂交构树收获机、9GBXQ-3.0 型旋转式切割压扁机、9LSQ-5.3 型多功能水平旋转搂草机、4MY3-1.2 型和 4MY-6A 型圆包式采棉机、580 马力智能青饲料收获机、大型玉米精准播种施肥作业机器人，以及北斗农机作业远程监测终端等一批自主化、技术领先的高性能重大农业装备，推进主导装备系列化、迭代升级和数字化转型，支撑引领科技产业迈向高质量发展步伐。智能青饲料收获机喂入量不低于 33 千克/秒，每升青贮饲料中完整籽粒数量不超过 3 粒，割茬高度不高于 150 毫米，收获损失率不高于 3%，收获效率提高 20% 以上，达到国外先进技术水平；形成了 3 行/6 行棉箱式与圆包式采棉机全系列产品，具有自主知识产权的圆包成型高效采棉机实现批量生产，4 行棉箱式采棉机批量出口；马铃薯捡拾联合收获机实现了捡拾、薯土蔓分离、分拣去杂、集料装袋等一体化作业，收获效率 3~5 亩/时，破损率不高于 4%；饲草料收获成套装备，成捆率不低于 98%，打结器使用寿命不低于 150000 捆，实现了低损、高效、高密度收获，农作物秸秆饲料与尘土高效分离，提高了农作物秸秆饲料的利用率及适口性；农业合作社、农机作业精准监管、农机企业运维服务云平台广泛应用，推动了智慧农业发展。

3）研发了多种特色农业装备。聚焦种业翻身仗、黑土地保护与利用、丘陵山区农机化等高质高效全程全面农业机械化的难点，取得了一批种养加、果蔬生产等薄弱领域的作业装备，推动全程全面机械化，助力乡村特色产业发展。蔬菜高效移栽机、甘蓝类蔬菜收获机、酿酒葡萄全程生产成套装备、袋栽食用菌生产工厂化成套装备及便携式核桃采收机和清土机、油料脱壳分离与榨油设备等助力丘陵山区果蔬机械化生产发展；日光温室蔬菜轻简型生产成套装备、节水灌溉与水肥一体化设备等为实现设施蔬菜全程机械化提供装备支撑；种子小区播种与收获机、田间作物表型机器人、小粒径种子包衣设备等提升种子繁育生产机械化、智能化水平；自走式红枣采收机、自动翻抛机、柠条收获机、智能水分检测仪、除草机器人等补齐薄弱环节机械化短板；果蔬除土净理、形状大小、重量分级于一体的农产品在线品质检测与智能精选成套装备，促进农产品减损提质加工机械化发展。

2.4　我国农业装备产业存在的差距

我国已成为世界农业装备制造和使用大国，产业规模不断扩大，农业生产已进入机械化为主导的新阶段。总体而言，我国尚未跻身农业装备强国，与发达国家相比，仍存在显著差距。

2.4.1　产业规模较大，产品技术水平较低

（1）我国农机产业"大而不强"　我国农机产品主要以中小型、中低端产品为主，高端产品依赖进口。国产农机产品仅能满足 90% 的以小农户为主体的农业生产需求，但在作业效率、可靠性和质量上仍显不足。

（2）农业生产机械化程度低　我国 2022 年农作物耕种收综合机械化率只有73.11%。丘陵山区、果蔬林茶桑草、设施农业、农产品加工等机械化率仅为50% 左右，全国大田种植信息化率仅为 21.8%，而美国等发达国家早在 20 世纪60 ~ 70 年代就基本实现了农业机械化，可见差距明显且较大。

（3）作业装备性能差，部分依赖进口　总体上我国农机作业效率只相当于国外先进水平的 60% 左右，入土作业部件、精密排种器等关键零部件及高端大型农业装备主要依赖进口。对植物生长影响显著的水肥药施用等智能决策技术和技术尚缺乏成熟模型的支持，对动物、水产健康影响显著的测控技术和技术就绪度尚未达到产业化程度要求。例如，智能自动挤奶成套设备的综合性能要求较高，完全依赖进口。

（4）关键核心技术缺少原创　长期以来以引进、仿制、改进为主，基础研究薄弱。智慧农业、智能农业装备所需要的传感器技术与感知系统、精确控制技术与系统、智能决策技术与系统等刚刚开始研究，缺乏系统性产业规划布局和稳定性支持。以农业机器人为代表的前沿技术在我国大多还处于实验室阶段，而在英国、美国等发达国家，已有 200 多种农业机器人进入商业化应用，正在颠覆传统农业生产方式。

2.4.2　企业创新能力弱，核心竞争力不强

（1）规模小、缺乏竞争力　目前国内缺乏具有国际竞争力和品牌影响力的企业。2023年，我国规模相对较大排名前5的潍柴雷沃、沃得农机、中国一拖、中联农机、山东时风的营业收入总和仍赶不上美国约翰迪尔。

（2）产业布局分散　年收入超过100亿元的企业仅5家，超过10亿元的企业不到20家，行业平均利润水平仅为国际领先水平的1/10左右。总体上，我国农机行业处于欧美、日韩之后的第三方阵。

（3）研发投入力度小　我国农机企业数量超8000家，而规模以上企业2000家左右，除少数领域骨干企业外，大部分农机企业研发投入偏低，投入比率不足2%，低于国内制造业平均水平，与国际农机企业研发投入超过4%的水平相比，仍有较大差距。

（4）自主研发能力不强　企业作为农业装备产业技术创新主体的地位不突出，研发人员占比不到3%，创新能力分散且效能不显著，新技术产品检测验证体系不健全，任务布局相对零散，企业自主开展新技术新产品研发的能力不足。

2.5　发展建议

我国经济已由高速增长阶段转向高质量发展阶段，当前正处在转变发展方式、优化经济结构、转换增长动力的攻关期。在全面建设社会主义现代化国家新征程上，中国农业现代化正向纵深推进，高质量发展呈现基础稳、动力足、步伐快的良好态势。面对全球农业装备科技创新和产业变革加速，中国式农业农村现代化需求日益迫切，亟须加快发展农业装备新质生产力，推进农机化和农业装备产业高质量发展。面向"十四五"规划收官和"十五五"规划即将开启的新阶段，需要系统研究体系化布局"十五五"农业装备科技创新，着眼2035年基本实现农业现代化、到本世纪中叶建成农业强国的战略部署，加快顶层设计，明确农业装备科技创新战略、目标、任务、实施路线与保障措施，系统谋划并实施农业装

备科技攻关项目，着力建设高水平创新的支撑条件平台，打造全产业链人才梯队，培育可持续可协同发展的创新生态，激发创新主体潜力，推动创新链 + 产业链 + 资金链 + 人才链的融合，推动农业装备技术升级，做大做强农业装备产业，加快建设农业强国，推进农业农村现代化。

2.5.1　加强体系化科技创新，全面提升创新能力

（1）部署农业装备重点研发计划专项　加快传统领域优化升级，加快育耕种管收贮运加全环节、种养加全产业作业装备高效化、绿色化、智能化技术装备攻关、系列化熟化、产品迭代升级，加速新技术、新产品、新标准、新装备等重大科技成果高质量转化应用；着力培育新兴产业，强化先进农业装备与新一代信息技术、互联网、物联网、机器人融合发展，重点培育农业和农机专用传感器、智能终端、数字农业、数字乡村、农业遥感与航空等新兴领域技术装备，以及研发设计、生产制造、作业服务软件与平台，发展新一代智能农业装备；超前谋划部署未来产业，体系化推进发展农业装备新质生产力。着力在战略性、前瞻性和颠覆性方向实现突破，培育新能源农业装备、生物制造装备、生物育种装备、海洋农业装备等未来产业装备，支撑未来农业产业发展，抢占世界农业装备制高点。

（2）打造农业装备新质生产力战略科技力量　体系化布局农业装备领域重点实验室、国家工程研究中心/工程技术研究中心、技术创新中心/制造业创新中心等国家级研发平台，强化应用基础、共性技术向企业转移与服务；加强科学规划、前瞻性和交叉领域部署，做好跨学科协同创新和产学研用联合攻关；加强人才培养，集聚优势研发力量，培养一批多学科交叉融合的专业研究团队；加强农业装备关键核心零部件标准体系建设与研究，实施重大产品技术标准化，支持行业基础研发和技术创新，促进产品质量提升。

2.5.2　落实企业创新主体地位，培育高新技术产业集群

（1）加强顶层设计，加大科技投入　坚持技术与产品、高中低端产品、大中小型企业兼顾原则，统筹科技、产业、人才、财政、金融、税收等法律法规及政策，战略谋划支持政策；继续强化企业创新主体作用，充分利用"揭榜挂帅"

"企业创新联合体"等机制，鼓励企业提出重大技术攻关需求，参与到国家重点研发计划的各类科技计划中，推动科技创新解决实际市场所需；以用带研、研用直接对接，支持农机新产品试验验证、检测和中试生产，切实提升产品可靠性和适应性，推进农机产品智能升级，逐步建立起以企业为主体、市场为导向、政府扶持、产学研用相结合的农业装备研发体系；集聚金融资本、企业等各类创新资源投入支持农业装备研发活动，逐步形成中央财政资金引导，企业等社会资本共同投入的新格局。

（2）推进全产业链协同，提升产品有效供给能力　完善农业装备产业布局，不断提升产业集中度，支持大型农业企业由单机制造为主向成套装备集成为主转变，鼓励中小企业向"专、精、特、新"方向发展；强化政策引导，推动企业兼并重组，整合上下游产业的要素资源，推进研发、设计、制造、推广应用的产业链协同，不断提高集约化生产水平，着力培育具有全球竞争力的世界一流农业装备企业集团；利用好国内国际两个市场、两种资源，加快推进农业装备产业转型升级，推进技术产品、品牌、产业组织、商业模式的全产业链多元融合创新。

2.5.3　增强先进制造技术系统创新，推动农业装备产业提质焕新

（1）加强农业装备制造关键核心技术攻关　聚焦设计、生产、管理、服务等制造全过程，突破设计仿真、混合建模、协同优化等基础技术，开发应用增材制造、超精密加工等先进工艺技术，集成智能感知、人机协作、供应链协同等共性技术，探索人工智能、5G、大数据、边缘计算等在农业装备制造领域的适用性技术。

（2）加强系统集成技术开发应用，壮大产业体系新优势　大力发展智能制造装备。针对感知、控制、决策、执行等环节的短板弱项，加强产学研联合创新，突破一批"卡脖子"基础零部件和装置。推动先进工艺、信息技术与制造装备深度融合，通过智能车间/工厂建设，带动通用、专用智能制造装备加速研制和迭代升级。推动数字孪生、人工智能等新技术创新应用，加速提升供给体系适配性。建设一批试验验证平台，加速智能制造装备和系统推广应用，加快创新成果转移转化，创制一批国际先进的新型农业装备。

2.5.4　构建良好创新生态，激发新质生产力融合发展新动能

（1）着力打通农业装备新质生产力发展的堵点、卡点　体系化、梯次化、序时化构建科技研发、生产制造、推广应用等产业政策，形成政策合力。坚持教育、科技、人才"三位一体"统筹推进，坚持创新链、产业链、人才链一体部署，突破行业、领域、单位性质壁垒，优化配置创新和产业资源。加大科技与产业国际合作力度和广度，打造高水平对外开放合作平台，充分利用好国际国内两种资源、两个市场，提升产业国际化水平。

（2）着力破解创新链技术到产业链应用之间的难题　充分发挥产业技术创新战略联盟、创新联合体等政产学研用协同机制优势，构建核心层、紧密层、辐射层"三层融通"科技产业发展路径。强化农业装备产业新质生产力布局规划，完善产业链和产业配套体系，培育战略新兴产业和未来产业园区与集群。推动科学、技术、产业融通发展，打通基础研究、应用基础研究、应用技术开发、工程化验证或中试、技术成果产业化创新链堵点，促进农业装备科技创新跨越发展并向产业链延伸。

2.5.5　打造智能农业装备应用场景，拓展农业生产新模式

以主要农作物和养殖全程高效绿色智能生产为重点，推进移动互联网、物联网、大数据、云计算、卫星遥感、北斗导航、智能终端、生成式人工智能等数字化、信息化、智能化技术在农业装备中的深度应用。发展"互联网＋农机作业""物联网＋农机""人工智能＋农业""人工智能＋服务"等，推进智能农机与无人农场、智慧牧场、智慧渔场、植物工厂、云农场、数字孪生农场等融合发展，加快建设智慧农业，打造新产业模式。

第3章　农业装备国际研究态势分析

近年来，随着对粮食安全和农业生产效率的关注不断提高，信息技术、数字技术的快速发展及在各应用领域的广泛渗透，以及低碳节能绿色发展理念日益深入人心，全球农业设施装备呈现向更加智能化、高效化、节能化、无人化方向发展的趋势。我国农业机械化程度不断提升，2022年农作物综合机械化率超过73%，小麦、玉米、水稻三大粮食作物耕种收综合机械化率分别超过97%、90%和85%，全国大田种植信息化率已超过21.8%。农业装备已成为促进我国农业生产、保障粮食安全的重要因素，在基础研究和应用研究方面亟待进一步提升研发水平、提高技术储备。

为了全面描绘近期国际农业装备的研究态势，揭示大田和设施农业装备的最新研发趋势，本部分通过文献计量分析，对近5年全球农业装备领域研究论文的发表情况进行文献检索和计量，分别从大田农业装备和设施农业装备两个子领域分别进行统计分析，呈现文献研究的时间趋势、主题分布、热点与前沿主题、国家和机构研究状况等发文信息，以揭示国际农业装备全领域的研究态势。

3.1　研究数据与方法

本文以科睿唯安（Clarivate Analytics）科学引文索引（Science Citation Index，SCI）数据库收录的论文为数据源，利用文献计量学方法对2019—2023年共5年全球农业装备领域论文的研究趋势进行分析，分别从大田农业装备和设施农业装备两个子领域揭示最新农业装备国际研究趋势。具体数据和方法如下。

3.1.1　论文数据检索

以 SCI 数据库收录的期刊论文为数据源，设计检索式检索 2019—2023 年的期刊论文，包括研究论文、会议论文和在线发表论文，得到农业装备领域的全部论文，并基于应用场景差异和应用对象差异，设计不同的限定检索式，分别提取大田农业装备相关论文和设施农业装备相关论文，再通过人工判读，剔除不相关论文，最终得到 13150 篇大田农业装备相关论文及 7969 篇设施农业装备相关论文。以下大田农业装备和设施农业装备文献分析分别基于这两个数据集进行。

3.1.2　论文数据清理

利用科睿唯安的数据分析工具 DDA（Derwent Data Analyzer）对检索所得论文数据进行清洗整理，即对国家、机构和关键词字段进行规范性和一致性清洗，使分析结果更加准确、规范。

3.1.3　论文计量分析方法

本部分利用科睿唯安的数据分析工具 DDA 对清洗后的论文数据进行基于主题词、国家和机构出现频次的数量统计分析和时间维度的趋势分析，揭示论文产出及时间趋势分布、热点主题分布、高被引论文的研究主题分布、主要国家分布和主要机构分布。利用词云软件，基于高频关键词进行词云分析，揭示重要研究主题。利用 Gephi 软件，基于共词的网络分析方法，对作者关键词进行主题聚类分析，给出研究主题的聚类分析图。利用 Co-Occurrence14.5 软件⊖，基于突现理论，开展突现词分析。突现词探测利用 Kleinberg 的突变检测算法，通过检测短时间段内突然发生变化的节点，计算节点的突增程度，进而判断研究的前沿。

⊖　学术点滴，文献计量. COOC 一款用于文献计量和知识图谱绘制的软件［CP/OL］.［2024 - 04 - 15］. https：//github.com/2088904822.

3.2 大田农业装备发展态势

3.2.1 大田农业装备总体发展态势

2019—2023 年，大田农业装备 SCI 发文量呈快速上升趋势，2019 年为 2074 篇，到 2023 年已经有 2981 篇，5 年增长了近 1/2（图 3-1）。

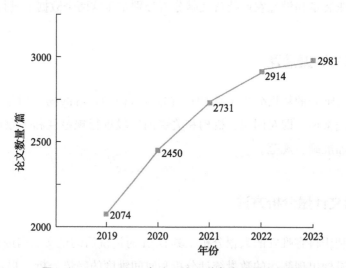

图 3-1　2019—2023 年大田农业装备发文量变化趋势

大田农业装备相关 SCI 论文主要来源于中美两国。其中我国发文量最多，有接近 4000 篇，占论文总数的 30%。美国发表的论文量占 17.8%（图 3-2）。两国合计发文量接近总数的一半。列于第二梯队的国家包括巴西、意大利、西班牙、德国、澳大利亚等农业大国和欧洲发达国家。

发文量最多的前 15 个机构以我国机构为主。我国有 10 所高校和研究机构进入前 15 名（图 3-3）。其中，中国农业大学以 542 篇论文排名第 1。南京农业大学、中国农业科学院、中国科学院的发文量均进入前 5 名。美国农业部农业研究局以 406 篇发文排名第 2，荷兰瓦格宁根大学及研究中心（以下简称瓦格宁根大学）以 151 篇论文排名第 10。

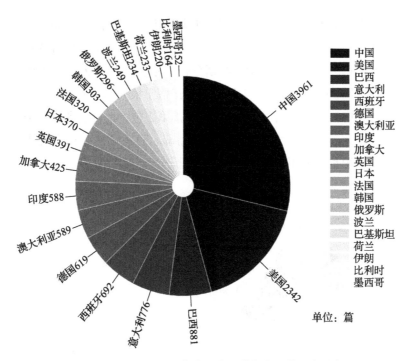

图 3-2　2019—2023 年大田农业装备发文的国家分布

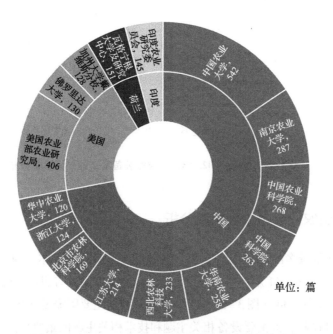

图 3-3　2019—2023 年大田农业装备发文的机构分布

发文量最多的外国机构主要是美国机构，共 9 家美国机构进入前 15 名单（图 3-4）。其中，美国农业部农业研究局发文量最多，相比排在后续的国家有较大优势。佛罗里达大学、加州大学戴维斯分校和华盛顿州立大学是 3 所高产出的美国大学，在美国机构中排第 2~4 位。荷兰瓦格宁根大学及研究中心有 151 篇发文，在全部机构中排第 10 位，在外国机构中排第 2 位。此外，印度农业研究委员会、巴西圣保罗大学、加拿大农业与农业食品部、意大利国家研究理事会、澳大利亚联邦科工组织也进入了前 15 名单。

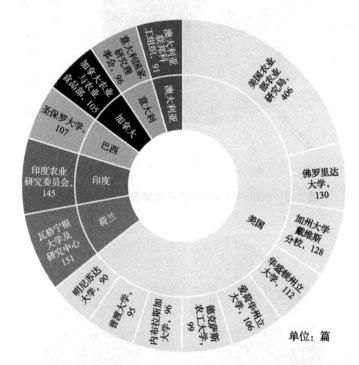

图 3-4　2019—2023 年大田农业装备发文的外国机构分布

3.2.2　大田农业装备主要国家分析

聚焦发文量最多的 15 个国家。我国发文量 5 年间快速增长，从 2019 年的 425 篇增长到 2023 年的 1261 篇，增长了近 3 倍。印度和韩国也有明显增长，5 年来年度发文量都增长了约 1 倍（图 3-5）。除我国外，其他主要国家发文量变化不大。

分析大田农业装备主要设备相关主题和技术相关主题的重要来源国家（图 3-6 和图 3-7），呈现出中国和美国在不同技术主题方向上发文量交替领先的态势。意大

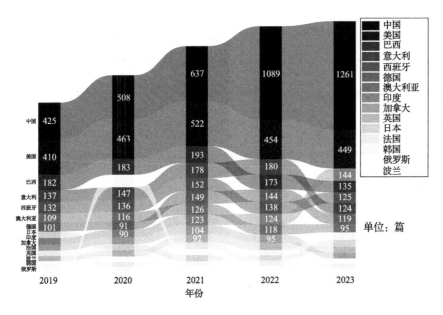

图 3-5 主要国家大田农业装备发文时间

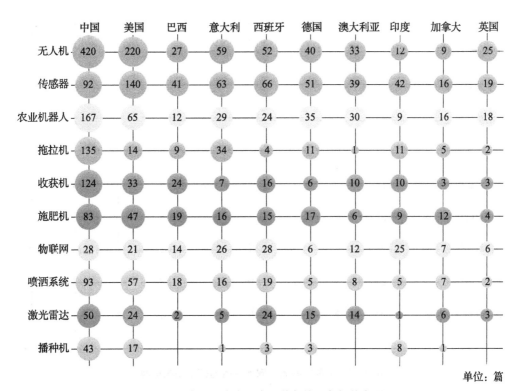

图 3-6 主要国家大田农业装备的设备相关主题

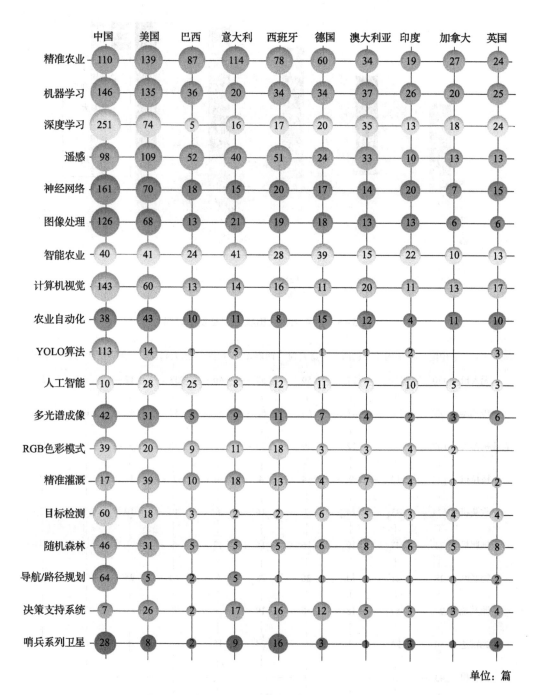

单位：篇

图3-7　主要国家大田农业装备的技术相关主题

利以无人机、精准农业、拖拉机、精准灌溉、决策支持系统、哨兵系列卫星方面发文量相对较多；西班牙以传感器、神经网络、物联网、人工智能、激光雷达、多光谱成像、决策支持系统、哨兵系列卫星方面发文量相对较多；澳大利亚以机器学习、深度学习、计算机视觉、随机森林方面发文量相对较多；德国以农业机器人、农业自动化、目标检测方面发文量相对较多；巴西以遥感、人工智能、收获机方面发文量相对较多。

对比中美两国的技术主题，中国在多数技术主题上发文量高于美国，发文优势较大的主题包括无人机、深度学习、农业机器人、拖拉机、收获机、YOLO 算法、导航/路径规划等。美国发文量明显高于中国的关键词主要是传感器、精准灌溉、决策支持系统等（图 3-8）。

数量	关键词	中国	美国
935	无人机	420	220
784	精准农业	110	139
683	传感器	92	140
527	机器学习	146	135
517	深度学习	251	74
500	农业机器人	167	65
450	遥感	98	109
430	神经网络	161	70
366	图像处理	126	68
364	智能农业	40	41
352	拖拉机	135	14
343	计算机视觉	143	60
287	收获机	124	33
238	物联网	28	21
238	喷洒系统	93	57
201	农业自动化	38	43
153	YOLO算法	113	14
151	人工智能	10	28
136	激光雷达	50	24
136	多光谱成像	42	31
123	RGB色彩模式	39	20
122	精准灌溉	17	39
116	目标检测	60	18
115	随机森林	46	31
104	导航/路径规划	64	5
100	决策支持系统	7	26
94	播种机	43	17
94	哨兵系列卫星	28	8

单位：篇

图 3-8　中美两国大田农业装备主要研究主题发文对比

3.2.3　大田农业装备主要机构分析

聚焦发文量处于前10位的领先机构，中国农业大学在多个设备领域的发文量有显著优势（图3-9）。无人机是各机构共同关注的研究主题，发文量远高于其他设备主题，以中国农业大学和华南农业大学发文优势明显。此外，传感器以美国农业部农业研究局、荷兰瓦格宁根大学、中国农业大学的发文较多。农业机器人以中国农业大学、西北农林科技大学、华南农业大学和江苏大学发文量明显多一些。拖拉机的研发集中在中国农业大学，南京农业大学和江苏大学也有一定的发文优势。收获机以江苏大学、中国农业大学的发文量较大幅度高于其他机构。施肥机和喷洒系统各机构都有发文产出，其中施肥机以中国农业大学略有优势，喷洒系统以美国农业部农业研究局、中国农业大学发文较多。激光雷达方面，中国农业大学、北京市农林科学院、中国科学院发文较多。播种机的优势机构是中国农业大学。

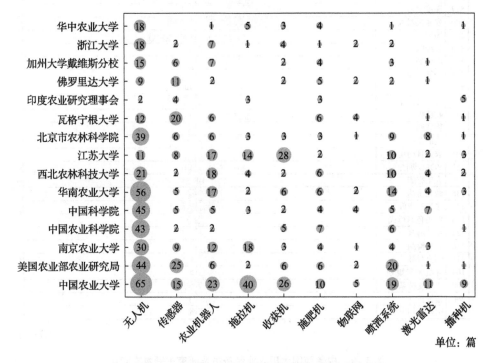

单位：篇

图3-9　主要机构大田农业装备的设备主题

在大田农业装备的重要技术主题上，主要发文机构都有发文产出（图 3-10）。精准农业发文较多的机构是美国农业部农业研究局、中国农业大学。机器学习和深度学习是大部分机构的关注领域，发文较多的机构包括中国农业大学、西北农林科技大学、华南农业大学、中国农业科学院、中国科学院、北京市农林科学院、美国农业部农业研究局、浙江大学等。遥感以美国农业部农业研究局、中国科学院、中国农业大学为主要机构。神经网络以中国农业大学、华南农业大学、中国科学院为高发文机构。图像处理的主要发文机构是中国农业大学。智能农业、人工智能的高发文机构是瓦格宁根大学。计算机视觉的主要发文机构是中国农业大学、华南农业大学、浙江大学。YOLO 算法的高发文机构是华南农业大学、西北农林科技大学。多光谱成像以美国农业部农业研究局发文量略多。RGB 色彩模式以中国农业科学院和华南农业大学发文略多。精准灌溉方面，美国农业部农业研究局发文较多。目标检测方面，华南农业大学发文量显著多于其他机构。随机森林算法方面，中国科学院发文有一定数量优势。导航/路径规划方面，中国农业大学、华南农业大学和浙江大学略有优势。决策支持系统方面，美国农业部农业研究局有一定数量优势。哨兵系列卫星研究方面的高发文机构是中国科学院。

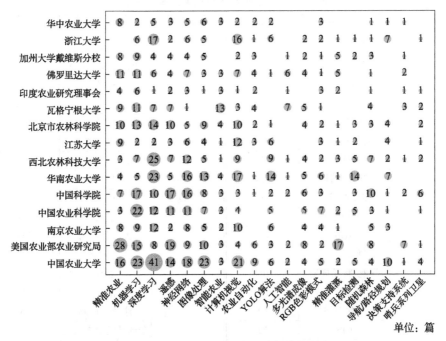

单位：篇

图 3-10　主要机构大田农业装备的技术主题

3.2.4 大田农业装备研究主题分析

1. 大田农业装备的热点主题

根据关键词出现频次，精准农业（784篇）、智慧农业（364篇）、农业自动化（201篇）等关键词频次位于前列，表明当前大田农业装备研发已进入智能化时代；机器学习、深度学习、遥感、神经网络、图像处理、计算机视觉、YOLO算法、人工智能等是热点技术方向；无人机、传感器、农业机器人、拖拉机、收获机、物联网、喷洒系统等是大田农业装备主要关注类别；小麦、玉米、水稻、大豆是排在前4位的作物关键词，体现出大田主粮作物是机械化智能化农业装备研发的主要作业对象；灌溉、施肥、播种、耕作等是大田农业装备研发的主要应用场景；产量、植被指数、氮、生产率、表型分析等是当前研发主要关注的问题（表3-1和图3-11）。

表3-1　大田农业装备热点关键词词频分布

类别	关键词	发文数/篇	类别	关键词	发文数/篇
热点技术	机器学习	527	热点技术	高光谱成像	70
	深度学习	517		计算流体动力学	65
	遥感	450		监测	65
	神经网络	430		分类	63
	图像处理	366		变量技术	63
	计算机视觉	343		语义分割	62
	YOLO算法	153		支持向量机	62
	人工智能	151		水果检测	56
	多光谱成像	136		模拟	52
	目标检测	133		点云	51
	RGB	123		近红外光谱	47
	随机森林	115		高光谱	45
	导航/路径规划	104		GPS	44
	决策支持系统	100		离散元法	42
	哨兵卫星	94		注意力机制	40
	GIS	73		全球导航卫星系统	36
	模型	72			

（续）

类别	关键词	发文数/篇	类别	关键词	发文数/篇
主要应用场景	灌溉	517	主要作业对象	甘蔗	86
	施肥	277		杂草	72
	播种	265		果园	62
	耕作	235		葡萄园	49
	精准灌溉	122		高粱	44
	综合杂草治理	40		青贮饲料	43
	发酵	38		苜蓿	42
大田农业装备	无人机	935	主要关注问题	产量	883
	传感器	683		植被指数	348
	农业机器人	500		氮	302
	拖拉机	352		生产率	213
	收获机	287		表型分析	152
	物联网	238		可持续性	137
	喷洒系统	238		土壤湿度	102
	激光雷达	136		叶面积指数	98
	播种机	94		蒸散量	90
	加速度计	54		水利用效率	82
主要作业对象	小麦	527		生物量	79
	玉米	492		高通量表型分析	62
	水稻	446		水分胁迫	57
	大豆	224		土壤压实	54
	苹果	138		热胁迫	51
	棉花	133		燃油消耗	40
	土豆	98			

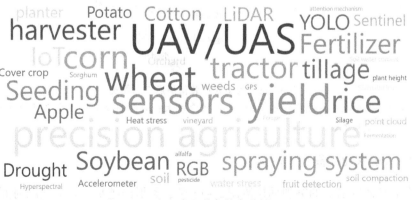

图 3-11　大田农业装备热点关键词词云

2. 大田农业装备的主题聚类

基于热点关键词进行的主题聚类显示出大田农业装备领域呈 4 个大类（图 3–12）。聚类 1 是利用无人机、遥感卫星等对植被指数、叶面积指数、株高、表型等进行观测或遥感分析。聚类 2 主要是针对主要大田作物和草地作物开展的耕作、灌溉、种植管理等相关技术。聚类 3 是将传感器、物联网等硬件及变量技术、决策支持系统、人工智能等技术应用于精准灌溉、施肥等精准农业和智慧农业的相关技术。聚类 4 是利用神经网络、深度学习等各种算法和计算机视觉技术等进行目标探测、感知、图像处理的机器人技术和自动化技术，主要用于各种拖拉机、收获机及水果检测、分类等功能。

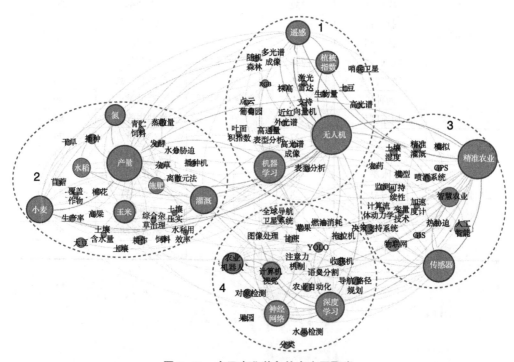

图 3–12　大田农业装备热点主题聚类

注：图中点的大小表示主题的数量，点越大发文量越大；边的粗细表示主题之间的关联强度，
　　边越粗联系越紧密。

3. 大田农业装备的前沿突现

在表征研究前沿的突现词探测图 3–13 中，条形图越长，则突变的时间越长，

说明该节点的热度持续时间越久。探测并分析大田农业装备领域关键词的突现，可以发现：

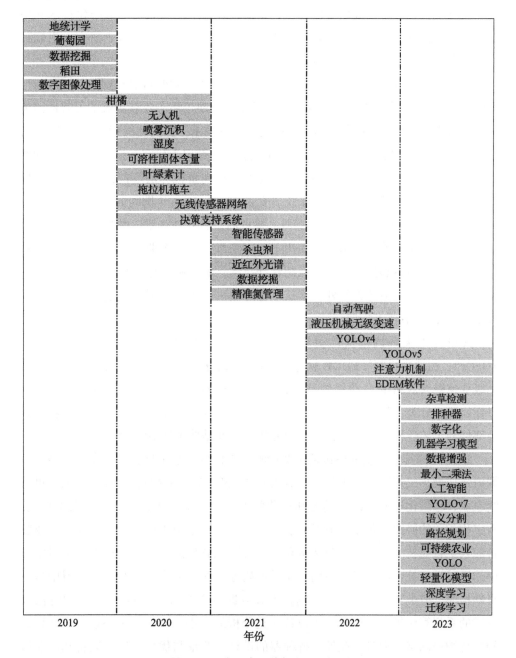

图 3-13 大田农业装备突现词探测

2019 年的突现词包括地统计学、葡萄园、数据挖掘、稻田、数字图像处理，结合相关论文的解读，这些突现词表征了该年的前沿技术方向包括利用地统计学开展遥感、观测、路径规划等研究，数据挖掘和数字图像处理等数字化技术和精准农业技术，以及应用于稻田和葡萄园种植场景的农业装备及技术研究。柑橘种植相关农业装备技术是 2019—2020 年期间的前沿。

2020 年的突现词包括无人机、喷雾沉积、湿度、可溶性固体含量、叶绿素计、拖拉机拖车、无线传感器网络、决策支持系统，反映了用于收获决策的可溶性固体含量检测技术，用于灌溉决策的湿度探测与传感技术，探测叶绿素含量的传感器，灌溉、喷洒操作中喷雾沉积研究，拖拉机及农机的牵引力研究，拖车和牵引车的路径规划和跟踪，用于对象识别和图像处理的支持向量机算法等前沿技术。无线传感器网络及农业装备的决策支持系统研究是 2020—2021 年期间的前沿技术。

2021 年的突现词包括智能传感器、杀虫剂、近红外光谱、数据挖掘、精准氮管理，反映了年度前沿技术集中在用于智能灌溉、精准农业等智能农业生产场景和应用的智能传感器技术，精准氮肥管理技术，农药喷洒施用设备，用于农产品品质监测和营养评估的近红外光谱技术等方向。此外，数据挖掘技术再次突现成为 2021 年的前沿技术方向。

2022 年的突现词包括自动驾驶、液压机械无级变速（HMCVT）、YOLOv4、YOLOv5、注意力机制、EDEM 软件，反映的前沿技术方向包括拖拉机的液压机械无级变速器，农机的自动驾驶技术，改进的 YOLO 系列深度学习算法 YOLOv4。目标检测、分类、计数、定位中的注意力机制，YOLOv5 算法，以及用于农业装备部件和工艺建模与参数优化的离散元仿真软件是持续到 2023 年的前沿。

2023 年的其他突现词还包括杂草检测、排种器、数字化、机器学习模型、数据增强、最小二乘法、人工智能、YOLO 和 YOLOv7、语义分割、路径规划、可持续农业、轻量化模型、深度学习和迁移学习，反映了关于机器学习、人工智能、数字化相关的研究主题成为最新的前沿方向，主要集中于用于精准农业、农业装备的人工智能技术，用于农业装备和农艺及图像分析的机器学习模型，机器学习中的迁移学习技术用于对象识别、品质预测等，深度学习技术及深度学习中目标自动检测、分类和定量的语义分割技术和数据增强技术，YOLO 深度学习算法及改进的系列算法模型，用于农机设备视觉分析的最小二乘法，更快速、小体积的轻量化神经网络模型等。此外，排种器的设计、验证与优化，农业装备和农业机器人的路径规划，应用机器视觉和图像处理技术的杂草检测技术，通过数字技术与智能技术和农业装备提高农业可持续性等也是最新的前沿。

4. 大田农业装备的高被引主题

大田农业装备相关论文共有 49 篇高被引论文[一]。这些高被引论文的主题主要涉及了农业机器人、遥感技术、智慧农业、精准农业、可持续发展等多个前沿领域，反映了当前农业科技创新的重要方向。基于深度学习的不同目标检测算法及其应用是高被引论文的重要热点方向（表 3-2）。聚焦的具体主题包括：

1）农业机器人与自动化，如 4D 打印技术在机器人应用中的发展、基于深度学习的水果/作物检测与定位技术、机器人采摘系统等。

2）遥感与影像分析，如利用无人机、多光谱等遥感技术对作物生长状况、产量等进行监测和预测，利用机器学习算法处理遥感图像数据。

3）智能农业与物联网，如物联网技术在智能农业监测和控制中的应用、基于边缘计算和云计算的智慧农业平台。

4）数据驱动的精准农业，如利用机器学习、深度学习等算法进行作物检测、产量预测、灌溉管理等农业数据分析预测，利用传感器数据进行精准管理。

5）农业可持续发展，如杂草管理、肥料利用效率提高等可持续方法。

6）生物传感与安全检测，如利用新型传感材料和技术对农产品质量和安全进行快速检测。

表 3-2　大田农业装备高被引论文列表

中文标题	英文标题	发表年/被引频次	来源机构（所属国）
智能农场的物联网和农业数据分析	IoT and agriculture data analysis for smart farm	2019/290	宋卡王子大学（泰国）
基于改进 YOLOv5 的拣货机器人实时苹果目标检测方法	A Real-Time Apple Targets Detection Method for Picking Robot Based on Improved YOLOv5	2021/257	西北农林科技大学（中国）
用于实时水果检测和果园水果负荷估计的深度学习："MangoYOLO" 的基准测试	Deep learning for real-time fruit detection and orchard fruit load estimation: benchmarking of 'MangoYOLO'	2019/243	中央昆士兰大学、南昆士兰大学（澳大利亚）

一　ESI 数据库同一领域每年论文被引频次在前 1% 的论文。

（续）

中文标题	英文标题	发表年/被引频次	来源机构（所属国）
使用无人机遥感数据基于机器学习方法对玉米地上生物量进行建模	Modeling maize above-ground biomass based on machine learning approaches using UAV remote-sensing data	2019/238	北京市农林科学院、山西大同大学、中国矿业大学（中国）
使用机器人视觉系统进行多类水果检测的 Faster R-CNN	Faster R-CNN for multi-class fruit detection using a robotic vision system	2020/231	中南财经政法大学（中国）、塞萨洛尼基亚里士多德大学（希腊）
采用基于通道剪枝的 YOLOv4 深度学习算法对自然环境中的苹果花进行实时准确检测	Using channel pruning-based YOLO v4 deep learning algorithm for the real-time and accurate detection of apple flowers in natural environments	2020/226	西北农林科技大学（中国）
使用多光谱无人机平台快速监测整个小麦生长周期的 NDVI，以预测粮食产量	A rapid monitoring of NDVI across the wheat growth cycle for grain yield prediction using a multi-spectral UAV platform	2019/214	中国农业科学院、新疆农业大学、北京市农林科学院（中国）、国际玉米小麦改良中心（墨西哥）
利用深度卷积神经网络进行作物产量预测	Crop yield prediction with deep convolutional neural networks	2019/212	坦佩雷大学（芬兰）
智慧农业中的无人机：应用、要求和挑战	Unmanned Aerial Vehicles in Smart Agriculture: Applications, Requirements, and Challenges	2021/200	韦洛尔科技大学（印度）、纽布伦斯威克大学（加拿大）、查尔斯 – 达尔文大学（澳大利亚）、首都科技大学（巴基斯坦）、釜山国立大学（韩国）
YOLO-Tomato：一种基于 YOLOv3 的稳健番茄检测算法	YOLO-Tomato: A Robust Algorithm for Tomato Detection Based on YOLOv3	2020/192	釜山国立大学（韩国）
基于边缘计算和云计算的智慧农业物联网平台	Smart farming IoT platform based on edge and cloud computing	2019/191	穆尔西亚大学、Odin 公司、西班牙国家研究委员会（西班牙）

（续）

中文标题	英文标题	发表年/被引频次	来源机构（所属国）
使用基于无人机的遥感图像进行成熟阶段稻谷产量估算的深度卷积神经网络	Deep convolutional neural networks for rice grain yield estimation at the ripening stage using UAV-based remotely sensed images	2019/188	武汉大学（中国）
结合无人机图像的纹理和光谱分析改进水稻地上生物量的估计	Improved estimation of rice aboveground biomass combining textural and spectral analysis of UAV imagery	2019/168	南京农业大学（中国）
基于优化掩模 R-CNN 的重叠水果检测与分割在苹果采摘机器人中的应用	Detection and segmentation of overlapped fruits based on optimized mask R-CNN application in apple harvesting robot	2020/167	山东师范大学、齐鲁工业大学、山东科技大学（中国）
使用机器视觉、卷积神经网络和机械臂进行猕猴桃机器人采摘	Robotic kiwifruit harvesting using machine vision, convolutional neural networks, and robotic arms	2019/153	奥克兰大学、怀卡托大学（新西兰）
使用 Faster R-CNN 在 SNAP 系统中对苹果进行多类果树检测	Multi-class fruit-on-plant detection for apple in SNAP system using Faster R-CNN	2020/148	西北农林科技大学（中国）、华盛顿州立大学（美国）
智能农业中的数字孪生	Digital twins in smart farming	2021/145	瓦格宁根大学及研究中心（荷兰）
基于多时相无人机 RGB 和多光谱图像的水稻产量预测及模型迁移——以中国南方小农田为例	Grain yield prediction of rice using multi-temporal UAV-based RGB and multispectral images and model transfer—a case study of small farmlands in the South of China	2020/134	浙江大学（中国）
水产养殖中使用改进的 YOLO-V4 网络实时检测水下图像中未吃完的饲料颗粒	Real-time detection of uneaten feed pellets in underwater images for aquaculture using an improved YOLO-V4 network	2021/121	扬州大学、北京市农林科学院（中国）、阿尔梅里亚大学（西班牙）
可在疏果前快速准确检测苹果果实的基于通道修剪的 YOLO V5s 深度学习方法	Channel pruned YOLO V5s-based deep learning approach for rapid and accurate apple fruitlet detection before fruit thinning	2021/115	西安理工大学、西北农林科技大学（中国）

（续）

中文标题	英文标题	发表年/被引频次	来源机构（所属国）
利用低成本无人机系统获取的 RGB 图像和点云数据改进对小麦地上生物量的估计	Improved estimation of aboveground biomass in wheat from RGB imagery and point cloud data acquired with a low-cost unmanned aerial vehicle system	2019/115	南京农业大学（中国）
使用机器学习算法进行灌溉地下水质量预测	Groundwater quality forecasting using machine learning algorithms for irrigation purposes	2021/114	哈桑二世卡萨布兰卡大学、穆罕默德六世理工大学（摩洛哥）
基于改进 YOLOv4-tiny 模型和双目立体视觉的油茶果园果实检测与定位技术	Fruit detection and positioning technology for a Camellia oleifera C. Abel orchard based on improved YOLOv4-tiny model and binocular stereo vision	2023/105	仲恺农业工程学院、华南农业大学（中国）
使用 RGB 和深度特征进行机器人采摘以在茂密的果壁树中基于 R-CNN 进行更快的苹果检测	Faster R-CNN-based apple detection in dense-foliage fruiting-wall trees using RGB and depth features for robotic harvesting	2020/104	西北农林科技大学（中国）、华盛顿州立大学（美国）
基于改进 YOLO-V4 模型的樱桃果实检测算法	A detection algorithm for cherry fruits based on the improved YOLO-V4 model	2023/101	大连大学（中国）
使用 YOLOv3、YOLOv4 和 YOLOv5 深度学习算法自动检测白葡萄品种	Automatic Bunch Detection in White Grape Varieties Using YOLOv3, YOLOv4, and YOLOv5 Deep Learning Algorithms	2022/99	帕多瓦大学、乌迪内大学（意大利）
使用支持向量机、极端梯度提升、人工和深度神经网络模型估算玉米每日蒸腾量	Estimation of daily maize transpiration using support vector machines, extreme gradient boosting, artificial and deep neural networks models	2021/97	西北农林科技大学、南昌理工学院（中国）
使用 DenseNet 融合的 YOLOv4 进行高掩星度的实时生长阶段检测模型	Real-time growth stage detection model for high degree of occultation using DenseNet-fused YOLOv4	2022/87	密歇根大学（美国）

（续）

中文标题	英文标题	发表年/ 被引频次	来源机构（所属国）
基于波长变量选择和机器学习方法的无人机图像高光谱数据叶面积指数估计模型	Leaf area index estimation model for UAV image hyperspectral data based on wavelength variable selection and machine learning methods	2021/65	河南农业大学（中国）
香蕉多目标识别及花序轴切割点的自动定位	Multi-Target Recognition of Bananas and Automatic Positioning for the Inflorescence Axis Cutting Point	2021/61	华南农业大学、嘉应学院（中国）
回顾物联网技术在智能农业中的监测和控制策略	A Revisit of Internet of Things Technologies for Monitoring and Control Strategies in Smart Agriculture	2022/58	巴基斯坦国际伊斯兰大学（巴基斯坦）、萨塔姆一本-阿卜杜勒-阿齐兹王子大学（沙特阿拉伯）、墨尔本基因组健康联盟（澳大利亚）
4D 打印：机器人应用的技术发展	4D printing：Technological developments in robotics applications	2022/57	美国管理科技大学（美国）、哈里发科技大学（阿布扎比）、迪肯大学（澳大利亚）、诺丁汉特伦特大学（英国）
使用近红外相机和基于剪枝的 YOLOv4 网络进行苹果分选的实时缺陷检测	Real-time defects detection for apple sorting using NIR cameras with pruning-based YOLOv4 network	2022/56	北京市农林科学院（中国）、伊利诺伊大学系统（美国）、芝加哥大学（美国）、上海海洋大学（中国）
基于无人机评估不同作物覆盖度下植被指数响应估算叶绿素含量	UAV-based chlorophyll content estimation by evaluating vegetation index responses under different crop coverages	2022/55	中国农业大学（中国）
使用无人机数据估算叶面积指数：浅层机器学习算法与深度机器学习算法	Estimating leaf area index using unmanned aerial vehicle data：shallow vs. deep machine learning algorithms	2021/54	中国农业科学院、武汉大学（中国）
基于无人机的多传感器数据融合和机器学习算法用于小麦产量预测	UAV-based multi-sensor data fusion and machine learning algorithm for yield prediction in wheat	2023/52	中国农业科学院、中国农业大学、北京林业大学（中国）

（续）

中文标题	英文标题	发表年/被引频次	来源机构（所属国）
杂草管理的可持续方法：精准杂草管理的作用	Sustainable Approach to Weed Management: The Role of Precision Weed Management	2022/47	维塞乌理工学院（葡萄牙）
使用 RGB、高光谱、荧光成像和传感器融合对高粱叶片叶绿素含量进行高通量分析	High throughput analysis of leaf chlorophyll content in sorghum using RGB, hyperspectral, and fluorescence imaging and sensor fusion	2022/38	南京林业大学（中国）、内布拉斯加大学林肯分校（美国）、密西西比州立大学（美国）
植保无人机下洗气流分布特性对喷雾沉积物分布的影响	Influence of the downwash airflow distribution characteristics of a plant protection UAV on spray deposit distribution	2022/37	华南农业大学（中国）、得克萨斯农工大学（美国）、山东理工大学（中国）
YOLO-Banana：一种轻量级神经网络，用于快速检测自然环境中的香蕉束和茎	YOLO-Banana: A Lightweight Neural Network for Rapid Detection of Banana Bunches and Stalks in the Natural Environment	2022/35	华南农业大学、嘉应学院、华南理工大学、广东省科学院（中国）
利用无人机多模态数据和机器学习估算玉米高冠层覆盖下的土壤水分含量	Estimation of soil moisture content under high maize canopy coverage from UAV multimodal data and machine learning	2022/34	中国农业科学院、河海大学（中国）
农业生态自动化：如何在没有单一文化思维的情况下设计农业机器人？	Automating Agroecology: How to Design a Farming Robot Without a Monocultural Mindset?	2022/32	瓦格宁根大学及研究中心（荷兰）
冬油菜产量和品质预测——人工神经网络和随机森林模型	Yield and Quality Prediction of Winter Rapeseed-Artificial Neural Network and Random Forest Models	2022/31	贝尔格莱德大学（塞尔维亚）、诺维萨德大学（塞尔维亚）、博洛尼亚大学（意大利）
基于无人机图像的蚕豆株高和产量估算	Estimation of plant height and yield based on UAV imagery in faba bean（Vicia faba L.）	2022/30	中国农业科学院（中国）、华盛顿州立大学（美国）
驾驶舱自主调度轨迹规划：搜索重采样优化框架	Autonomous dispatch trajectory planning on flight deck: A search-resampling-optimization framework	2023/24	大连理工大学、湖南大学、北京航空航天大学（中国）

(续)

中文标题	英文标题	发表年/被引频次	来源机构（所属国）
基于多时相无人机遥感的春小麦相对叶绿素含量估算	Estimation of Relative Chlorophyll Content in Spring Wheat Based on Multi-Temporal UAV Remote Sensing	2023/17	内蒙古农业大学（中国）
基于最优光谱指数的大豆作物不同生育阶段叶绿素含量估算	Estimation of Chlorophyll Content in Soybean Crop at Different Growth Stages Based on Optimal Spectral Index	2023/17	西北农林科技大学、昆明理工大学（中国）
智能农业和数字孪生：可持续发展愿景中的应用和挑战	Smart agriculture and digital twins：Applications and challenges in a vision of sustainability	2023/16	博尔扎诺自由大学、帕多瓦大学（意大利）、密歇根州立大学（美国）
使用具有改进的注意力机制 CBAM 的 MobileNetV2 识别玉米种子品种	Identification of Maize Seed Varieties Using MobileNetV2 with Improved Attention Mechanism CBAM	2023/12	青岛农业大学、中国农业大学、齐鲁工业大学（中国）

3.3　设施农业装备发展态势

3.3.1　设施农业装备总体发展态势

设施农业装备领域的研究活动持续活跃。2019—2023 年，设施农业装备 SCI 发文量保持平稳增长态势，2020 年增长较明显（图 3–14）。发文量从 1287 篇增加到 1782 篇，增长了约 40%。

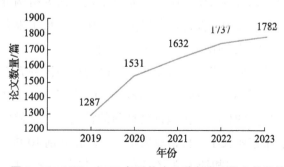

图 3–14　2019—2023 年设施农业装备发文量变化趋势

在设施农业装备领域，中美两国仍是发文量最多的国家，SCI 论文数量远超其他国家（图 3-15）。发文量第二梯队国家集中在农业大国如巴西，意大利、德国、西班牙、英国、加拿大等欧美发达国家，韩国和日本两个东亚国家发文也排在前 10 位。

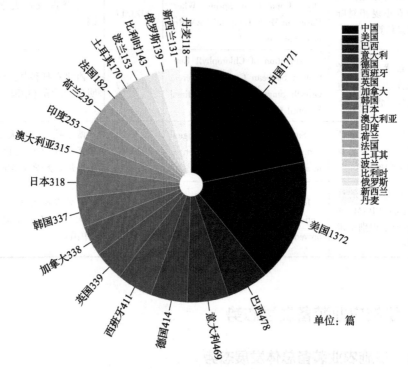

图 3-15　2019—2023 年设施农业装备发文的国家分布

与大田农业装备相同，设施农业装备发文量最多的前 15 个机构也是以我国机构为主，共有 8 所大学和研究机构进入前 15 位，且排名较靠前（图 3-16）。中国农业大学、西北农林科技大学、中国农业科学院等研究机构分别排第 1、第 4、第 5 位。国外机构中，美国农业部农业研究局、荷兰瓦格宁根大学及美国佛罗里达大学跻身榜单前 10，分别排第 2、第 3、第 7 位。

在设施农业装备领域，发文量最多的外国机构以美国的大学和研究机构居多（图 3-17）。前 15 位名单中包括 9 家美国研究机构及高校。其中，美国农业部农业研究局是发文量最多的机构。美国排名靠前的机构还包括佛罗里达大学、加州大学戴维斯分校、康奈尔大学、佐治亚大学等，均排入前 10 位。瓦格宁根大学以172 篇发文并列第 1 位。奥胡斯大学（丹麦）、圭尔夫大学（加拿大）、首尔大学

（韩国）、印度农业研究委员会（印度）、瑞典农业科学大学（瑞典）和圣保罗大学（巴西）等多个国家的高校机构也进入了前15名单。

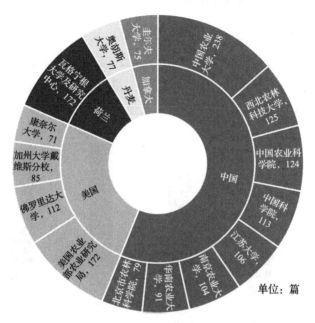

图3-16 2019—2023年设施农业装备发文的机构分布

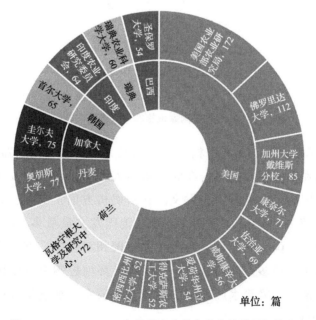

图3-17 2019—2023年设施农业装备发文的外国机构分布

3.3.2　设施农业装备主要国家分析

　　发文量最多的 15 个国家多数年度发文变化不大，发文增长主要体现在我国（图 3-18）。我国发文量从 2019 年的 202 篇增长到 2023 年的 538 篇，增长超过 1 倍。韩国、印度两个亚洲国家的发文量也有较明显的增长势头，意大利和英国的年度发文量在波动中有所上升，其他国家变化不显著。

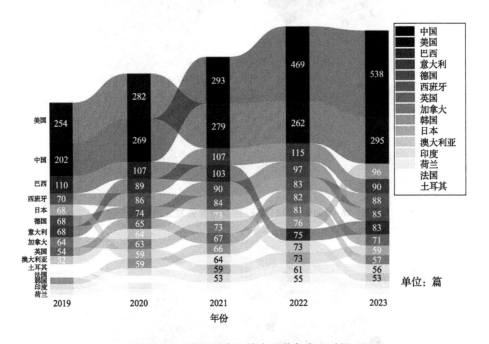

图 3-18　主要国家设施农业装备发文时间

　　分析主要国家设施农业装备相关主题的发文情况，在传感器方面，美国、意大利和中国发文量相对较多。在农业机器人方面，中国的发文量大幅超过其他国家，美国和日本也有不少发文。在挤奶机方面，美国、意大利和加拿大发文量相对较多。在 LED 方面，中国、美国发文量最多，韩国排第 3 位。在物联网方面，中国、意大利、西班牙和韩国相对较多。在无人机方面，美国、中国和西班牙最多。收获系统、电子鼻、环境控制系统中国发文数量优势明显，饲喂系统、笼箱水产养殖中国发文也较多，加速度计则是美国发文更多（图 3-19）。

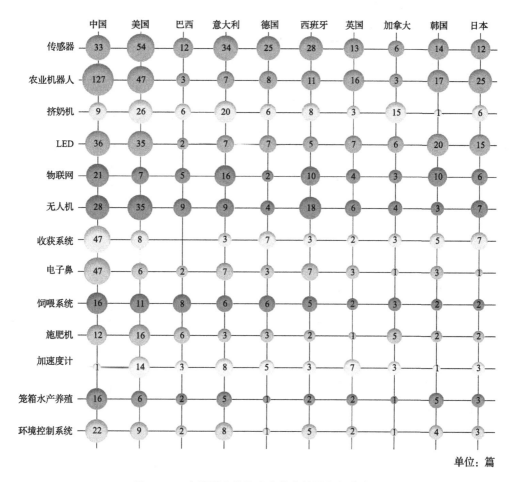

图 3-19　主要国家设施农业装备的设备相关主题

分析主要国家设施农业装备相关主题的发文情况，我国和美国几乎在所有技术方向上发文量都较多（图 3-20）。值得注意的表现是，日本、韩国在植物工厂上有很大的发文数量优势，韩国在深度学习、机器学习、神经网络、智能农业、水培法、光质等技术上也有较多发文；意大利在精准畜牧和水产上发文相对较多；德国在高光谱成像、监测、光质方面发文相对较多；主要国家在机器学习方面都投入了较大关注。

对比中美两国的技术主题，中国在农业机器人、收获系统、深度学习、YO-LO 算法、电子鼻等技术相比美国在发文量上有明显数量优势。美国在机器学习、受控环境农业、农业自动化方面优势明显（图 3-21）。

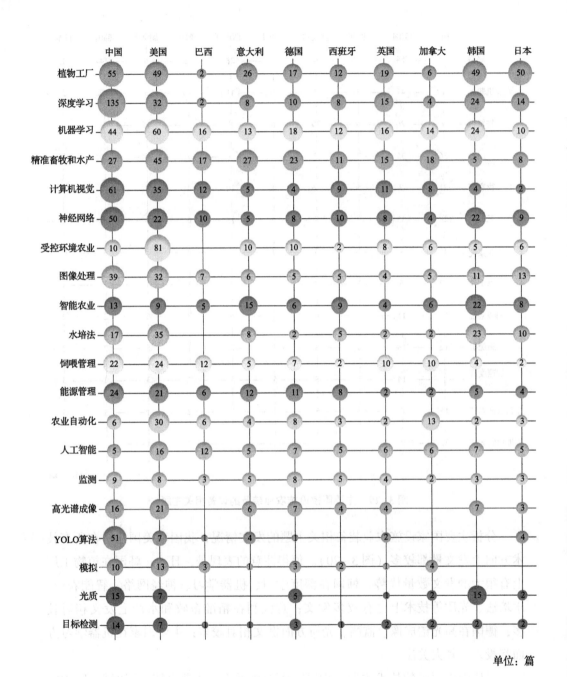

单位：篇

图 3-20　主要国家设施农业装备的技术相关主题

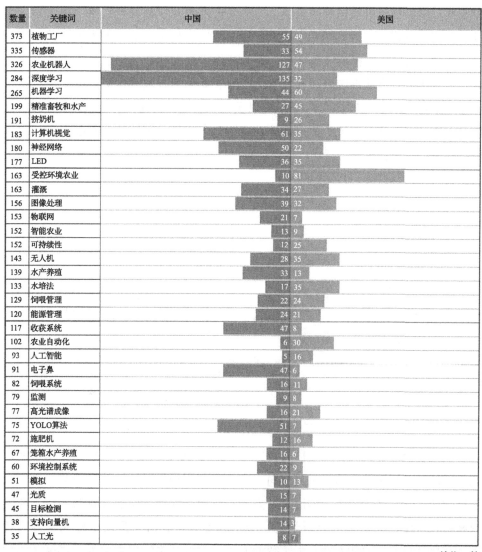

数量	关键词	中国	美国
373	植物工厂	55	49
335	传感器	33	54
326	农业机器人	127	47
284	深度学习	135	32
265	机器学习	44	60
199	精准畜牧和水产	27	45
191	挤奶机	9	26
183	计算机视觉	61	35
180	神经网络	50	22
177	LED	36	35
163	受控环境农业	10	81
163	灌溉	34	27
156	图像处理	39	32
153	物联网	21	7
152	智能农业	13	9
152	可持续性	12	25
143	无人机	28	35
139	水产养殖	33	13
133	水培法	17	35
129	饲喂管理	22	21
120	能源管理	24	21
117	收获系统	47	8
102	农业自动化	6	30
93	人工智能	5	16
91	电子鼻	47	6
82	饲喂系统	16	11
79	监测	9	8
77	高光谱成像	16	21
75	YOLO算法	51	7
72	施肥机	12	16
67	笼箱水产养殖	16	6
60	环境控制系统	22	9
51	模拟	10	13
47	光质	15	7
45	目标检测	14	7
38	支持向量机	14	3
35	人工光	8	7

单位：篇

图 3-21　中美两国设施农业装备的研究主题发文对比

3.3.3　设施农业装备主要机构分析

从设施农业装备的设备角度看（图 3-22），发文量前 10 位领先机构重要研究主题的分布情况是：传感器以荷兰瓦格宁根大学发文数量优势较大；农业机器人领域是中国农业大学、西北农林科技大学、江苏大学、美国加州大学戴维斯分校发文较多；挤奶机我国关注较少，加拿大圭尔夫大学和荷兰瓦格宁根大学发文较多；LED 以瓦格宁根大学和中国农业科学院发文相对较多；无人机以美国佛罗里达大学、美国农业部农业研究局、荷兰瓦格宁根大学、美国加州大学戴维斯分校有一定优势；收获系统以江苏大学、中国农业大学有较大优势；电子鼻以南京农业大学发文量相对较多；饲喂系统以美国农业部农业研究局有相对发文量优势；在物联网、施肥系统、加速度计、笼箱水产养殖、环境控制系统等方向，主要机构研究产出都不多。

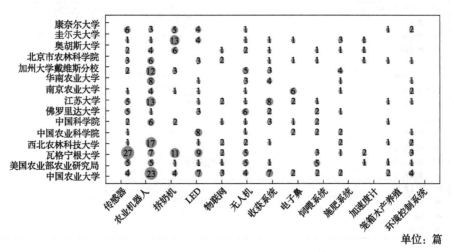

单位：篇

图 3-22 主要机构设施农业装备的设备相关主题

从设施农业装备的技术角度看（图 3-23），发文量前 10 位领先机构重要研究主题的分布情况是：植物工厂方向，荷兰瓦格宁根大学、中国农业科学院、丹麦奥胡斯大学发文量较多；深度学习方向，以中国农业大学发文优势显著，西北农林科技大学、北京市农林科学院、华南农业大学、荷兰瓦格宁根大学发文较多；在机器学习、智能农业、人工智能方向，荷兰瓦格宁根大学发文都高于其他主要机构；精准畜牧和水产以中国农业大学优势明显；计算机视觉、能源管理两个方向均以中国农业大学、荷兰瓦格宁根大学发文相对较多；神经网络以中国科学院发文相对较多；受控环境农业美国康奈尔大学优势明显；图像处理以中国农业大学、美国加州大学戴维斯分校为发文较多机构；饲喂管理、农业自动化、高光谱成像主要机构大多有发文，差距不明显；水培法研究的优势机构是美国康奈尔大学、中国农业科学院、中国农业大学；YOLO 算法以中国农业大学、西北农林科技大学优势明显；光质的优势研究机构是中国农业科学院。

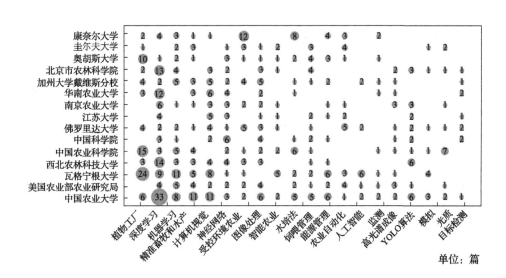

单位：篇

图 3-23 主要机构设施农业装备的技术相关主题

3.3.4 设施农业装备研究主题分析

1. 设施农业装备的热点主题

根据设施农业装备研发的关键词出现频次（表 3-3 和图 3-24），热点技术方向主要集中在深度学习、机器学习、计算机视觉、神经网络、图像处理、人工智能、YOLO 算法等对象检测和智能图像分析等相关的技术。主要关注的设施农业装备包括传感器、农业机器人、物联网、无人机等智能装备，LED、环境控制系统等环境设施，挤奶机、电子鼻、饲喂系统等畜牧畜禽用设备，及收获系统等。主要作业对象覆盖了奶牛、肉牛、猪、羊、家禽等主要畜禽及番茄、莴苣、草莓等主要温室蔬菜等。重点关注的问题是畜禽行为监测、动物福利、饲喂管理、摄食行为、营养等畜禽养殖相关问题，光合作用、产量、生物量、表型分析、植被指数、生产率等设施作物生长相关问题，能源管理、热胁迫、温度、光质等设施环境问题，氮、水利用效率等养分相关问题，温室气体排放等可持续发展问题，都是重点关注的问题。主要应用场景包括植物工厂、精准养殖、受控环境农业、智慧农业、温室、农业自动化等，具体包括灌溉、水培法、播种、施肥等作物生产和网箱养殖及其他水产养殖方式。

表3-3 设施农业装备热点关键词词频分布

类别	关键词	发文数/篇	类别	关键词	发文数/篇
热点技术	深度学习	284	主要关注问题	畜禽行为监测	205
	机器学习	265		动物福利	180
	计算机视觉	183		可持续性	152
	神经网络	180		光合作用	132
	图像处理	156		饲喂管理	129
	人工智能	93		能源管理	120
	监控	79		摄食行为	98
	高光谱成像	77		热胁迫	95
	YOLO算法	75		氮	81
	模型	51		产量	80
	目标检测	45		生物量	68
	支持向量机	38		温室气体排放	67
	人工照明	35		表型分析	60
设施农业装备	传感器	335		植被指数	58
	农业机器人	326		生产率	56
	挤奶机	191		温度	48
	LED	177		光质	47
	物联网	153		水利用效率	45
	无人机	143		营养	38
	收获系统	117	主要应用场景	植物工厂	373
	电子鼻	91		精准养殖	199
	饲喂系统	82		受控环境农业	163
	加速度计	68		灌溉	163
	环境控制系统	60		智慧农业	152
主要作业对象	奶牛	298		水产养殖	139
	肉牛	186		水培法	133
	牛奶	183		温室	107
	猪	168		农业自动化	102
	肉鸡	131		播种	102
	番茄	116		施肥	72
	莴苣	115		网箱养殖	67
	羊	70			
	家禽	60			
	草莓	56			

图 3–24　设施农业装备热点关键词词云

2. 设施农业装备的主题聚类

基于热点关键词进行的主题聚类显示出设施农业装备领域呈 4 个大类（图 3–25）。聚类 1 是用于农业机器人、收获系统、水产养殖、番茄和草莓采摘等对象检测和视觉分析的相关技术和设备。聚类 2 与设施养殖技术与装备相关，集中于牛、猪、鸡等主要畜禽的精准养殖、饲喂管理及相关装备，关注养殖环境及摄食行为、动物福利。可以看到，奶牛与挤奶机和牛奶有较强的关联。聚类 3 则基本是植物工厂相关技术和设备，包括植物工厂与受控环境农业的人工照明、能源管理、水培法、莴苣种植等。聚类 4 是传感器、物联网等用于智慧农业灌溉、施肥及环境控制系统等作业监控、信号传递的基础性设备。

3. 设施农业装备的前沿突现

探测并分析设施农业装备领域关键词的突现（图 3–26），可以发现：

2019 年的突现词包括自动挤奶系统、表型、反射率、牧场及 RumiWatch 行为监测系统，结合对相关论文的解读，可以表征出 2019 年的前沿技术方向为与畜牧摄食相关包括传感器的行为监测系统，利用无人机、传感器及自动系统的作物表型自动分析，用于作物光谱成像的反射传感器，牧场饲喂、挤奶、管理系统与装备，以及自动挤奶系统的应用等。

2020 年的突现词包括育肥猪、LoRaWAN 协议、可溶性固体含量、家禽、色素，反映出前沿方向包括用于果实成熟度检测的可溶性固体含量检测，育肥猪采

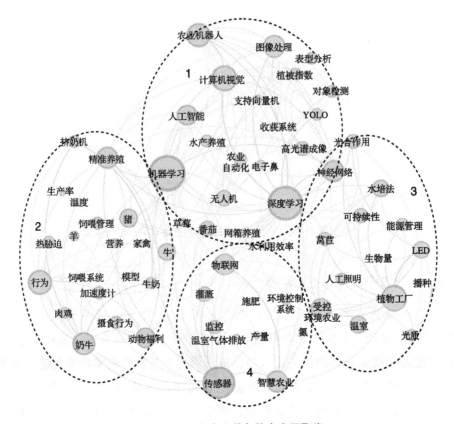

图3-25 设施农业装备热点主题聚类

注：图中点的大小表示主题的数量，点越大发文量越大；边的粗细表示主题之
间的关联强度，边越粗联系越紧密。

食和休息等设施装备，用于设施和畜禽水产养殖实施智能监控的网络协议
LoRaWAN，家禽数量、行为、生理等的识别、监测、分析技术。设施作物色素含
量监测相关研究是2020—2021年期间的前沿方向。

2021年的突现词包括海上渔场、畜牧、激光雷达、环境、农药、决策支持系
统、聚类、判别分析、热成像，反映出的前沿技术方向包括智慧农业数据分析的
聚类算法，农产品自动识别和分类的判别分析算法，用于作物和畜禽监测分析的
激光雷达技术和红外热成像技术，农药喷洒系统和装置，海上水产养殖场水下传
感器和网箱笼箱设计，设施农业的环境研究，如环境系统设计、环境调控和能源
管理等，畜牧相关研究，如家畜监测的深度学习算法、多传感器技术及养殖过程
中的数字化监测系统等。

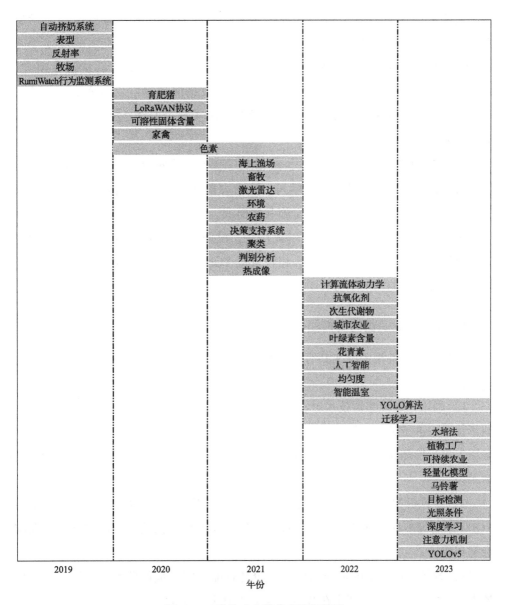

图 3-26　设施农业装备突现词探测

2022 年的突现词包括计算流体动力学、抗氧化剂、次生代谢物、城市农业、叶绿素含量、花青素、人工智能、均匀度、智能温室、YOLO 算法、迁移学习，反映的前沿技术方向包括设施环境条件对作物花青素、抗氧化剂和次生代谢物等营养成分含量的影响，植物叶绿素含量的快速无损检测，设施环境分析和装备工艺改进的均匀度相关研究，设施环境气流和通风的可计算流体动力学研究，设施农业能耗评估与节能设计，用于作物和畜牧检测、识别的深度学习YOLO 系列算法模型及迁移模型，奶牛养殖的人工智能研究，智能温室研究，以及植物工厂、垂直农场、容器园艺、集装箱农场屋顶温室、办公室农业单元等城市农场模式研究。YOLO 算法和迁移学习相关研究是 2022—2023 年期间的前沿方向。

2023 年的突现词包括水培法、植物工厂、可持续农业、轻量化模型、马铃薯、目标检测、光照条件、深度学习、注意力机制、YOLOv5 算法，反映出的研究前沿包括马铃薯的分类识别及设施栽培模式，设施农业可持续系统，光照条件对设施作物生长的影响，设施水培栽培法，设施农业目标监测算法的注意力机制，目标检测技术及 YOLOv5 算法和轻量化 YOLO 模型，以及设施种植养殖目标检测、分类识别的深度学习技术。

4. 设施农业装备的高被引主题

设施农业装备相关论文共有 24 篇高被引论文。聚焦的具体主题（表 3 - 4）包括：

1）利用先进传感器技术对农业生产进行监测和评估的方法。包括利用光学纳米传感、电子鼻、气体传感等技术，对植物生理、动物健康与福祉、农业生产环境等进行检测和监测的研究，为更好地理解和优化农业生产提供了智能和精准的手段。

2）计算机视觉与机器学习在农产品目标识别和分类中的应用。包括基于YOLO 系列等多种深度学习算法的农产品自动检测和分类技术、视觉基准模型和数据集等。

3）智能农业技术的创新与应用。包括智能温室环境的监测和预测、智能机器人、智能手机、数字孪生在智慧农业生产中的应用等。

4）动物营养和健康管理。主要是基于传感器的畜牧动物行为监测，以提高农业动物福利和生产效率。

总体来看，高被引论文反映了当前设施农业生产中智能化、自动化、精准化的发展趋势，传感技术、计算机视觉、人工智能等先进技术正在深入农业生产的各个环节，不断提高生产效率、产品质量和动物健康福祉。

表 3-4　设施农业装备高被引论文列表

中文标题	英文标题	发表年/被引频次	来源机构（所属国）
基于 Mask-RCNN 的非结构环境下草莓采摘机器人果实检测	Fruit detection for strawberry harvesting robot in non-structural environment based on Mask-RCNN	2019/317	中国农业大学（中国）
用于实时水果检测和果园水果负荷估计的深度学习："MangoYO-LO"的基准测试	Deep learning for real-time fruit detection and orchard fruit load estimation：benchmarking of 'MangoYOLO'	2019/243	中央昆士兰大学、南昆士兰大学（澳大利亚）
CropDeep：用于精准农业中基于深度学习的分类和检测的作物视觉数据集	CropDeep：The Crop Vision Dataset for Deep-Learning-Based Classification and Detection in Precision Agriculture	2019/233	北京工商大学（中国）
YOLO-Tomato：一种基于 YOLOv3 的稳健番茄检测算法	YOLO-Tomato：A Robust Algorithm for Tomato Detection Based on YOLOv3	2020/192	釜山国立大学（韩国）
基于边缘计算和云计算的智慧农业物联网平台	Smart farming IoT platform based on edge and cloud computing	2019/191	穆尔西亚大学、Odin 公司、西班牙国家研究委员会（西班牙）
甜椒收获机器人的研制	Development of a sweet pepper harvesting robot	2020/178	本古里安大学（以色列）、瓦格宁根大学及研究中心（荷兰）、于默奥大学（瑞典）
使用机器视觉、卷积神经网络和机械臂进行猕猴桃机器人采摘	Robotic kiwifruit harvesting using machine vision, convolutional neural networks, and robotic arms	2019/153	奥克兰大学、怀卡托大学（新西兰）
基于改进的 YOLOv3 框架的番茄检测	Tomato detection based on modified YOLOv3 framework	2021/146	山西农业大学（中国）
智能农业中的数字孪生	Digital twins in smart farming	2021/145	瓦格宁根大学及研究中心（荷兰）

（续）

中文标题	英文标题	发表年/被引频次	来源机构（所属国）
揭示红：蓝 LED 灯对室内种植甜罗勒的资源利用效率和营养特性的作用	Unraveling the Role of Red：Blue LED Lights on Resource Use Efficiency and Nutritional Properties of Indoor Grown Sweet Basil	2019/139	博洛尼亚大学、都灵大学（意大利）、卡塔赫纳理工大学（西班牙）、瓦格宁根大学及研究中心（荷兰）
智能畜牧业：应用实时传感器改善动物福祉和生产	Smart Animal Agriculture：Application of Real-Time Sensors to Improve Animal Well-Being and Production	2019/131	沃尔卡尼农业研究学院（以色列）、米兰大学（意大利）、美国 Alltech 公司（美国）、芬兰自然资源研究所（芬兰）
利用光学纳米传感器实时检测植物中伤口诱导的 H_2O_2 信号波	Real-time detection of wound-induced H_2O_2 signalling waves in plants with optical nanosensors	2020/128	麻省理工学院（美国）、新加坡－麻省理工学院研究与技术中心联盟、新加坡国立大学（新加坡）、首尔国立大学（韩国）、南洋理工大学（新加坡）
基于视觉注意机制的改进 YOLOv5 模型在番茄病毒病识别中的应用	An improved YOLOv5 model based on visual attention mechanism：Application to recognition of tomato virus disease	2022/126	吉林大学、中国农业农村部、中国农业科学院（中国）
水产养殖中使用改进的 YOLO-V4 网络实时检测水下图像中未吃完的饲料颗粒	Real-time detection of uneaten feed pellets in underwater images for aquaculture using an improved YOLO-V4 network	2021/121	扬州大学（中国）、北京市农林科学院（中国）、阿尔梅里亚大学（西班牙）
使用 RGB 和深度特征进行机器人采摘以在茂密的果壁树中基于 R-CNN 进行更快的苹果检测	Faster R-CNN-based apple detection in dense-foliage fruiting-wall trees using RGB and depth features for robotic harvesting	2020/104	西北农林科技大学、中国农业农村部（中国）、华盛顿州立大学（美国）
使用 YOLOv3、YOLOv4 和 YOLOv5 深度学习算法自动检测白葡萄品种	Automatic Bunch Detection in White Grape Varieties Using YOLOv3，YOLOv4，and YOLOv5 Deep Learning Algorithms	2022/99	帕多瓦大学、乌迪内大学（意大利）

（续）

中文标题	英文标题	发表年/ 被引频次	来源机构 （所属国）
用于奶牛福利评估的商用且经过验证的传感器技术的系统综述	A Systematic Review on Commercially Available and Validated Sensor Technologies for Welfare Assessment of Dairy Cattle	2021/71	芬兰自然资源研究所（芬兰）、巴塞罗那自治大学（西班牙）、米兰大学（意大利）
用于农业循环应用的气体传感器和电子鼻技术的进展	Advances in gas sensors and electronic nose technologies for agricultural cycle applications	2022/48	北碧皇家大学（泰国）、印度理工学院（印度）、泰国农业大学（泰国）
垂直农业：唯一的出路是向上？	Vertical Farming：The Only Way Is Up？	2022/48	根特大学（比利时）
用于温室番茄检测和分类的深度学习基准和拟议的 HSV 颜色空间模型	Benchmark of Deep Learning and a Proposed HSV Colour Space Models for the Detection and Classification of Greenhouse Tomato	2022/36	波尔图大学（葡萄牙）
基于改进 YOLO 和移动部署的轻量级番茄实时检测方法	Lightweight tomato real-time detection method based on improved YOLO and mobile deployment	2023/30	福建农林大学（中国）
使用基于 YOLOv5 的单级检测器检测番茄植株表型性状	Detection of tomato plant phenotyping traits using YOLOv5-based single stage detectors	2023/29	意大利国家研究理事会、巴里大学（意大利）
通过结合超宽带定位和加速计数据改进牛的行为监控	Improved cattle behaviour monitoring by combining Ultra-Wideband location and accelerometer data	2023/8	比利时微电子研究中心、根特大学、比利时农业与渔业研究所（比利时）
光强度影响受控环境下生长的菠菜的同化率和碳水化合物分配	Light Intensity Affects the Assimilation Rate and Carbohydrates Partitioning in Spinach Grown in a Controlled Environment	2023/6	意大利国家研究理事会、意大利佛罗伦萨国家委员会、那不勒斯费德里克二世大学、意大利图西亚大学（意大利）

3.4 小结

通过对近 5 年全球农业装备领域，包括大田农业装备和设施农业装备两个方面的 SCI 研究论文的发表情况进行文献检索和计量，分析国际农业装备全领域的研究态势，得到以下结论。

1）研发增长趋势明显，我国增长贡献大。2019—2023 年，国际农业装备领域研究论文呈现快速增长趋势，增长幅度接近 50%。以信息技术为代表的智能农业装备底层技术在农业领域快速扩展，成为推动农业装备研究快速增长的主要因素。中国、印度和韩国的发文量增长较快，我国农业装备论文的增长态势尤为明显，大田农业装备从 425 篇增长到 1261 篇，设施农业装备从 202 篇增长到 538 篇，增长率超过 100% 甚至达到 200%，我国论文的增长构成了国际农业装备研究论文增长的主要部分。

2）美欧和东亚国家研究实力强，我国近年表现优异、大田农业装备研究产出较设施农业装备强。中美是农业装备领域研究产出较高的国家，我国发文量最多，在大田农业装备方面优势更加明显。主要农业大国如巴西，意大利、德国、西班牙等欧洲国家研究产出高，日本和韩国等东亚国家在设施农业装备上研究表现较好。

大田农业装备研究在无人机、传感器、精准农业、智能农业、机器学习、遥感等领域发文较多。美国在主要研究方向上都有较多论文产出，特别在传感器、精准灌溉、决策支持系统等方向相对我国发文量优势明显。意大利在拖拉机、精准灌溉、决策支持系统，西班牙在物联网和激光雷达，德国在农业机器人，巴西在人工智能等方向发文较多。

设施农业装备研究在传感器、精准畜牧和水产、机器学习等方向发文较多。美国在机器学习、受控环境农业、农业自动化方面相对中国发文优势明显。意大利在挤奶机、物联网、饲喂系统与管理、加速度计、笼箱水产养殖、环境控制系统、能源管理，德国在收获系统和能源管理，西班牙在无人机，加拿大在农业自动化，韩国在 LED、植物工厂和水培法、笼箱水产养殖、神经网络、智能农业、光质，日本在农业机器人、收获系统、植物工厂、图像处理，巴西在饲喂系统等方面发文较多。

我国在目标检测、YOLO 模型、深度学习、导航/路径规划、农业机器人、拖拉机、设施采摘设备、电子鼻、大田无人机等方向相比美国和其他国家发文优势较明显，挤奶机、加速度计、受控环境农业相对不足。总体上，大田农业装备比设施农业装备的研究产出实力较强。

3）我国涌现出一批高产研究机构，研究布局较全面，较具技术优势。中国农业大学、南京农业大学、中国农业科学院、西北农林科技大学、中国科学院、华南农业大学、江苏大学等高校和科研院所农业装备研发产出多，在全球排名领先。大田无人机、收获系统、机器学习与深度学习、计算机视觉、目标检测和 YOLO 算法、设施传感器与设施农业机器人方面研究产出相对较高。

国外领先机构主要是美国农业部农业研究局和荷兰瓦格宁根大学及美国的若干所大学。美国农业部农业研究局在大田精准农业与精准灌溉、遥感等领域较有优势，荷兰瓦格宁根大学在传感器、植物工厂、挤奶机等方面较具优势。

4）智能农业装备技术和装备、无人化农业装备和部件、计算机视觉图像处理技术、新型算法模型是主要研究热点。近 5 年来，国际农业装备领域研究论文的研发热点集中在智能农业装备技术方向，包括用于计算机视觉图像处理的机器学习和深度学习技术，神经网络模型和 YOLO 等系列新型算法，农作物目标检测、分类技术，用于无人技术的导航/路径规划，遥感技术等。在设施农业装备方面，传感器、农业机器人、物联网、收获系统、加速度计等相关装备是研究热点。大田农业装备的研究热点还包括无人机、拖拉机、喷洒系统、激光雷达和播种机等，设施农业装备的研究热点还包括挤奶机、LED、电子鼻、饲喂系统及环境控制系统。大田灌溉、施肥、播种、耕作及植物工厂生产方法等是主要应用场景。大田农业装备研究更关注产量和生产率、水肥利用效率、作物表型监测等相关问题，设施农业装备研究主要关注动物行为和福利、动物饲喂管理、人工光环境下的光合作用和产量、受控环境的能源管理、水肥利用与营养及温室气体排放等。

总的来看，热点主题方向可以归类为基于传感器、物联网等硬件的精准农业和智慧农业技术，基于无人机、遥感等的作物监测技术，基于神经网络、计算机视觉等的目标检测、识别、分类技术，受控环境农业的环境、能源管理调控技术，利用先进农业装备和部件的作物种植作业与畜禽养殖照护技术等。

5）国际农业装备的研究前沿主要聚焦于精准农业技术、智能农业装备及技术、智慧农业系统及作物与畜牧生产监测和图像处理技术　根据大田农业装备和设施农业装备研究的突现词探测分析，主要的研究前沿：一是精准农业技术，如遥感、数据挖掘、图像处理等数字化技术在农业中的应用，用于收获、灌溉、喷洒等决策支持的传感技术，基于智能传感器、近红外光谱等技术的精准养分管理、品质监测等；二是智能农业装备及技术，如拖拉机、农机的自动驾驶、路径规划等技术，基于机器学习和深度学习的目标检测、分类、定量分析，YOLO 系列算法及其改进在农产品检测分类中的应用等；三是智慧农业系统，如物联网在智慧农业系统中的应用，基于机器学习的数据分析、决策支持，设施农业的环境控制与能耗优化等；四是作物与畜牧生产监测和图像处理技术，如基于传感器的畜禽行为监测、生理状况分析，利用无人机、图像处理等技术实现作物和畜禽的自动化监测。前沿研究涉及传感技术、数字化技术、人工智能等多个领域的创新应用，反映了当前农业生产向数字化、自动化和智能化转型的趋势。

6）先进传感技术、计算机视觉与机器学习、智能农业技术的创新应用等研究主题影响力高。高影响力的研究主要聚焦在以下几个方面。

①先进传感技术在农业生产监测和评估中的应用，如利用光学纳米传感、电子鼻、气体传感等技术对作物生理、畜禽健康与福祉、农业生产环境等进行智能精准检测。

②基于机器学习、深度学习等的计算机视觉与图像分析在农产品识别和分类中的应用，包括基于 YOLO 系列等深度学习算法的农产品自动检测和分类技术，以及相关的视觉基准模型和数据集开发。

③智能农业技术的创新应用，包括智能温室环境监测和预测、智能机器人、智能手机、数字孪生等在智慧农业生产中的应用。

未来，农业设施装备与技术将进一步向数字化、智能化、自动化和精准化方向发展，传感器与物联网技术、计算机视觉、人工智能、自主技术等前沿技术正在深入农业生产的各个环节，使农业装备及部件逐步迈入智慧农业时代，引发农业生产的新一轮变革。

第4章 大田农业装备领域和设施农业装备领域专利分析

本次研究将大田农业装备技术划分为耕整机械、种植机械、田间管理、收获机械、农用动力机械五大领域，将设施农业装备技术划定为环境测控、巡检防疫、饲喂饮水、畜产品采收、保鲜技术、智能化控制六个方面。基于上述研究范畴，本次研究运用专利计量和专利内容解读等方法，从国内外专利申请态势、技术构成、主要主题分析、技术功效分析、主要申请人及代表性专利等层面，揭示大田农业装备和设施农业装备领域的热点专利技术研究主题及产业整体发展状况，并给出技术结论及参考建议。

4.1 研究对象和方法

4.1.1 数据检索及技术分解

在确定大田农业装备和设施农业装备领域的检索式前，首先清晰界定了领域的范围和技术分类。为了准确制定技术分解表，广泛收集非专利文献资料来深入了解行业背景、发展状况及技术现状，初步检索专利文献以评估数量，再通过与技术专家交流、整理资料，充分把握技术框架和现状，对初步检索进行调整完善，最终形成了详细的技术分解表（表4-1和表4-2）。

专利文献数据的来源包括智慧芽全球专利检索系统、国家知识产权局中国专利信息中心（CNPAT）、欧洲专利局专利文献数据库（EPODOC），以及国内主流科技文献数据库等。专利文献的检索范围为2014年1月1日至2023年12月31

日期间的有效发明专利。鉴于发明专利申请自申请日起18个月才会被公开这一实际情况，2022年之后的专利申请量与实际申请量可能存在差距。出现这种情况并非真实的申请量少，而只是因为公开时间滞后。

在检索过程中，关键词的选择极为重要。一般而言，会以能够描述基本技术特征且较为上位的词作为基本检索词，同时使用更具体、处于下位的关键词进行补充，以此确保查全。为了验证查全率，采用主要申请人的名称作为检索要素，对检索结果进行比对。综合考量技术分类、关键词提取、同义与近义词扩展、翻译词语拓展等多种方式，最终确定了大田农业装备和设施农业装备领域的检索式。

表4-1　大田农业装备技术分解表

一级技术分支	二级技术分支	三级技术分支
耕整机械	耕地机械	犁
		旋耕机
		开沟机
		深松机
		微耕机
		挖坑（成穴）机
		机耕（滚）船
	整地机械	耙类
		灭茬机
		铺膜机
		筑埂机
		起垄机
		平地机
		埋茬起浆机
	联合作业机械	联合作业机械
		耕耙犁
		秸秆还田联合耕整地机
		深松耕整地联合作业机
		起垄铺膜（带）机

（续）

一级技术分支	二级技术分支	三级技术分支
种植机械	种子播前处理和育苗机械设备	种子催芽机
		块（根）茎种子分切机
		苗床用土粉碎机
		床土输送机
		育秧（苗）播种设备
		营养钵压制机
		育秧（苗）设备
		起苗机
		运苗机
	播种机械（可含施肥功能）	撒播机
		根（块）茎种子播种机
		条播机
		穴播机
		单粒（精密）播种机
		播种无人驾驶航空器
	耕整地播种作业机械（可含施肥功能）	旋耕播种机
		深松旋耕播种机
		铺膜（带）播种机
		秸秆还田整地播种机
	栽植机械	插秧机
		抛秧机
		分苗机
		移栽机
		幼苗扦插设备
	施肥机械	施肥机
		撒（抛）肥机
		侧深施肥装置
田间管理	中耕机械	中耕机
		间苗机
		水田开沟机

（续）

一级技术分支	二级技术分支	三级技术分支
田间管理	植保机械	喷雾机
		喷粉机
		除草机
		烟雾机
		打药机
		火焰灭活机
		毒饵撒布机
		无人机
	修剪防护管理机械	玉米去雄机
		农用升降平台
	灌溉机械	喷灌机
		滴（渗）灌设备
		水肥一体化设备
	田间监测及作业控制设备	土壤养分监测设备
		土壤水分监测设备
		农作物生长状态监测设备
		耕整作业监控装备
		收获作业监控装备
		辅助驾驶、自动驾驶设备
	农作物废弃物处理设备	秸秆发酵制肥机
		生物质气化设备
		秸秆碳化设备
收获机械	粮食作物收获机械	联合收获机
	秸秆收集处理机械	秸秆粉碎还田机
		拔秆机
		拉秧机
		灌木收集机
	青贮机械	大田青贮机械
	农用运输机械	田间运输机
		轨道运输机
	农用装卸机械码垛机	码垛机

（续）

一级技术分支	二级技术分支	三级技术分支
农用动力机械	拖拉机	轮式拖拉机
		手扶拖拉机
		履带式拖拉机
		船式拖拉机
		其他拖拉机

表4-2 设施农业装备技术分解表

一级技术分支	二级技术分支	三级技术分支
环境测控	水质检测与控制	水质监测
		畜牧业废水处理
		水/污水生物处理
		水/污水处理（多级/光照）
		过滤处理
		脱水干燥浓缩等处理
	气体检测与控制	传感技术
		通风动力装置
		空气/气流调节及控制
		控制算法/方法
	温度检测与控制	供热/蓄热控制
		控制算法/方法
		温度控制部件
		调温动力操纵机构
巡检防疫	检测、诊断与防治	虫害预防与治理
		疾病监测与识别
		行为监测与识别
	农业生物安全	施药装置
		防疫用装置 （隔离装置、消毒装置、净化装置等）
饲喂饮水	饲喂装置	
	饮水装置	

（续）

一级技术分支	二级技术分支	三级技术分支
畜产品采收	挤奶	挤奶装置
		挤奶过程监控
		奶量传感
		奶品检测及处理
		清洗及消毒
	禽蛋收集	禽蛋分级/分类（大小、重量、性别）
		禽蛋检验（光照等）
		清洗处理
	水产品分级	水产品分级/分类（性别）
		水产品计数
保鲜技术	物理保鲜技术	低温保鲜、气调保鲜、减压保鲜
	化学及生物保鲜技术	保鲜剂、微生物及其代谢产物保鲜（与保鲜装置结合）
	其他保鲜技术	涂膜保鲜、辐照保鲜
智能化控制	农用无人机	
	农业物联网/智能农场	

4.1.2　专利术语约定

以下对反复出现的各种专利术语或现象进行解释。这些术语和现象在专利申请、分析和研究过程中至关重要，它们帮助我们理解和处理与专利相关的数据和信息。

（1）同族专利　当1项发明创造在多个国家或地区申请专利时，产生的内容相同或基本相同的专利文献出版物组称为1个专利族或同族专利。从技术角度看，属于同一专利族的多件专利申请可以视为同一项技术的不同表现形式。这种分类有助于理解技术的国际化布局和保护范围。

（2）项　在进行专利申请数量统计时，"项"指的是以1族（同族专利中的"族"）数据的形式出现的一系列专利文献。这意味着，如果1项发明创造在多个国家或地区申请了专利，这些相关的多件申请会被视为1条记录，并计算为1项。这种做法有助于简化统计过程，使得专利申请的项数对应于技术的数目。

（3）件　在分析专利申请的分布情况时，"件"指的是单独的专利申请。即使 1 项专利申请可能对应于 1 件或多件专利申请，每个单独的申请都会被视为一个独立的记录。这有助于详细分析申请人在不同国家、地区或组织层面的专利申请分布。

（4）专利被引频次　即专利文献被后续申请的其他专利文献引用的次数。这个指标反映了该专利的重要性和影响力，以及它在技术领域内的地位。

（5）有效专利　截至本书检索截止日，处于有效状态的专利申请。这意味着该专利已经通过了审查过程，获得了法律保护，可以在商业上实施。

（6）代表性专利　选取原则涉及目标技术、同族专利数量、被引频次、权利要求及其保护范围、法律状态等。首先，通过可量化指标（同族专利数量）进行初步筛选，优选申请人在多个国家/地区存在布局的专利，以基本保证重要专利不被筛选掉；其次，综合考虑同族专利被引频次、法律状态、权利要求架构等指标进一步量化分析；最后，由领域专家从技术层面和领域发展情况综合考虑。

4.2　大田农业装备领域专利分析

4.2.1　大田农业装备领域专利态势分析

1. 全球专利申请态势

本研究将大田农业装备技术分解为耕整机械、种植机械、田间管理、收获机械、农用动力机械五大技术领域。

（1）耕整机械　包括耕地机械、整地机械和联合作业机械。

（2）种植机械　包括种子播前处理和育苗机械设备、具备施肥功能的播种机械、兼具施肥功能的耕整地播种作业机械、栽植机械，以及施肥机械。倘若该过程是由人力或者畜力达成的，如手动排种器这类情况，则不属于本次的研究范畴。

（3）田间管理　主要包括中耕机械、植保机械、修剪防护管理机械、灌溉机械、田间监测及作业控制设备、农作物废弃物处理设备。此外，还涵盖相关的感知技术及分析决策系统。

（4）收获机械 主要包括粮食作物收获机械、秸秆收集处理机械、青贮机械、运输机械农用和农用装卸机械码垛机。

（5）农用动力机械 主要指拖拉机，包括轮式拖拉机、手扶拖拉机、履带式拖拉机及船式拖拉机。

全球大田农业装备近10年的有效发明专利申请量是42652项，其中中国专利申请量为14403项（图4-1）。

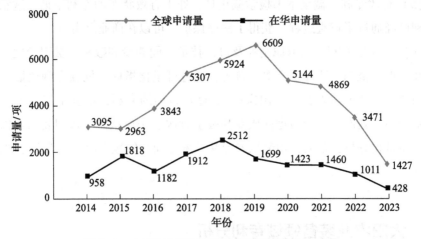

图4-1 大田农业装备领域的全球历年专利申请量

近年来，美国、德国、日本等国家均十分重视智能农业装备的发展，并将其列为农业创新的核心范畴，对智能农业装备全产业链进行了布局，形成了较为成熟的产业体系和商业化发展模式。近10年间全球大田农业装备经过稳步上升阶段后，技术得到了全面、快速的发展，专利申请量的年均增速在2014—2018年间超过了20%。这一阶段大田农业装备技术的发展达到了全盛时期。对于投入大田农业机械研发的国家，随着本国市场的饱和，他们的目标市场已逐渐从本国转移到了其他国家市场。与此同时，新兴市场逐渐扩展到全球范围内，如欧洲、北美洲、亚洲的许多国家也都提出了市场需求。因此，此时的技术研发需求也由于各个地区地理环境的差异和不同国家的差异性需求而变得多样化、广泛化，此时的农业机械也根据不同国家市场的需求变得多样。这些市场需求对于大田农业装备技术的发展又提出了更大的需求和挑战，国际市场的竞争也变得相对激烈，因此，专利申请量也在这一时期得到了突飞猛进的发展。2019年后随着地缘政治、贸易战等因素，2019—2023年全球专利申请趋势略有回调。中国专利申请趋势增长放缓，处于平缓发展阶段。近10年，在大田农业装备技术领域，中国授权发明专利申请量共计14403项。大田农业装备领域的中国专利申请量与全球趋势类似，总体伴有阶段性回落的态势。

2. 来源国/地区与目标国/地区申请态势

技术来源国/地区分析反映了主要技术力量的来源分布情况，而目标国/地区分析则反映了这些技术力量的战略意图，如技术布局、市场占有等。这不仅从宏观层面上体现了世界范围内技术和市场的变化，还能够为企业寻觅技术力量、嗅探市场空白点、实现技术和产业的有效布局提供帮助。

申请于美国、日本、中国和德国的专利申请量接近全球大田农业机械技术领域申请总量的67%，说明这4个国家均十分重视智能农业装备的发展（图4-2）。近年来，美国、德国、日本等国家将智能农机列为其农业创新的核心范畴，对智能农业装备全产业链进行了布局，形成了较为成熟的产业体系和商业化发展模式。

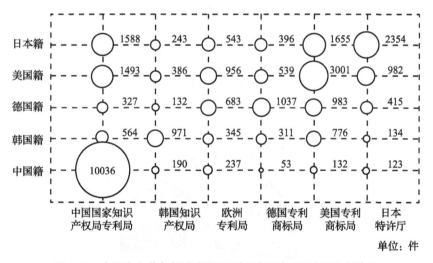

单位：件

图4-2　大田农业装备领域来源国/地区与目标国/地区分布情况

日本、美国及中国作为全球大田农业机械的关键市场，其专利申请量在全球大田农业机械领域中占据着重要地位，总计约达58%。众多国家纷纷选择在日本、美国及中国进行专利申请，旨在实现对自身技术和产品的有效保护。专利申请的目标国家的确定与农业机械公司的专利战略及市场战略之间存在着紧密的关联。美国和日本均为全球农业机械消费的发达市场，在这两个国家开展专利布局，一方面能够对公司自身的产品和技术形成保护，另一方面也能够对竞争对手实施有力的打击。鉴于中国农业机械市场具有不容轻视的容量和消费能力，中国作为国外申请人专利布局的目标国家的比例约为34%。

4.2.2 大田农业装备领域技术构成及各分支技术分析

在大田农业装备五大技术领域中，种植机械发明专利申请量最多，共计11001项，占比26%（图4-3）。农用动力机械的作用非常重要，贯穿耕、种、管、收各环节，属于技术成熟度较高的机械，加上近年来电动、混合动力、甲烷动力等新能源技术的发展，由汽车产业链拓展向农用机械领域，因此农用动力机械领域申请量较多，共计10477项，占比25%。收获机械专利申请量为9627项，占比22%。耕整机械、田间管理申请量相当，分别占比15%、12%。申请量的多少也表示出各个关键技术发展速度的快慢和研发投入的多少。最近几年，各个农业机械公司在耕整、种植机械的研发投入比较大，不仅仅开发出深松耕整地联合作业机和秸秆还田联合耕整地机，还更新迭代出性能更先进的种子播前处理和育苗机械设备、移栽、施肥机械等。各个农业机械公司都在研发自己特色的耕整、种植、收获机械。基础农业机械，相互关联的部件比较多，特别是种植机械分支较多，改进的速度呈稳定上升趋势。

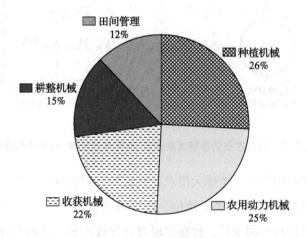

图4-3　大田农业装备领域技术构成

在大数据、物联网、人工智能、5G、北斗导航等技术的助力下，耕整机械、收获机械、田间管理申请量整体呈快速增长态势。种植机械近10年申请量平稳增长，特别是在智能化和绿色化方向发展趋势明显。农用动力机械每年申请量在1000项上下高位波动。

大田农业装备领域各分支技术的全球专利申请态势、主要申请人排名、主要申请人技术布局，以及代表性专利如下。

1．耕整机械全球专利分析

（1）全球专利申请态势　耕整机械是大田农机的重要技术分支，受到农业机械企业的广泛关注。耕整机械领域的全球专利申请量为6567项，涉及耕地机械、整地机械及联合作业机械三大领域。其中耕地机械3494项、整地机械2663项、联合作业机械410项。

耕整机械领域的全球历年专利申请趋势（图4-4）可分为2个阶段：快速发展期（2014—2020年），这一时期，整地机械的申请量实现了从每年100项到每年数百项的突破，在技术不断发展和完善的推动力下，相关专利申请也开始出现了数量上的增长和质量上的提高；平缓发展期（2020—2022年），这一时期，传统技术处于发展的后期，利润空间被压缩，耕整机械的专利申请量呈波动略有下滑的态势。

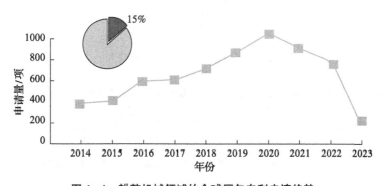

图4-4　耕整机械领域的全球历年专利申请趋势

（2）主要申请人排名及其技术布局　耕整机械领域全球专利申请的主要申请人基本源自欧洲、日本及美国的企业（图4-5和表4-3），其中久保田、迪尔公司、井关农机、雷肯和凯斯纽荷兰处于领先地位。结合中国、美国、日本、德国主要申请人布局专利技术关键词分析，美国迪尔公司的5铧液压翻转型作为翻耕机械领域代表性的产品，均做了相关专利布局。迪尔公司采用高强度材料的犁铲和具有独特结构设计的犁架，使得犁具可以与多种型号的大功率拖拉机配套使用。半圆柱形镜面犁体翻垡效果良好，翻耕后地表平整，非常适合后续的铺膜播种作业。在平整地方面，北美地区大多使用宽幅单项整地作业机，迪尔公司和凯斯纽荷兰相继开发了与大功率拖拉机相配套使用的重型、宽幅、高效联合整地作业机，并申请了相关专利。

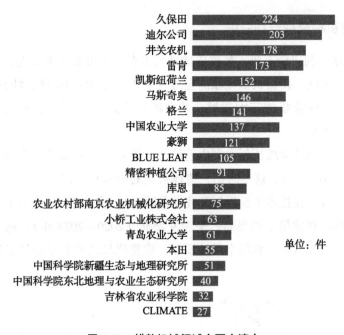

图4-5　耕整机械领域主要申请人

表4-3　耕整机械中国、美国、日本、德国主要申请人布局专利技术关键词

国家	布局专利技术关键词
中国	土地整理、机械除草、地膜、耕地、齿轮、犁、耙
美国	耕作、驱动器、离合器、控制系统、犁、位置传感器
日本	旋耕机、旋转轴/体/中心、离合器起垄
德国	联合整地作业、底盘、联轴器、液压、犁、旋转轴/体/中心、刀片

欧洲的农业自然生态环境相对优良，土质疏松肥沃，较少进行翻耕作业，而大多使用旋耕机进行浅翻整地。德国雷肯的欧派翻转犁为翻耕机械领域代表性的产品，滚刀直接安装在拖拉机轮轴上，轮轴驱动旋耕刀具切削土壤。以德国雷肯

为代表的企业侧重于旋耕机，其自动避让式旋耕机，机架前方装有传感器触杆，旋耕作业时触杆碰到障碍物之后，传感器触发液压系统运转，液压油缸带动刀架产生横向位移。除此之外，平整土地是农业生产中重要的基础作业环节，精准农业不断发展，对土地的平整度要求也越来越高，德国企业在整体型联合整地作业机方面有较多专利申请。

日本主要申请人耕整机械布局方向着重于水平横轴式旋耕机相关技术，对旋耕、整地多道工序同时进行的配套技术做了大量专利申请与布局，大大提高了机具的工作效率。

我国主要申请人耕整机械专利布局集中于土地整理、机械除草、地膜、耕地、齿轮、犁、耙，具体为在联合整地作业机配有圆盘耙、钉齿耙、平土框、碎土辊、镇压器等部件，以及联合作业机械和精准农业相关技术。

（3）耕整机械领域主要技术主题　耕整机械领域包括耕地机械、整地机械及联合作业机械，关注较多的技术主题主要分布在 A01B79/00（整地方法）、A01B49/02（带两件或多件不同类型的整地工作部件）、A01B49/04（整地部件与非整地部件）、A01C5/06（用于播种或种植的开沟、做畦或覆盖沟、畦的机械）等技术领域（图 4-6）。该领域代表性专利技术为农业沟槽深度系统、方法和设备（AU2017219890B2），精密种植公司该项专利通过限制开沟盘向上位移量来控制开沟盘开沟的深度，控制和/或测量由农业种植者打开的沟槽的深度，来选择和保持适当的种植深度，以确保适当的种植环境（如温度、湿度）和出苗。

	一体机	整地	耕地	旋耕	液压	铲子	电机	开沟	起垄	犁	刀片	传动轴	耕种机	控制系统	耙
A01B79/00	262	207	160	88	4		2	20	10	9	2		2	16	2
A01B49/02	191	162	169	78	26	31	20	13	8	17	8	11	18	18	10
A01B49/04	233	154	106	72	18	26	22	11	9	8	3	16	6	2	3
A01C5/06	190	97	74	64	11	12	12	12	2	9	8	9	1		10
C05G3/80	167	100	86	114					5	2					
A01B69/00	30	24	6	9	7		1		1	4	1		1	6	
C09K101/00	107	62	52	32					2	1					
C09K17/40	93	60	57	31					1						
A01B33/08	58	46	53	12	14	2	11	1	5	2			3	10	3
A01G13/00	101	45	34	54			1								
A01C7/06	97	49	34	59	6	7	3		2	2			5	1	4
A01B63/00	30	35	32	6	17		4			5	3		2	10	4
A01B43/00	61	49	24	8	9	15	7	2	4	1	1				
A01C1/00	82	44	17	42					2	1					

单位：项

图 4-6　耕整机械领域主要技术主题布局情况

（4）耕整机械领域技术－功效矩阵分析　在耕整机械领域，研究热点集中在提高产量、结构简单、操作方便、提高质量、降低劳动强度等技术效果方面，通过对犁的改进、对旋耕机的优化及秸秆还田联合耕整机械、深松耕整联合作业机械的不断迭代达到以上效果（图4-7）。例如，深耕机的安装结构和中耕机中碎土整平辊装置及用于该结构的安装装置（JP4503687B1），该专利提供了一种即使前深耕作业机的安全螺栓断裂也不会冲击后破碎土壤平整辊装置耕作单元的功能，解决了破碎的土壤平整使辊体变形和损坏的问题。

	一体机	耕地	整地	旋耕	液压	铲子	电机	开沟	起垄	犁	刀片	耕种机	控制系统	耙
提高产量	325	289	111	13	2	4	4	7	14	9		2	2	
促进生长	272	222	79	15	5	2	4	7	7	3		3	2	1
成本低	207	163	64	18	2	5	4	6	6	1	4	3	2	
结构简单	180	154	56	23		11	9	6	11	9	3	7		
操作方便	165	137	54	23		8	9	8	7	2	4	2		
提高工作效率	130	121	52	46	12	21	11	6	3	10	2	7	4	
提高肥力	144	106	45				2	8	3		3	1		
提高品质	132	117	40					2	6					
提高利用率	133	121	43	12	1		4	4	9	5	9	1		
提高成活率	99	77	19	1	1		1	1		1			1	1
使用方便	70	60	26	23		10	10	4	5	2	3	1		
提高发芽率	98	84	33	8		1	3	1	2					
提高质量	79	73	31	7	2	6	4	2	3		1			
促进吸收	101	88	28	5	2	2	5	5		2		1		
提高效率	59	52	26	10	4	4	3	1	1	1		3	2	
降低劳动强度	60	59	21	20	11	4	8	3	1		6	3	4	
有机质含量高	64	49	17	2		3		1	3		1			
减少污染	64	57	26	4	2		2	3		1		1		
降低生产成本	52	44	22	12	1		2	3	1					
效果好	47	37	14	2	1	1	1	6	1		2	1		

单位：项

图4-7　耕整机械领域技术－功效矩阵分析

（5）代表性专利　在耕整机械领域，选取出的代表性专利如表4-4所示。

表4-4　耕整机械领域代表性专利

序号	公开/公告号	申请人	标题	同族数	被引频次
1	US9232687B2	迪尔公司	农业系统	29	101
2	US9282688B2	迪尔公司	残留物监测和基于残留物的控制	10	71
3	US10178823B2	凯斯纽荷兰	带自动柄深控制装置的农具	1	47
4	US9241438B2	DAWN EQUIPMENT COMPANY	用于田间整地的农业系统	4	33
5	US9861022B2	DAWN EQUIPMENT COMPANY	具有混合式单盘、双盘犁刀布置的农业机具	5	26
6	US9980421B1	AGSYNERGY	无堵塞犁刀组件	2	21
7	US10219421B2	KINZE	向下和/或向上力调节系统	31	16

（续）

序号	公开/公告号	申请人	标题	同族数	被引频次
8	US10462956B2	爱科	下压力控制，以便更轻松地调整深度	2	16
9	US10820490B2	BLUE LEAF	基于犁沟闭合组件性能控制播种机残渣清除装置运行的系统和方法	3	14
10	RU2685398C1	FEDERALNOE GOSUDARSTVENNOE	CREST 土壤耕作和带式施肥组合装置	1	13

2. 种植机械全球专利分析

（1）全球专利申请态势　在种植机械领域，全球的专利申请量一共为 11001 项，其中种子播前处理和育苗机械设备 464 项、耕整地播种作业机械（可含施肥功能）19 项、栽植机械 1904 项、施肥机械 2045 项、播种机械（可含施肥功能）6569 项，占到种植机械领域申请量的 60%。

近 10 年种植机械全球专利申请大致可分为 2 个阶段（图 4-8），2014—2018 年为快速增长的阶段，2019—2021 年进入平稳发展态势。

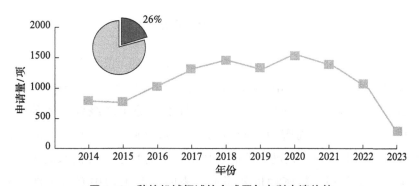

图 4-8　种植机械领域的全球历年专利申请趋势

（2）主要申请人排名及其技术布局　如图 4-9 和表 4-5 所示，欧洲企业在种植机械领域体现出了整体竞争优势，德国阿玛松在种植机械领域申请量居于首位。阿玛松在播种机领域属于传统优势企业，除传统的播种机械外，阿玛松将气动播种技术也应用到产品中，围绕开沟器的发明布局多项专利，巩固着其在播种机领域的优势地位。法国库恩申请了 121 件专利，位列第 10 位。德国雷肯、豪狮分别申请 107 件、97 件，紧随其后。意大利农机企业马斯奇奥、波兰企业优尼亚也进入全球前 20 榜单。

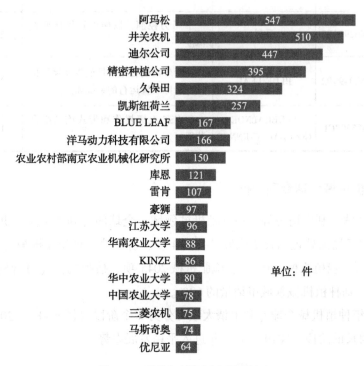

图 4-9　种植机械领域主要申请人

　　日本井关农机、久保田、洋马动力科技有限公司，以及美国迪尔公司、精密种植公司、凯斯纽荷兰、BLUE LEAF、美国 KINZE 处于第一梯队。根据各国资源禀赋，各自偏重于不同的产品研发。日本久保田围绕育秧播种机、移栽机、水稻直播机等做了周密的专利布局，在传动轴等技术方向申请了多国专利。井关农机侧重于利用先进技术推动种植技术的精细化方面布局了电力相关专利。美国迪尔公司、精密种植公司近年来的专利申请中有很多涉及数据采集、分析监控系统。凯斯纽荷兰围绕土壤特性、精量播种布局了大量专利。农业农村部南京农业机械化研究所、中国农业大学分别位居第 9 位、第 17 位。江苏大学、华南农业大学、华中农业大学的专利申请展现出我国在种植领域的研发实力。专利主要布局方向为幼苗、播种机、移栽、控制系统、水稻、土壤覆盖、传动带、液压、农作物等。

表 4-5　种植机械中国、美国、日本、德国主要申请人布局专利技术关键词

国家	布局专利技术关键词
中国	幼苗、播种机、移栽、控制系统、水稻、土壤覆盖、传动带、液压、农作物
美国	播种机、控制系统、压力、输送系统、土壤特性、条播机、电动机、监控系统
日本	幼苗、离合器、移栽、播种机、传动轴、飞行器、电力
德国	谷物条播机、粒状/颗粒材料、压差、饲管、气流、数据传输

（3）种植机械领域主要技术主题　种植机械领域关注较多的技术主题主要分布在 A01C7/20（导种和播种的播种机零件）、A01C5/06（用于播种或种植的开沟、做畦或覆盖沟、畦的机械）、A01C11/02（用于种苗）等技术领域（图 4-10）。该领域代表性专利技术如种苗机及使用该种苗机的种苗方法（JP6545240B2），久保田该项专利采用一种水田育苗装置，避免害虫防治化学品暴露于稻田泥面。

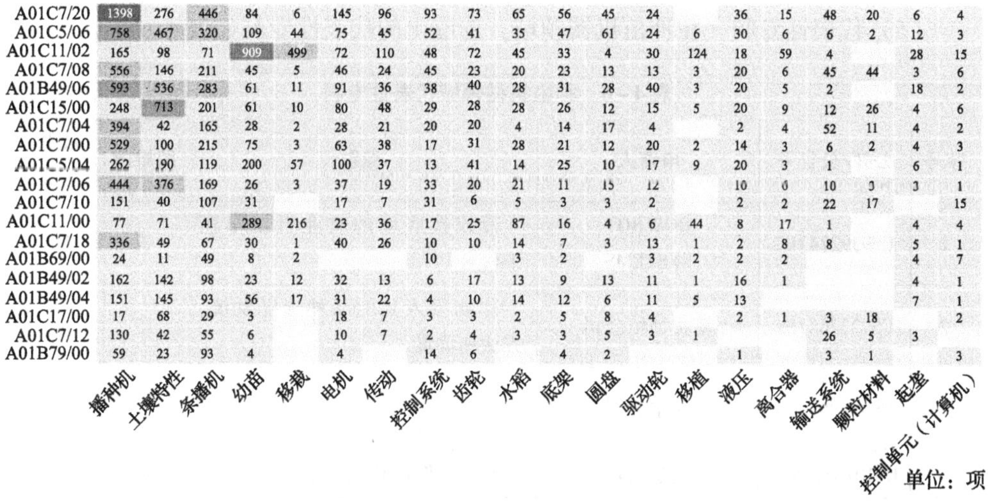

	播种机	土壤特性	条播机	幼苗	移栽	电机	传动	控制系统	齿轮	水稻	底架	圆盘	驱动轮	移植	液压	离合器	输送系统	颗粒材料	起垄	控制单元（计算机）
A01C7/20	1398	276	446	84	6	145	96	93	73	65	56	45	24		36	15	48	20	6	4
A01C5/06	758	467	320	109	44	75	45	52	41	35	47	61	24	6	30	6	6	2	12	3
A01C11/02	165	98	71	909	499	72	110	48	72	45	33	4	30	124	18	59	4		28	15
A01C7/08	556	146	211	45	5	46	24	45	23	20	23	13	13	3	20	6	45	44	3	6
A01B49/06	593	536	283	61	11	91	36	38	40	28	31	28	40	3	20	5	2		18	2
A01C15/00	248	713	201	61	10	80	48	29	28	28	26	12	15	5	20	9	12	26	4	1
A01C7/04	394	42	165	28	2	28	21	20	20	4	14	17	4		2	4	52	11	4	2
A01C7/00	529	100	215	75	3	63	38	17	31	28	21	12	20	2	14	3	6	4	4	3
A01C5/04	262	190	119	200	57	100	37	13	41	14	25	10	17	9	20	3	1		6	1
A01C7/06	444	376	169	26	3	37	19	33	20	21	11	15	12	4	6		10	3	3	1
A01C7/10	151	40	107	31		17	7	31	6	5	3	3	2		2	2	22	17		15
A01C11/00	77	71	41	289	216	23	36	17	4	87	16	4	5	44	8	17	1		4	4
A01C7/18	336	49	67	30	1	40	26	10	10	14	7	3	13	1	2	2	8		5	1
A01B69/00	24	11	49	8			2		10		3	2			2	2			4	7
A01B49/02	162	142	98	23	12	32	13	6	17	13	9	13	11		16	1			4	1
A01B49/04	151	145	93	56	17	31	22	4	10	14	12	6	13		5	13			7	1
A01C17/00	17	68	29	3		18	7	3	3	2	5	4	3			3	18			2
A01C7/12	130	42	55	6		10	7	2	4	3	5	3	1			26	5		3	
A01B79/00	59	23	93	4		4		14	6	4		3				1	1		3	

单位：项

图 4-10　种植机械领域主要技术主题布局情况

（4）种植机械领域技术-功效矩阵分析　在种植机械领域，研究热点集中在诸如结构简单、操作方便、使用方便、降低劳动强度、成本低、提高效率、避免损坏、提高产量、提高成活率及避免浪费等技术效果方面，这些效果主要是通过对传感器的优化等，使其能更精准地感知和控制各种复杂情况（图 4-11）。例如，具有自动深度和播种量控制的农业播种机（US9585301B1），由播种机携带传感器可测量至少一种土壤特性，该传感器包括用于收集土壤反射率数据的光学模块、收集土壤水分数据、采集土壤温度数据，最终根据算法控制开沟器的操作深度。

	播种机	土壤特性	条播机	幼苗	移栽	电机	农作物	耕作	传动	控制系统	齿轮	拖拉机	水稻	农作物	铲子	机器	底架	圆盘	驱动轮	移植
结构简单	356	235	86	156	106	74	37	42	54	28	41	26	29	23	15	14	18	8	18	18
提高工作效率	306	257	89	162	87	83	32	44	40	24	38	33	37	22	37	15	13	5	11	9
操作方便	217	195	74	112	55	47	22	24	30	21	20	16	18	15	21	5	8	6	16	8
使用方便	205	139	85	60	27	59	16	14	24	3	29	11	11	13	11	10	11	9	17	5
降低劳动强度	176	123	63	106	57	42	18	18	35	8	24	14	12	16	17	10	14	8	11	2
成本低	155	107	51	73	45	33	14	20	23	17	17	14	17	16	14	10	6	5	11	8
提高效率	139	92	41	76	43	24	16	19	20	12	11	9	9	7	15	5	5	3	5	13
避免损坏	107	58	35	89	41	35	9	19	19	15	14	9	14	6	12	7	3	4	4	7
提高播种效率	201	32	41	28	1	21	7	6	16	11	6	1	6	3	7	1	2	3	4	
提高产量	102	71	27	40	17	11	23	21	9	6	6	8	12	15	4	2	1	2	5	1
促进生长	78	63	34	35	12	18	9	16	2	2	10	8	9	11	5	1	2	2	6	2
降低生产成本	90	61	23	34	24	13	15	18	7	6	15	13	8	4	6	2	3	2	2	5
提高稳定性	65	48	24	30	15	23	10	9	3	6	8	6	4	4	8	3	4	4	3	3
结构紧凑	66	46	14	53	36	11	6	7	13	10	15	6	10	5	6	2	6	2	2	6
提高利用率	78	132	33	16	4	17	11	20	7	4	8	6	11	12	11	2	4	2	3	1
避免堵塞	85	89	34	9	6	18	4	13	12		10	9	7	8	6	3	2	4		
提高种植效率	50	40	26	60	21	21	6	11	8	2	10	3	3	6	5	1	1	2	3	3
提高成活率	46	36	16	71	39	11	4	7	9	6	6	2	12	3	6	1	8	2	7	5
方便调节	68	56	21	18	11	15	1	16	13	9	11	7	4	6	7	1	4	7	7	3
避免浪费	64	80	33	10	7	22	10	8	3	2	2	1	5	5	8	1	1		1	

单位：项

图 4-11　种植机械领域技术 – 功效矩阵分析

（5）代表性专利　在种植机械领域，选取出的代表性专利如表 4-6 所示。

表 4-6　种植机械领域代表性专利

序号	公开/公告号	申请人	标题	同族数	被引频次
1	US9392743B2	ROWBOT SYSTEMS	带铰接底座的农业自主车辆平台	3	50
2	US9237687B2	精密种植公司	作物投入品的品种选择系统、方法和装置	15	50
3	US9848528B2	迪尔公司	种植种子或植物的方法和相应的机器	5	50
4	US10165725B2	迪尔公司	基于图像控制地面接合元素	4	49
5	US9585301B1	VERIS TECH	自动控制播种深度和播种量的农业播种机	4	47
6	US9717178B1	CLIMATE LLC	用于监测、控制和显示现场作业的系统和方法	4	45
7	US9714856B2	立达智慧科技股份有限公司	自动补偿颗粒特性对质量流量传感器校准的影响	1	39
8	US9661805B1	鲍尔园艺公司	种子播种系统和使用方法	4	39
9	US9439342B2	格兰	条耕系统	13	39
10	US9554504B2	HOUCK SHANE	播种系统的深度控制	3	38

3. 田间管理全球专利分析

（1）全球专利申请态势　在田间管理领域，全球的专利申请量一共为4964项，其中中耕机械125项、植保机械1819项、修剪防护管理机械8项、灌溉机械340项、农作物废弃物处理设备474项、田间监测及作业控制设备2198项，其中田间监测及作业控制占比最高，占田间管理申请量的44%。

从专利申请趋势上看（图4-12），田间管理发展大致可以分为以下2个阶段。

第一阶段：缓慢发展阶段（2014—2016年）。在此阶段，申请人每年的申请量都不超过400项。国外田间管理领域的跨国公司来华进行专利布局，涉及的企业有凯斯纽荷兰、久保田、井关农机、迪尔公司等。国外申请人越来越重视中国这个新兴的农业机械消费市场，纷纷来华成立合资企业，如爱科公司在中国的全新生产基地——常州新工厂于2015年正式落成投运。这一时期国内的申请人对田间管理技术专利申请数量较少。

第二阶段：快速发展阶段（2017年至今）。2016年以后，检测、控制技术使田间监测水平大幅度提高，监测、控制精度也大幅度提升，能够满足产业上越来越精细、越来越快速的要求，同时生产制造领域对成本、劳动力、安全性等方面的要求也不断提升，对田间监测和控制的研究日趋丰富和多样化。中国田间管理领域的专利申请量有了迅猛的发展，一方面是由于中国农业机械智能化的蓬勃发展；另一方面，中国在2018年正式启动国家知识产权战略的制定工作，各省市也纷纷出台知识产权发展战略纲要。国内申请人在这些政策法规的驱动下，对专利重要性的认识逐渐提高，也纷纷加大了田间管理领域的研发投入，推动了国内申请人专利申请数量。这些因素综合在一起，使得国内外专利申请量均迅速增加。

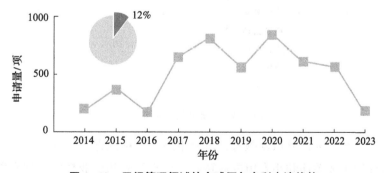

图4-12　田间管理领域的全球历年专利申请趋势

（2）主要申请人排名及其技术布局　全球田间管理领域的主要申请人集中于欧洲、北美和亚洲（图4-13和表4-7）。在欧洲，主要申请人为德国克拉斯，专利布局技术方向为具备转向、测量、视觉分析和数据录入的系统，具体包括数据存储、控制系统、图形用户界面、控制单元（计算机）、数据传输。在北美，主要申请人集中于美国，包括凯斯纽荷兰、迪尔公司、BLUE LEAF、CLIMATE、爱科、精密种植公司、国际商业机器公司、智能农业公司、瓦尔蒙特工业股份有限公司等诸多主体。凯斯纽荷兰重点研发液体喷射装置等机械化装置及土壤检测、废弃物处理技术；BLUE LEAF 重点研发的是电子程序、运载工具等控制技术。迪尔公司全面布局精准农业系统，具体包括数据采集及田间耕作、播种、施肥、喷洒农药和收获等作业的准确定位技术、传感器技术，监视器及计算机自动控制技术。

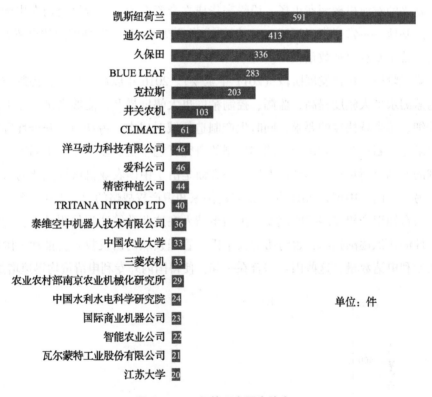

图4-13　田间管理主要申请人

在亚洲，日本为该领域领跑者，主要申请人包括久保田、井关农机、三菱农机等。久保田主要关注狭小农田灵活转弯、提高行驶和作业精度等技术方向，在这些方向上布局了较多相关专利。此外，亚洲地区的以色列泰维空中机器人技术有限公司作为农业无人机领域新晋参与者，在细分领域表现卓越。在中国，主要申请人以高校、研究院所为主，如中国农业大学、农业农村部南京农业机械化研究所、中国水利水电科学研究院及江苏大学等。我国专利布局主要侧重于提高粮食产量、监测土壤水分、降低秸秆处理成本、施肥效率和绿色化技术等方面。

表4-7　田间管理中国、美国、日本、德国主要申请人布局专利技术关键词

国家	布局专利技术关键词
中国	农作物、灌溉、土壤水分、肥料、秸秆、碳化、控制系统
美国	农作物、谷物、控制系统、底盘、土壤温度/水分传感器、灌溉、喷雾器、图像捕捉
日本	控制单元（计算机）、显示器、自动转向、飞行器、测量装置、位置检测
德国	数据存储、控制系统、图形用户界面、控制单元（计算机）、数据传输

（3）田间管理领域主要技术主题　田间管理领域关注较多的技术主题主要分布在 A01D41/127（专用于联合收获机的控制和测量装置）、A01B69/00（农业机械或农具的转向机构）、G06Q50/02（农业）、A01G25/16（浇水的控制）等技术领域（图4-14）。代表性专利技术主要为喷杆式喷雾器，包括机器反馈控制（AU2019272876B2），蓝河技术有限公司该项专利喷杆式喷雾器包括任意数量的组件，用于当喷杆式喷雾器穿过田地时处理作物，组件采取措施处理作物或促进处理作物。喷杆式喷雾器包括任意数量的传感器，用于在喷杆式喷雾器处理作物时测量喷杆式喷雾器的状态。喷杆式喷雾器包括一个控制系统，用于为部件生成动作以处理田间作物。控制系统包括执行模型的代理，该模型的作用是提高喷

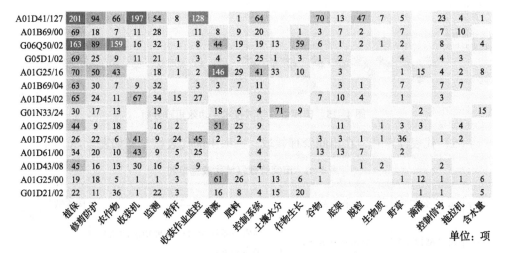

单位：项

图4-14　田间管理领域主要技术主题布局情况

杆式喷雾器处理设备的性能。性能改进可以通过喷杆喷雾器的传感器来衡量。该模型是一个人工神经网络，它接收测量值作为输入，并生成提高性能的动作作为输出。

（4）田间管理领域技术 – 功效矩阵分析　在田间管理领域，研究热点集中在成本低、操作方便、结构简单、提高工作效率、提高产量、使用方便、减少污染等技术效果方面（图4－15），这些效果可以通过对传感器的优化，对灌溉、喷粉、喷药的控制，对土壤水分、养分及农作物的监测，以及自动驾驶技术不断迭代来实现。例如，用于灌溉管理的系统和方法（CN111295486B），该专利提供了一种包括农作物/土壤分析模块的系统和方法，对从一个或更多个源收集的数据进行分析，并将其发送给机器学习模块。这些源包括来自无人机、卫星、跨距安装的农作物传感器、原位田地传感器，以及气象传感器的成像数据，还可以将航空数据与跨距安装的传感器数据进行组合，并几乎实时地进行叠加，以生成灌溉管理建议。

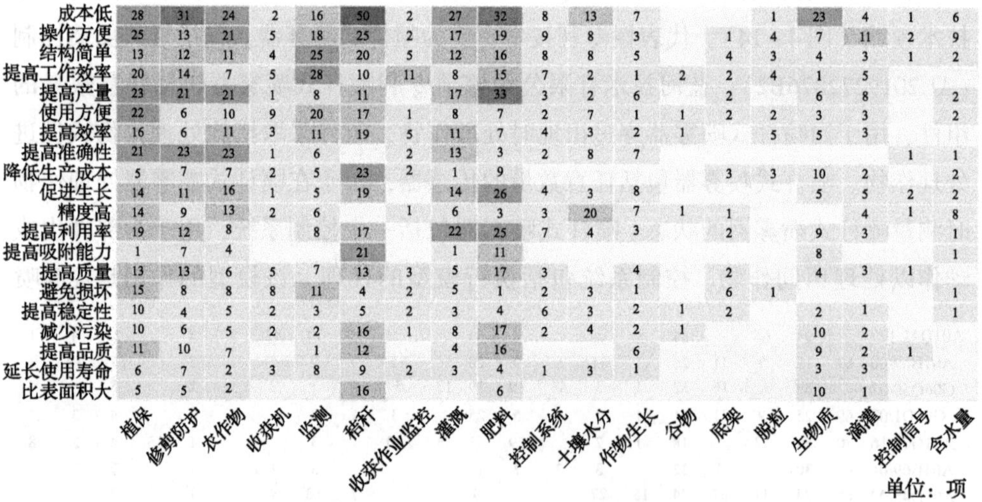

	植保	修剪防护	农作物	收获机	监测	秸秆	收获作业监控	灌溉	肥料	控制系统	土壤水分	作物生长	谷物	底架	脱粒	生物质	滴灌	控制信号	含水量
成本低	28	31	24	2	16	50	2	27	32	8	13	7				1	23	4	1
操作方便	25	13	21	5	18	25	2	17	19	9	8			1		4	7	11	2
结构简单	13	12	11	4	25	20	5	12	16	8	5		4	3	4	3		1	2
提高工作效率	20	14	7	5	28	10	11	8	15	7	2	2		4	1	5			
提高产量	23	21	21	1	8			17	33	3	2	6	2	1	2	3	3		2
使用方便	22	6	10	9	20	17		8	7	2	7	1	2		3	3			2
提高效率	16	6	11	3	11	19		5	11	4	1		5	5	3				
提高准确性	21	23	23	1	6		2	13	3	3							1	1	
降低生产成本	5	7	2	5		23		2	1	9			3	3	10	2		2	
促进生长	14	11	16	1	5	19		14	26	3				8	5	2	2		
精度高								3		20		7	1			8		1	
提高利用率	19	12	8		8	17		22	25	5		2		9	3		1	1	
提高吸附能力	1	7	4		21			1	11					8				1	
提高质量	13	13	6	7	13		3	5	13				2	4	3		1		
避免损坏	15	8	8	8	11	4	3	6	4					2	1		1		
提高稳定性	10	4	5	3	5	3	4	6						2	1		1		
减少污染	10	6	4		16		1	8						10	2		1		
提高品质	11	10	7	1	12	4		16						6	2		1		
延长使用寿命	6	5	2		8	9		3	4	3		1		3	3				
比表面积大	5	5	2		16			6						10	1		1		

单位：项

图4-15　田间管理领域技术 – 功效矩阵分析

（5）代表性专利　在田间管理领域，选取出的代表性专利如表4-8所示。

表4-8　田间管理领域代表性专利

序号	公开/公告号	申请人	标题	同族数	被引频次
1	US9265187B2	ROWBOT SYST	在农业系统中执行多种功能的机器人平台和方法	12	83

（续）

序号	公开/公告号	申请人	标题	同族数	被引频次
2	US10004176B2	TRITANA INTPROP	销毁杂草种子	19	56
3	US9485905B2	迪尔公司	具有预测地面速度调节功能的收获机	5	55
4	US10188037B2	迪尔公司，爱荷华州立大学研究基金公司	产量估算	1	53
5	US9578808B2	迪尔公司，爱荷华州立大学研究基金公司	多传感器作物产量测定	6	51
6	US9631964B2	智能农业公司	声学材料流量传感器	1	50
7	US10351364B2	迪尔公司	车辆和传送带自动定位	7	50
8	US9723790B2	粮食研究发展公司，南澳大学	杂草种子灭活安排	19	49
9	US9030549B2	蓝河技术有限公司	植物自动坏死的方法和装置	11	47
10	US9903979B2	迪尔公司	产量估算	5	46

4. 收获机械全球专利分析

（1）全球专利申请态势　近10年，收获机械领域全球的专利申请量共计9627项，其中秸秆收集处理机械153项、青贮机械542项、粮食作物收获机械3492项、农用装卸机械码垛机3217项、农用运输机械2223项。从专利申请趋势上看（图4-16），收获机械领域的全球申请经历了一个波动式增长的发展过程，大致可以分为以下2个阶段：快速发展阶段（2014—2018年），收获机械年平均发明专利申请量增长为53%；平稳发展阶段（2019年至今），随着收获机械技术进入相对平稳的时期，其专利申请量也趋于平缓。

图4-16　收获机械领域的全球历年专利申请趋势

（2）主要申请人排名及其技术布局　从全球主要申请人来看（图4-17和表4-9），欧美和日本企业占据了领先优势，申请量前3名分别为美国迪尔公司、日本久保田、德国克拉斯，申请量分别为493件、459件、394件。美国主要申请人专利布局围绕谷物、脱粒、作物残渣和分离系统等技术。日本久保田、井关农机、洋马动力科技有限公司等公司生产的收获机械专利处于全球前列。专利技术围绕一系列结构小巧、性能优良的水稻收获机械，在自动化程度和收获性能、绿色技术等方面做了布局。德国主要申请人在割捆机和脱粒机的基础上设计出了众多类型的收获机，并向自动驾驶和智能系统建模方面布局了相关专利。纵观全球申请量前10位的重要申请人，均为传统农业机械优势企业。排名第8位的加拿大麦克唐工业有限公司是专业割晒机及割台生产商，为世界上各大农业机械公司提供代工加工（Original Entrusted Manufacture，OEM）。排名第11～20位的申请人中出现了中国企业和高校院所。其中潍柴雷沃智慧农业科技股份有限公司、中联重科股份有限公司、星光农机股份有限公司申请量分别为46件、20件、19件。江苏大学、农业农村部南京农业机械化研究所申请量分别为51件、39件。我国企业潍柴雷沃智慧农业科技股份有限公司、星光农机股份有限公司专利围绕联合收获机的零部件、传动装置与谷物输送器。中联重科股份有限公司在收获、烘干、秸秆综合利用等技术方向，布局了较多相关专利。

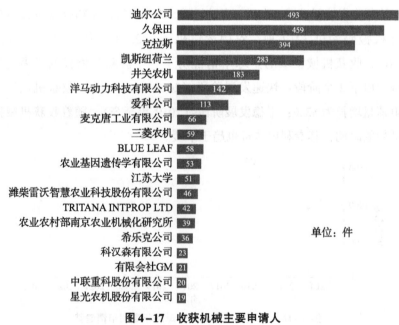

图4-17　收获机械主要申请人

表 4–9 收获机械中国、美国、日本、德国主要申请人布局专利技术关键词

国家	布局专利技术关键词
中国	脱粒、控制系统、传动轴、动力
美国	谷物、脱粒、控制系统、作物残渣、筒箕、分离系统
日本	脱粒、废气/尾气、氮氧化物、称重传感器
德国	辅助驾驶系统、数据存储、脱粒、传感器、图形用户界面、建模

（3）收获机械领域主要技术主题 收获机械领域关注较多的技术主题主要分布在 A01D41/12（联合收获机的零件）、A01D41/127（专用于联合收获机的控制和测量装置）、A01H6/46（禾本科，如黑麦草、水稻、小麦或玉米）、A01D41/14（割草台）、A01F12/44（谷物清选机）、A01D43/08（带收获作物的切碎装置）、A01D41/02（自走式联合收获机）、A23K30/18（用微生物或酶青贮）、A01D67/00（专门适用于收获机或割草机的底盘或机架）、A23K10/30（从植物来源的材料）、A01F12/60（粮箱）、A01F12/46（机械式谷物输送器）、A01D69/00（收获机或割草机的驱动机构或其部件）、A01D41/06（带收割台的联合收获机）、A01D61/00（打捆机或联合收获机的升运器或输送器）、A01F12/40（秸秆粉碎机或切割机的布置）、A23K10/12（通过自然产品的发酵）等技术领域（图 4–18）。代表性专利技术有：用于操作员和/或远程用户的联合收获机控制界面（US10437243B2），联合收获机可具有多个不同的机械、电气、液压、气动、

	联合收获机	收获机	青贮/饲料	运输	植物部分	饲料	谷物	脱粒	农作物	安装	秸秆	尾气	控制系统	液压	玉米	牧草收获机	刀片
A01D41/12	644	380		118		4	130	164	71		82	135	19	17		6	21
A01D41/127	393	250	1	90		2	114	84	78		16	1	55	19		14	9
A01H6/46			3		200	2		1	2						22		
A01D41/14	151	85		39			14	12	21		4		15	18		5	11
A01F12/44	169	102	1	28			45	53	16		30	1	13	2			3
A01D43/08	23	49	15	16		5	7	6	16		9		6	3		31	3
A01D41/02	116	66	1	9		1	11	42	10		14	10	3	3		2	6
A23K30/18			130	5		46	1		2	87	10			1			
A01D67/00	63	30	1	2		1	7	19	4		4	27	1	4		1	4
A23K10/30	2		82	15	1	101	4		2	35	6				3		
A01F12/60	80	51	1	5			34	25	4		3	31	1				
A01F12/46	93	49	1	8		1	23	33	7		7	8	7			1	3
A01D69/00	60	32		1			5	18	5		3		2	3			
A01D41/06	82	56	1	27			16	16			1		4	4			3
A01D61/00	66	33		8			5	11	10		1		4			2	1
A01F12/40	70	48	1	14		1	6	16	8		29		1			2	3
A23K10/12			61	6	1	48			3	42	3			2			
A23K10/37			50	2		58		1	3	24	7						

单位：项

图 4–18 收获机械领域主要技术主题布局情况

机电（和其他）子系统，其中一些或全部可至少在一定程度上由操作员控制。系统可能需要操作员在操作员隔间外进行手动调整或进行各种不同的设置并提供各种控制输入以控制联合收获机，不仅包括控制联合收获机的方向和速度，还包括脱粒间隙、筛子和去壳器、转子和风扇速度设置，以及各种其他设置和控制输入。针对以上问题，迪尔公司发明了一种系统，允许用户在显示设备上查看不同联合收获机的性能指标，为用户查看和分析不同联合收获机的性能提供了一种便捷的方式。

（4）收获机械领域技术 – 功效矩阵分析　在收获机械领域，研究热点集中在成本低、结构简单、操作方便、提高工作效率、提高产量等技术效果方面（图 4–19），通过对联合收获机的改进及秸秆收集处理机械的优化来实现。例如，用于联合收获机的辅助切割单元的可降低辊组（US10292333B2），凯斯纽荷兰该项专利通过将辅助机具布置在割台的后部，并在联合收获机正常操作期间平行于地面移动，辅助机具可以自动提升，而不会与主机具发生碰撞，并且导向元件确保即使在强力作用下也能到达滚轮组的所需位置。该技术解决了保护联合收获机在越过障碍物时不被损坏，保证道路上更好运输的问题。

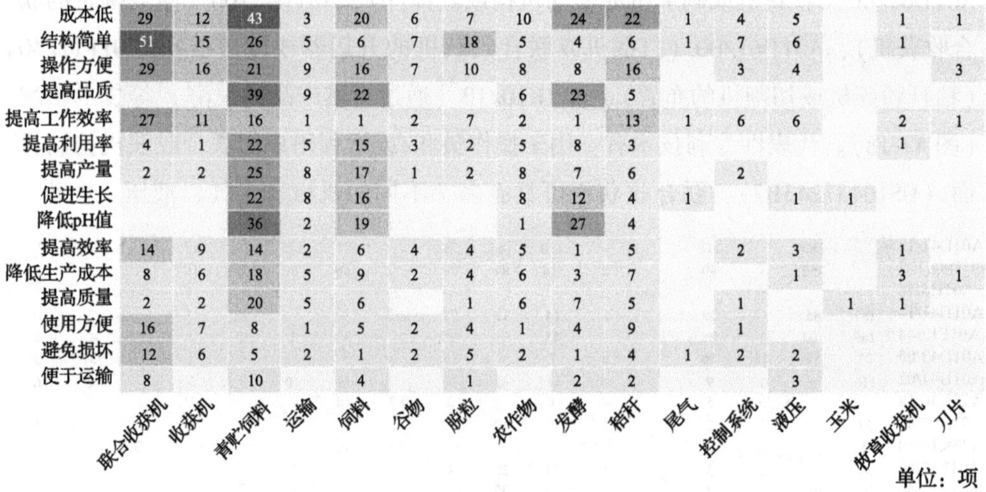

	联合收获机	收获机	青贮饲料	运输	饲料	谷物	脱粒	农作物	发酵	秸秆	尾气	控制系统	液压	玉米	牧草收获机	刀片
成本低	29	12	43	3	20	6	7	10	24	22	1	4	5		1	1
结构简单	51	15	26	5	6	7	18	5	4	6	1	7	6		1	
操作方便	29	16	21	9	16	7	10	8	8	16		3	4			3
提高品质			39	9	22			6	23	5						
提高工作效率	27	11	16	1	1	2	7	2	1	13	1	6	6		2	1
提高利用率	4	1	22	5	15	3	2	5	8	3					1	
提高产量	2	2	25	8	17	1	2	8	7	6		2				
促进生长			22	8	16				8	12	4	1	1			
降低pH值			36	2	19		1		27	4						
提高效率	14	9	14	2	6							2	3		1	
降低生产成本	8	6	18	5	9	2	4	6	3	7			1		3	1
提高质量	2	2	20	5	6		1	6	7	5			1		1	
使用方便	16	7	8	1	4		4	1	4	9		1				
避免损坏	12	6	6	2	2	1	6	1	1	4	1	2	2			
便于运输	8		10		4				2	2					3	

单位：项

图 4–19　收获机械领域技术 – 功效矩阵分析

（5）代表性专利　在收获机械领域，选取出的代表性专利如表 4–10 所示。

表 4–10　收获机械领域代表性专利

序号	公开/公告号	申请人	标题	同族数	被引频次
1	US9119342B2	迪尔公司	提高自动卸载系统稳健性的方法	4	81

（续）

序号	公开/公告号	申请人	标题	同族数	被引频次
2	US9485905B2	迪尔公司	具有预测地面速度调节功能的收获机	5	55
3	US9516812B2	克拉斯	具有驾驶员辅助系统的联合收获机	8	50
4	US9497898B2	TRIBINE IND	农业收获机卸载辅助系统和方法	1	45
5	US9699967B2	迪尔公司	残渣处理的侧风补偿	2	44
6	US9226449B2	迪尔公司	一种收获机工作参数的设定方法	5	44
7	US10310455B2	迪尔公司	联合收获机控制与通信系统	5	44
8	US10412889B2	迪尔公司	为远程用户提供收获机的控制信息和可视化信息	5	42
9	US10254147B2	BLUE LEAF	卸载农作物的自动化系统	7	39
10	US9532504B2	迪尔公司、卡内基梅隆大学	用于控制收获机的传送装置位置的控制装置和方法	11	38

5. 农用动力机械全球专利分析

（1）全球专利申请态势　近 10 年全球拖拉机领域共有 10477 项专利申请量，10 年来保持高位稳定增长态势，年申请量在 1000 项上下浮动（图 4-20）。

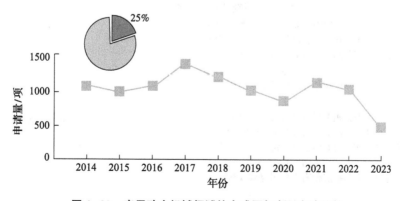

图 4-20　农用动力机械领域的全球历年专利申请趋势

（2）主要申请人排名及其技术布局　从全球申请人及其技术布局来看（图4-21和表4-11），拖拉机传统优势企业占据了前6位，美国迪尔公司、凯斯纽荷兰、日本洋马动力科技有限公司、久保田、德国克拉斯、德国阿玛松。六家企业的专利申请量占前20位申请人总和的53%。从龙头企业的专利申请和市场份额情况可以清楚地看到专利在企业创新和市场方面的显著作用。中国潍柴雷沃智慧农业科技股份有限公司依托液压电控、CVT动力总成、新能源、智能驾驶等新科技领域的优势，专利申请量跻身全球前20位。

美国主要申请人专利布局围绕控制系统、液压、变速器、控制单元（计算机）、动力输出装置、电动机等方向，包括传动系统、液压系统、底盘和悬挂系统、电子控制单元、传感器、GPS等技术。

日本主要申请人专利布局围绕拖拉机液压系统、自动驾驶技术及引擎等方向，提供更强大、高效、可靠和环保的动力输出。

德国主要申请人专利布局集中在制动控制和底盘。

中国申请人专利布局围绕液压、齿轮、动力传输、电池组，具体体现在电动拖拉机和结合了内燃机、电动驱动系统、混合动力的拖拉机布局了专利。

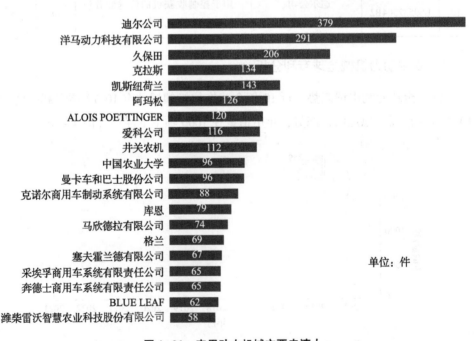

图4-21　农用动力机械主要申请人

表 4-11　农用动力机械中国、美国、日本、德国主要申请人布局专利技术关键词

国家	布局专利技术关键词
中国	液压、齿轮、动力传输、电池组
美国	控制系统、液压、变速器、控制单元（计算机）、动力输出装置、电动机
日本	动力换挡、无级变速箱、制动器、液压、尾气、离合器、液压泵、控制单元（计算机）、显示器
德国	制动控制、牵引、控制单元、底盘

（3）农用动力机械领域主要技术主题　农用动力机械领域关注较多的技术主题主要分布在 A01B69/00（农业机械或农具的转向机构）、A01B59/06（用于拖拉机悬挂机械）、A01F15/08（零件）等技术领域（图 4-22）。代表性专利技术如混合动力系统拖拉机（US9637000B2）。爱科公司该项专利被迪尔公司多项专利引用，该项专利提供一种用于拖拉机的改进的混合动力系统，描述了一种使用电动机驱动车轮或履带的拖拉机，无须传统的机械传动装置，达到动力传输中提供最佳效率。

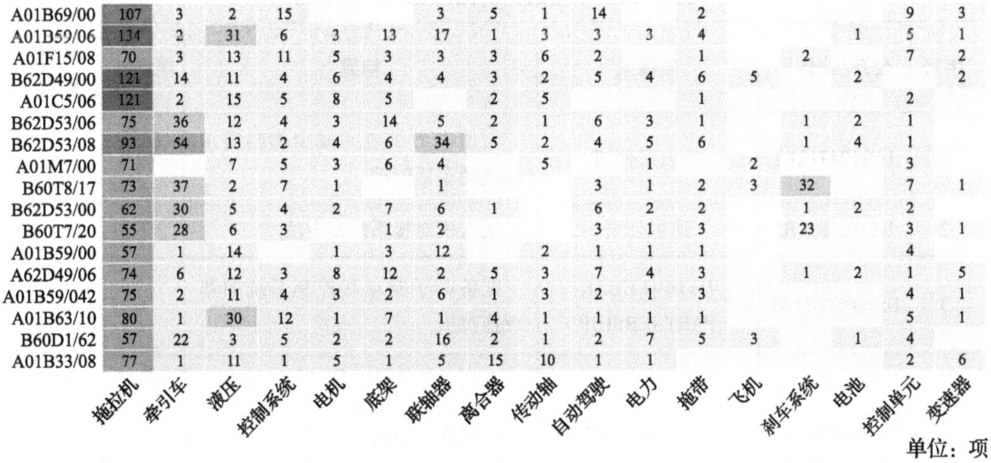

IPC	拖拉机	牵引车	液压	控制系统	电机	底架	联轴器	离合器	传动轴	自动驾驶	电力	拖带	飞机	刹车系统	电池	控制单元	变速器
A01B69/00	107	3	2	15			3		1	14		2				9	3
A01B59/06	134	2	31	6	3	13	17	1	3	3	3	4			1	5	1
A01F15/08	70	3	13	11	5	3	3		3	6	2		1		2	7	2
B62D49/00	121	14	11	4	6	4	4		2	5	4	6	5				2
A01C5/06	121	2	15	5	8	5				1						2	
B62D53/06	75	36	12	4	3	14	5	2	1	6	3			1	2	1	
B62D53/08	93	54	13	2	4	6	34	2	2	4	5	6			1	4	1
A01M7/00	71		7	5	3	4		5		1			2			3	
B60T8/17	73	37	2	7	1		3		1	2	3		32			7	1
B62D53/00	62	30	5	4	2		1		1	6	2	2		2	2	2	
B60T7/20	55	28	6	3		2			1	3			23			3	1
A01B59/00	57	1	14		1	3		12		2	1	1				4	
A62D49/06	74	6	12	3	8	12	2		5	3	7	4	3		1	1	5
A01B59/042	75	2	11	4	3		2		3	2	1	3			1	7	
A01B63/10	80	1	30	12	1		6		2		1	1			6	1	
B60D1/62	57	22	3	5	2	2		2	7	5	3		1	4			
A01B33/08	77	1	11	1	5		5	15	1	1						2	6

单位：项

图 4-22　农用动力机械领域主要技术主题布局情况

（4）农用动力机械领域技术-功效矩阵分析　在农用动力机械领域，研究热点集中在结构简单、成本低、操作方便、提高工作效率、提高产量、提高安全性等技术效果方面（图 4-23），通过对拖拉机的改进、优化来实现。例如，用于车辆控制系统（US9883622B2）所提出的解决方案包括根据连杆位置和车辆速度检测并停用拖曳模式，以防止机具在拖曳模式下意外自动移动，提高安全性。

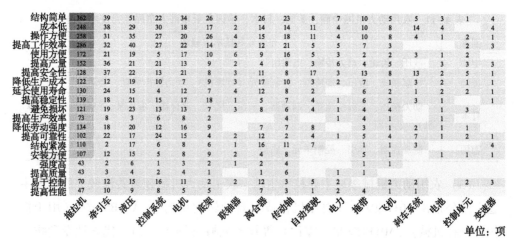

单位：项

图4-23　农用动力机械领域技术－功效矩阵分析

（5）代表性专利　在农用动力机械领域，选取出的代表性专利如表4－12所示。

表4-12　农用动力机械领域代表性专利

序号	公开/公告号	申请人	标题	同族数	被引频次
1	US9694712B2	海力昂公司	增加电力供应并减少燃料需求的机动车辆配件	42	71
2	US9561871B2	迪尔公司	无人机对接系统及方法	2	53
3	US10058031B1	HYDRO GEAR PARTNERSHIP	配备电子驱动和控制系统的草坪拖拉机	7	47
4	US10500975B1	海力昂公司	车辆重量估计系统及相关方法	42	47
5	US10240847B1	THOMASJR ROBERT	高效的电动拖车制冷系统	3	45
6	US9315210B2	奥什科什公司	牵引车轴转向控制系统	2	44
7	US9948136B2	ENOW SYSTEMS LLC	为多个电池组提供太阳能充电	5	40
8	US9937819B2	海力昂公司	增加电力供应和减少燃料需求的机动车配件	42	39
9	US9586458B2	ENOW SYSTEMS LLC	拖拉机拖车制冷机组	5	29
10	US10245972B2	海力昂公司	基于拖车的能源采集和管理	42	22

4.2.3 主要申请人专利分析

1. 主要申请人排名

大田农业装备领域全球专利的主要申请人如图 4-24 所示，美国企业迪尔公司、凯斯纽荷兰、BLUE LEAF、爱科、精密种植公司排名前列。日本久保田、井关农机、洋马动力科技有限公司分别排名第 2、第 4、第 7，占据了主导地位。欧洲申请人中德国阿玛松、克拉斯和豪狮，法国库恩进入全球前 20 名。在中国的专利申请人中，久保田、凯斯纽荷兰、迪尔公司、井关农机、洋马动力科技有限公司均排名靠前，说明全球龙头企业非常重视中国市场，特别是久保田在中国的专利布局已超越中国申请人，排在首位。中国专利申请人中，形成了科研院所、高校为主要力量，企业为后备力量的格局。中国申请人排名靠前的是农业农村部南京农业机械化研究所、中国农业大学、江苏大学、华南农业大学、山东农业大学、安徽农业大学、山东省农业机械科学研究院、南京农业大学、扬州大学、中国农业机械化科学研究院集团有限公司和西北农林科技大学。中国企业申请量排

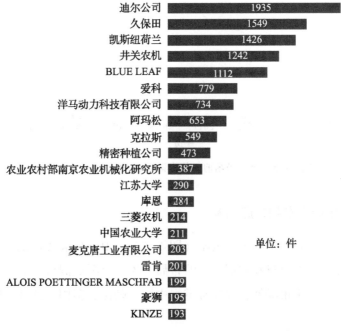

图 4-24 大田农业装备领域全球专利的主要申请人

名居前的有潍柴雷沃智慧农业科技股份有限公司、第一拖拉机股份有限公司和中联农业机械股份有限公司等。

2. 主要申请人近 10 年专利申请趋势

依据申请量的排名，选取了全球排名前 3 位的迪尔公司、久保田、凯斯纽荷兰进行重点分析（图 4-25）。

近 10 年，3 家企业申请趋势整体均在 2018 年到达顶峰后，略有回落。迪尔公司共计申请专利 1935 件，2014—2015 年快速上升后略有回落，而后平稳上升，在 2018 年达到顶峰后，每年的专利申请量开始下降。久保田共计申请专利 1549 件，2014—2017 年平稳上升，2018 年快速达到顶峰后，申请量快速下滑。凯斯纽荷兰共计申请专利 1426 件，2015—2018 年的专利申请量快速上升并达到顶峰，之后开始下降。

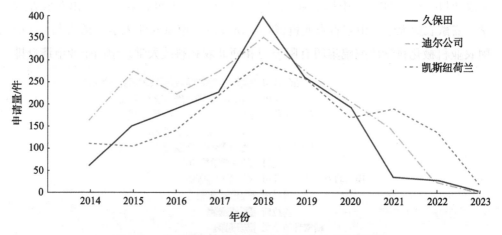

图 4-25　全球排名前 3 位申请人近 10 年专利申请趋势

3. 主要申请人专利布局国家

三家公司专利布局呈现不同策略（图 4-26），其中同属美国的迪尔公司与凯斯纽荷兰更注重美国市场和欧洲市场的布局。久保田则更侧重于亚洲市场的专利布局。久保田除本土市场外，也非常重视中国、韩国、美国、欧洲、印度及东南亚市场。

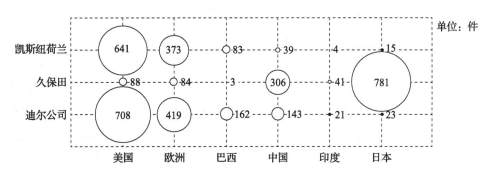

图 4-26　全球排名前 3 位申请人专利布局国家

4．主要申请人大田农业装备五大技术分支布局

全球前 3 位申请人五大技术分支专利申请情况如图 4-27 所示，迪尔公司近
10 年的发明专利申请在种植机械、田间管理、收获机械和农用动力机械，四大分
支领域布局较为均衡。凯斯纽荷兰在田间管理领域表现极为突出。该公司通过收
购美国 AgDNA、法国 Augmenta 等拥有农业大数据、精准施肥和农作物传感技术
的公司，在利用物联网、云计算及预测分析、人工智能精确计算作物需求等方向
进行了大量专利布局。久保田在收获机械、田间管理和种植机械 3 个领域布局
均衡。

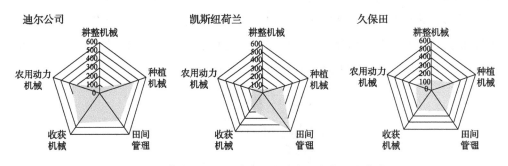

图 4-27　全球前 3 位申请人五大技术分支专利申请情况

5．核心技术及主要产品

（1）迪尔公司 R2 300 联合收获机　核心技术：R2 300 联合收获机，整车为
收获玉米做了优化设计，效率高、破碎少、损失小；更换相应部件还可轻柔收获

大豆，一机多用。迪尔公司申请了驾驶辅助系统专利（US9403536B2），该专利技术允许操作员以电子方式选择和改进与所收获的作物相关的各种项目。该系统使用算术逻辑单元，根据操作员选择的项目计算控制动作并将其显示在屏幕上。控制操作可以包括调整联合收获机的设置，如谷物质量、谷物损失和秸秆状况。系统还可以根据各个控制操作对所选项目的影响确定其优先级。使用预测速度图进行机器控制（US11474523B2），该专利解决的技术问题是农业机械需要能够根据收获操作期间的田地条件修改控制。该专利描述了一种系统，该系统使用信息地图来预测田地的农业特征，并根据这些预测自动控制机器。使用机器上的传感器来检测田地的特征，并使用预测模型生成器来生成预测田地不同位置的特征的地图。然后机器可以使用该地图来实时控制其操作。系统中使用各种组件和方法，如获取信息地图、传感器和控制区域，从而提高收获作业的效率和准确性。

（2）久保田 EX108Q – S 系列收获机　核心技术：久保田全新 EX108Q – S 履带收获机（图4–28），6千克/秒喂入量，带来更快的收获速度、更高效的收获效果，减少粮食收获环节的损失（CN107613754A、CN205232806U）。该产品采用109马力高压共轨发动机，动力强劲（CN111343858A）。双模式散热器自动清洁系统（CN107613752A），割刀、拨禾轮、喂入绞龙、输送链条的转速提高18%，喂入顺畅，割茬齐整，青秆、高产作物均能顺畅喂入（CN107529722B、CN111480458B）；高效脱粒清选机构，匹配大直径高位卸粮筒，卸粮速度快，并可适应多种运粮车。左右双向旋转卸粮筒，卸粮筒高度可达5米，最低仅0.9米。收获机集成了电控与液压技术，让机器操作更舒适便捷。一根手柄即可控制机器转向、割台升降、拨禾轮升降，轻松应对复杂作业环境。

图4–28　久保田 EX108Q – S 系列收获机

（3）凯斯纽荷兰 T6.180 甲烷动力拖拉机　核心技术：凯斯纽荷兰创制了适用于压缩天然气（CNG）牵引车技术，采用了新型双壁技术，使得真空绝热储罐可适应拖拉机的典型工况，其储罐容量可达 200 千克。同时采用了低温冷却器，有效杜绝气体蒸发现象，可将甲烷维持在小于 −162℃ 的液态。

凯斯纽荷兰 T6.180 甲烷动力拖拉机是世界上第一款商业化的甲烷动力拖拉机。凯斯纽荷兰申请了气体分配系统专利（CN112888892B），该专利涉及一种气体分配系统，用于将包含在不同气罐中的气体送到替代气体燃料驱动的车辆的发动机。该系统通过选择具有最高气压的气罐，并利用阀装置来控制气体的流动，从而实现了高效的气体分配。该系统具有简单且可靠的构造，能够提高车辆的能源利用效率，降低能源消耗，同时保证发动机的稳定运行。替代气体燃料的一个示例是压缩天然气（以高压存储的甲烷），其是可以代替汽油、柴油燃料和丙烷/液化石油气使用的燃料。该拖拉机的燃料选择具有灵活性，压缩生物甲烷或压缩天然气均可驱动，能够在最大程度减少排放的同时将生产力与盈利最大化。该拖拉机可达到与柴油拖拉机相同的性能，并将运营成本降低 30%。

4.2.4　专利技术的权利转移、许可与质押情况

在大田农业装备领域中，研究分析专利申请的权利转移、许可和质押等转化情况具有极其重要的必要性。通过对这些转化情况进行深入探究，能够确切知晓专利在该领域的实际价值和市场潜力，从而对相关技术成果的商业意义进行精准评估。

2014—2023 年期间，全球大田农业装备领域的有效发明专利中发生权利转移（即转让）的专利数量为 5932 件，发生许可的专利有 362 件，发生质押的专利有 755 件（图 4−29）。

转让以公司转让为主，其次是个人权利人的转让，再次是高校和科研院所；许可以高校和科研院所为主，其次是公司，个人和其他类型的权利人较少涉及授权许可；质押以公司为主。

公司作为活跃的经济主体，有较强的资源整合和运营能力，在转让和质押中占主导地位。公司出于战略调整、业务拓展等原因，会频繁进行专利的转让与质押。个人权利人在转让和质押活动中也相对较为活跃。高校和科研院所拥有大量科技成果，在许可方面较为突出，通过许可能更好地实现技术转化和价值变现。

公司的许可行为，通常与产业发展紧密相关，旨在提升自身竞争力或开展合作。高校和科研院所的许可，有助于推动学术成果向实际应用转化，促进产学研结合。而质押方面，公司凭借其资产和信用，能更顺利地进行专利质押融资，获取技术创新发展资金。

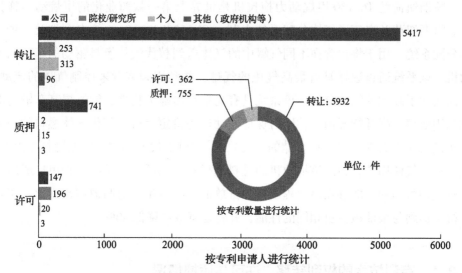

图4-29　全球专利转让、质押、许可类型统计

从全球专利转让、许可与质押的热门应用领域来看（图4-30），专利转让热点方向集中在切割器、车辆控制（位置/路线/高度等）、采摘机、农业气体减排等领域。其中切获器是收获机上重要的通用部件之一，分为往复式切割器（在谷物收获机、牧草收获机、谷物联合收获机和玉米收获机上采用较多）、圆盘回转式切割器、甩刀回转式切割器（多用于牧草收获机和高秆作物茎秆切碎机）。采摘机是一种农业机械设备，工作效率是人工的5~6倍。农业气体减排指农业生产制造、生产加工等阶段的节能减排。

专利许可热点方向集中在切割器、采摘机、农业气体减排、收获机/收获台、园艺方法等。

随着无形资产的价值被资本认同，专利质押融资已成为美国、中国科技型企业解决融资问题的重要途径，近10年来，质押专利的热点应用领域集中在切割器、车辆控制（位置/路线/高度等）、采摘机、农业气体减排、数据处理应用、电动力装置等方向。

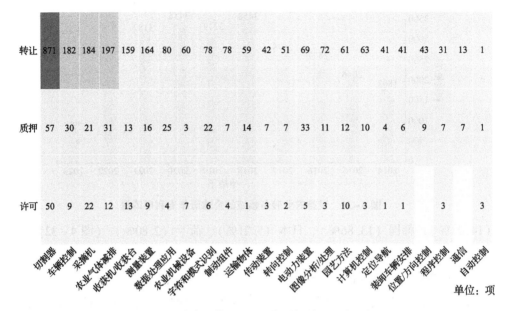

	切割器	车辆控制	采摘机	农业气体减排	收获机收获台	测量装置	数据处理应用	农业机械设备	字符和模式识别	制动组件	运输物体	传动装置	转向控制	电动力装置	图像分析/处理	园艺方法	计算机控制	定位导航	装卸车辆安排	位置/方向控制	秸秆控制	通信	自动控制
转让	871	182	184	197	159	164	80	60	78	78	59	42	51	69	72	61	63	41	41	43	31	13	1
质押	57	30	21	31	13	16	25	3	22	7	14	7	7	33	11	12	10	4	6	9	7	7	1
许可	50	9	22	12	13	9	4	5	7	6	4	1	3	2	5	3	10	3	1	1		3	3

单位：项

图 4-30　全球专利转让、许可与质押的热门应用领域

4.3　设施农业装备领域专利分析

4.3.1　设施农业装备领域专利态势分析

1. 全球专利申请态势

2014—2023 年全球设施农业装备领域有效发明专利 25482 项，数量呈现逐年增长态势（图 4-31）。具体来看，2014 年 1808 项，之后呈现出逐年增加趋势，2018 年大幅增长至 3458 项，2018—2021 年每年都维持在 3000 项以上的申请数量。2022—2023 年的数据因专利文献公开时间的滞后问题，未能显示出真实的申请量情况。这表明了设施农业装备技术在全球范围内的快速发展和广泛应用。近 10 年来设施农业装备领域的专利技术布局规模在不断扩大，这种增长不仅体现在数量上，也反映在技术的多样性和创新性上。

2. 申请人地区分布分析

专利申请原创技术排名前 5 位的国家或地区依次是中国（46.75%）、美国

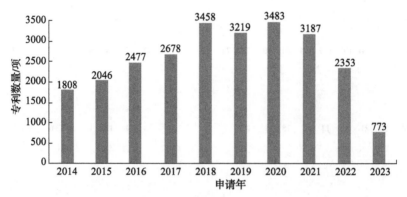

图4-31 设施农业装备领域的全球历年专利申请量

（14.21%）、韩国（13.86%）、日本（5.21%）、荷兰（2.80%）（图4-32）。这一数据反映了各国和地区在原创技术专利申请方面的实力和贡献。中国以46.80%的比例遥遥领先，显示了我国在全球创新和技术发展中的领先地位。美国、韩国、日本和荷兰分别位列其后，这些国家在各自的技术领域内也展现出了强大的创新能力。

专利申请布局国家或地区排名前五位的依次是中国（47.37%）、韩国（13.75%）、美国（11.61%）、日本（4.48%）、欧洲专利局（3.44%）。这一数据反映了不同国家或地区在国际专利申请中的地位和影响力。中国以47.37%的比例位居第一，成为设施农业装备领域全球第一大专利布局目标市场，韩国、美国、日本分别位列第2~4位，这些国家也是全球科技创新的重要力量，它们在各自的领域内拥有显著的技术优势和创新成果。

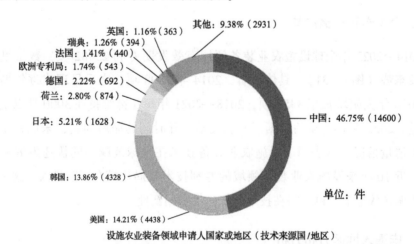

设施农业装备领域申请人国家或地区（技术来源国/地区）

图4-32 设施农业装备领域专利申请情况

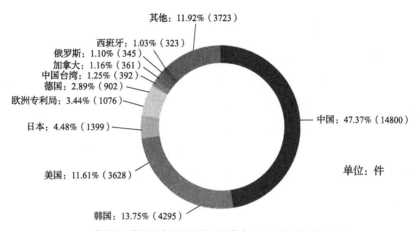

设施农业装备领域专利申请布局国家或地区（目标市场国/地区）

图 4-32 设施农业装备领域专利申请情况（续）

3. 五局专利申请流向分析

从设施农业装备领域五局专利申请流向可以看出中国在海外专利布局中首选的市场是美国，其次日本和欧洲（图 4-33）。美国和日本也高度关注中国市场，美国在中国授权发明专利份额仅次于其在本国和欧洲地区的专利布局数量，日本在中国授权发明专利份额仅次于其在本国和美国的专利布局数量。这表明美国和日本不仅是中国技术布局流入的热门目标市场国家，同时也是中国企业在海外布局时优先考虑的市场。

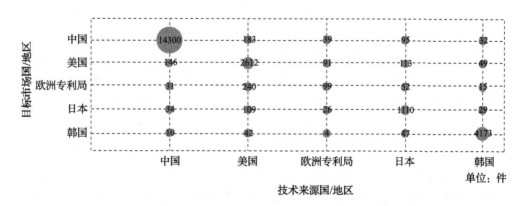

图 4-33 设施农业装备领域五局专利申请流向

4. 中国专利申请态势

2014—2023 年中国设施农业装备领域的有效发明专利 14806 项，数量呈现逐年增长态势（图 4-34）。具体来看，2014 年 1068 项，之后呈现出逐年增长趋势，2018 年大幅增长至 2010 项，2019 年出现小幅下降后，2020—2021 年均维持在 1900 余项。2022—2023 年的数据因专利文献公开时间的滞后问题，未能显示出真实的申请量情况。这表明了设施农业装备技术在中国的快速发展和广泛应用，同时设施农业装备在农业上的广泛应用和市场需求的不断扩大也促进了专利申请量的增长。

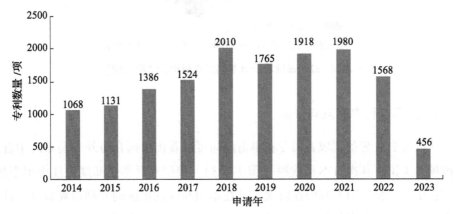

图 4-34　设施农业装备领域的中国历年专利申请量

5. 各省区市专利申请量情况

根据设施农业装备领域的各省区市专利申请量（图 4-35），浙江、江苏、山东和广东的专利申请量位居前列，浙江以 1629 项专利排名第一，江苏以 1597 项专利排名第二，山东以 1590 项专利排名第三，广东以 1583 项专利排名第四。可以看出，这 4 个省的数据较为接近，处于相近水平。安徽以 905 项专利排名第五，与前 4 位差距较大，这反映了浙江、江苏、山东和广东 4 个省在设施农业装备领域的技术创新方面发展水平较为均衡，没有明显的差距，且都处于国内相对领先地位。

其中，浙江的专利申请主要来自高校、科研院所和企业的申请人，其中高校和科研院所的申请数量为 831 项，企业申请数量为 706 项。这表明浙江在设施农业装备领域的技术创新不仅依赖于高校和科研院所的基础研究，还依赖于企业的应用研究和产业化能力。主要申请人包括浙江海洋大学、浙江省海洋水产研究所和浙江大学等。

江苏的专利申请情况显示，企业申请数量 896 项，高校和科研院所申请数量 696 项。江苏在设施农业装备领域的技术创新依赖于高校、科研院所和企业的紧密合作。主要申请人包括江苏省农业科学院、江苏大学等。

山东的专利申请情况显示，企业申请数量 895 项，高校和科研院所申请数量 639 项，这表明山东在设施农业装备领域的技术创新同样依赖于高校、科研院所和企业的紧密合作。中国水产科学研究院黄海水产研究所、青岛农业大学、山东新希望六和集团有限公司等单位在推动该省设施农业装备技术创新方面发挥了关键作用。

通过分析这些省区市的专利申请情况，可以看出它们在推动农业科技发展、提升农业科技创新能力方面的共同特点：依赖于高校、科研院所和企业的紧密合作，注重技术创新的实际应用价值。这些经验对于其他省区市在推进设施农业装备领域的技术创新方面具有重要的借鉴意义。

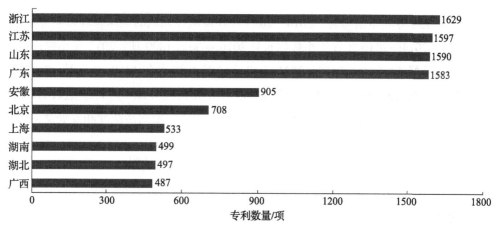

图 4-35　设施农业装备领域的各省区市专利申请量

4.3.2　设施农业装备领域技术构成及各分支技术分析

2014—2023 年设施农业装备领域全球有效专利技术构成如图 4-36 所示。设施农业装备包括园艺、畜牧业和水产养殖等多个领域，每个领域都有其特定的技术主题和发展趋势。

1. 环境测控全球专利分析

设施农业中的环境控制至关重要，主要包括水质检测与控制（占比 14%）、气体检测与控制（占比14%）和温度检测与控制（占比6%）（图4-36）。

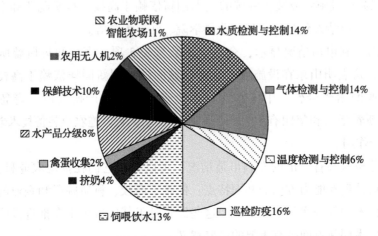

图4-36 2014—2023年设施农业装备领域全球有效专利技术构成

（1）全球专利申请态势 2014—2023年环境测控领域的全球有效发明专利共10607项，2014—2016年逐年小幅增长且2016年突破1000项，2017年小幅回落，2018年达顶峰1475项，2018—2021年申请量基本维持在1400项上下，2022—2023年因专利文献公开时间滞后未显示真实申请量情况（图4-37）。这表明环境测控技术在设施农业装备领域受到持续关注，显示出一定的活跃度和发展潜力。

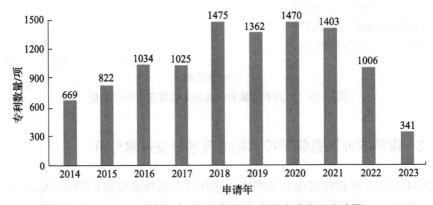

图4-37 2014—2023年环境测控领域的全球专利申请量

（2）主要申请人排名 环境测控领域主要申请人排名如表4-13所示，就该领域的竞争格局及技术发展的主导力量而言，中国申请人的表现极为显著，在前10位申请人里有6位，并且皆来自高校与科研院所。亚洲其他国家的申请人也占有一定的分量，其中韩国有 3 位，日本有 1 位。总体来看，中国在该领域具备较强的实力，同时与亚洲其他国家共同组成了该领域竞争与发展的关键力量。

表 4-13　环境测控领域主要申请人排名

序号	申请人名称	国别	有效专利/件
1	浙江海洋大学	中国	77
2	株式会社格林普乐斯	韩国	75
3	中国水产科学研究院渔业机械仪器研究所	中国	62
4	浙江大学	中国	57
5	浙江省海洋水产研究所	中国	57
6	乐金电子公司	韩国	43
7	松下知识产权经营株式会社	日本	42
8	中国水产科学研究院南海水产研究所	中国	32
9	韩国农村振兴厅	韩国	31
10	中国水产科学研究院黄海水产研究所	中国	30

（3）环境测控领域主要技术主题　环境测控领域包括水质检测与控制、气体检测与控制、温度检测与控制等多个领域，每个领域均具有其独有的特点与关键技术要点（图 4-38）。

	水产养殖	温室	空气调节	控捕系统	水流/供水调控	植物栽培/生长	肥料/营养素	水质/水体监测	水污/水处理	温度监测及处理	太阳能	灌溉	过滤	通风装置
A01G9	292	1583	538	576	353	766	419	32	57	212	274	320	29	142
A01K63/00	1411	65	316	321	538	63	203	627	583	62	85	11	247	53
A01K61/00	626	47	93	100	201	26	152	321	160	32	31	4	55	21
A01G7	73	208	143	127	74	293	143	10	8	51	32	47	4	21
A01G31	169	103	83	85	104	248	228	58	48	30	22	35	15	5
C02F1	252	23	55	45	113	23	68	96	83	6	18	22	80	7
A01K1/00	46	34	264	114	36	9	27	3	30	81	11	4	8	60
C02F3	216	15	24	23	73	39	101	146	96		9	9	62	9
C02F103	189	5	26	28	57	8	51	89	80	2	10	5	46	3
A01G27	85	33	116	55	126	132	71	4	3	21	16	68	7	9
G06Q50	44	117	44	112	30	104	59	19	2	15	14	23	4	9
A01G22	44	64	24	14	29	36	102	25	11	16	8	35	3	1
A01G13	20	97	51	28	31	57	42	1	3	16	10	23		21
C02F9	125	8	10	15	43	3	42	79	71		2	10	36	1
A01C23	35	91	15	41	33	45	141	1	5	7	8	49	2	1
A01K67/00	35	24	24	18	6	6	25	15	12	23	8	3	2	3
A01G18	13	44	27	24	11	20	23		1	11	5	3		6
A01G25/00	14	51	16	31	37	37	26	3	6	8	7	70	2	1
A01K31/00	16	11	60	27	5	21	11	22	13	32	4	3	1	19
A23K50	56	6			6	1	41	22	8	6			1	

单位：项

图 4-38　环境测控领域主要技术主题布局情况

在园艺领域，温室、空气调节、控制系统、植物栽培/生长及灌溉等技术主题的布局颇为突出，在A01G9（在容器、促成温床或温室中栽培）、A01G7（一般植物学）、A01G31（无土栽培）、A01G27（自动浇水装置，如用于花盆的）等分类号下的专利呈现出较为集中的态势。这些专利技术不但涵盖了传统的温室结构布局，更包含了智能化管理系统的布局，如集成了光照监测、温度监测、湿度监测等众多模块的自动化培植系统的专利技术，有力地实现了对作物生长环境的高效控制。再者，通过实时远程获取温室大棚内部的空气温湿度、土壤水分和温度、二氧化碳浓度、光照强度及视频图像等数据，依据既定的规则和模型进行分析，进而对温室湿帘、风机、灌溉等设备进行自动控制，以创造出最佳作物生长环境的相关专利技术也有着较多布局。与此同时，有关水质/水体监测、灌溉、过滤等技术主题的专利技术布局数量也相当可观。例如，用于实时监测灌溉水质量参数（如pH、溶解氧、电导率等）以实现对水质的精确测量和深入分析，从而为园艺作物提供适宜灌溉水质的专利技术；以及智能灌溉系统通过滴灌系统实现均匀、定时、定量的精准水肥供给，同时对环境温度、湿度、光照强度等参数进行实时监控，达成智能化、精准化和可持续化的农田灌溉和养分供应，实现作物生育期的精准灌溉，提高水资源利用效率，节约水资源，并且与精准水肥一体化技术紧密结合的专利技术都有较多的专利申请。

在畜牧业领域中，空气调节、控制系统、通风装置、水/污水处理、过滤等技术主题的布局颇为突出，在A01K1/00（动物的房舍）、C02F3（水、废水或污水的生物处理）和C02F103（待处理水、废水、污水或污泥的性质）等分类号下的专利呈现出较为集中的态势。空气调节方面的专利主要涉及智能环境控制系统，可依据畜舍内的温度、湿度、空气质量等参数，自动调控通风、加热或制冷设备，如温度过高时启动通风或制冷，为牲畜营造舒适环境。控制系统方面，全自动化的畜牧业养殖控制系统通过集成多种传感器和执行机构，实时监测牲畜健康和饮食状况，智能化管理，如遇异常及时警报处理。通风装置如负压通风系统，利用风机产生负压引入新鲜空气并排出污浊空气，改善空气循环。水/污水处理技术包括运用生物膜反应器技术，高效去除水中污染物，使处理后的水达标或可回用。在畜牧业的养殖环境里，过滤技术主要用于去除空气中的颗粒物及有害气体，以此来改善养殖环境的空气质量。同时，过滤技术也能够应用于饮用水和废水处理，以提高水质。

在水产养殖领域，水质/水体监测、水/污水处理、水流/供水调控等技术主题的布局颇为突出，在 A01K63/00（装活鱼的容器）、A01K61/00（水生动物的养殖）和 C02F1（水、废水或污水的处理）等分类号下的专利呈现出较为集中的态势。其中，水质/水体监测技术尤为重要，因为它能够实时监测养殖水体中的温度、溶解氧、pH、氨氮等关键参数，从而及时发现并解决水质问题。较多专利技术涉及智慧水产养殖解决方案，通过集成智能水质传感器、无线传感器网络、远程数据通信、智能管理系统和视频监控系统等技术，全面监测养殖水体的各项参数。例如，基于物联网的水质实时监测系统利用 ZigBee（蜂舞协议）、GPRS（通用分组无线业务）、智能水质监测传感器等核心技术，可实现实时采集和生成水质分析数据。此外，光照等污水处理技术也在水产养殖中得到了广泛应用。紫外线（UV）消毒技术通过破坏细菌、病毒、原生动物等微生物，显著提高了废水的处理效果。水流/供水调控技术在水产养殖方面的专利技术应用主要包括基于水位调控的溢水管、水质调控设备及其使用方法、循环流水数字化高效生态养殖模式等。

（4）环境测控领域技术－功效矩阵分析　在分析专利技术时，应用技术领域分类及技术功效短语构成的矩阵图可以帮助我们更系统、全面地理解专利的技术特性和市场价值。它是一种常用的专利分析手段，不仅能帮助我们识别出专利的技术创新点，还能直观地展示不同技术类型与功效之间的关系。环境测控领域水质检测与控制、气体检测与控制和温度检测与控制 3 个方向的技术－功效矩阵如图 4-39～图 4-41 所示。

在水质检测与控制领域，研究的热点主要聚焦于怎样实现降低成本、促进作物生长及提升水质等技术效果方面，其主要是通过对畜牧业废水处理、可持续生物处理、农业气体减排及过滤处理等技术加以改进来达成的。水质检测与处理是确保设施农业用水安全的关键环节。专利主要集中在通过实时监测水质参数，如pH、溶解氧、电导率等，及时发现水质问题，并采取相应的处理措施，如过滤、消毒、软化等，以保证用水质量符合农业生产的要求。还有通过光照处理技术，如利用紫外线或可见光的照射，杀灭水中的细菌和病毒，提高养殖水及废水的处理效果。在畜牧业领域更多的专利是对废水进行处理的技术保护，如采用生物处理技术（沼气池、生物膜反应器等）有效地降解废水中的有机物和氮、磷等污染物，减少对环境的污染。还有采用水/污水生物处理技术用于畜牧业的饮用水处理。通过利用微生物的代谢作用，去除水中的有害物质，提高饮用水的质量；以及在畜牧业养殖环境中，过滤技术应用于饮用水和废水处理，以提高水质。

	畜牧业废水处理	可持续生物治排	农业气体减排	过滤处理	蘑菇栽培	氧化水/污水处理	光照水/污水处理	杀菌或微动力学水/污水处理	农业捕鱼	好氧工艺处理	吸附水/污水处理	园艺方法	分析材料	水/污水处理设备	海藻栽培	藻类或沉淀水/污水处理	生物污泥处理	被污染池塘/河流处理	中和水/污水处理
成本低	44	26	27	19	12	8	8	11	6	3	2	8	7	4	14	3	8	13	8	6
操作方便	29	16	16	16	11	6	7	8	5	2	5	3	1	3	8	3	3	4	4	
结构简单	13	18	13	12	4	6	6	6	8	4	1	6	5	4	2	3	2	6	5	
促进生长	32	10	26	23	19	4	6	8	10	6	1	7	6		11	5	7	4	6	11
使用方便	22	11	11	8	4	2	4	9	2		1	9	1	4	1	2	5	4	1	2
提高成活率	21	13	10	15	4	4	6	4	6		2	4	1	1	8		2	1	4	2
提高水质	31	14	11	19		6	7	7	9	3	6	1	2	2	3	6			10	2
增加含氧量	18	15	6	17	1	6	7		2	1	3	2	4	4	1					1
提高产量	16	6	10	9	16	3	1	4	7	2	1	3		6	1	3	3			
提高存活率	16	4	7	9	4		2	5	3	1	2	4		4		1			1	3
提高利用率	17	4	5	9	8	3	3	1		2	1	5	4		5	2			3	
提高稳定性	20	13	6	7	8	4	4			3		2	2	1	2	2			1	
提高效率	13	9	4	11	3	6	7		4	3	1	1	3		3	5			3	2
减少污染	16	3	10	13	4	7	6	8	4	1		5	3	4	5	2			3	
避免堵塞	16	9	5	19	1	2	3	7	3		3	4	1	1	7	3	4	1		
提高质量	11	3	5	9	5	2	6	1		4		3	1		1	1			3	
活性高	12	3	2	5	2		3	1				2		1	4				1	
提高品质	15	1	5	4	1		3	4				6	2	2		1	1		1	
降低养殖成本	9	4	1	1	1								6			1			1	1
降低能耗	11	11	8	7	4							4	3			4	4		3	1

单位：项

图4-39　环境测控领域水质检测与控制技术–功效矩阵

	园艺方法	农业机械设备	空间供热和通风	农业气体减排	光伏发电	分析材料	分散颗粒过滤	发光元件的半导体器件	植物保护罩	同时控制多个变量	太阳能热能	空气质量改善	屋顶覆盖层	太阳能热发电	窗/门	制冷组件	程序控制	温度控制
成本低	41	31	9	21	2		3	2		2	2	2		1	5	5		1	1
促进生长	47	27	4	10	1		1	1	7	5	5	2	3	4		2	2	1
操作方便	16	11	6	7	3	2	5	1	2	2		1			2		1	1
使用方便	18	14	8	5		2	7	2	4	1	3	1	1	3	1	2	1	1
结构简单	27	25	4	6	3		2	1	2	1		2		2		3	1	
提高产量	32	17	1	11	2			2	2	3	2		1		1	2	1	
提高利用率	14	19	5	6	2		1	3	1	6			5			3		
提高质量	19	7		2			3		1	1	1	2						
提高效率	16	15	5	4	2		1	2	1			4		1		3	1	
提高保温效果	5	12						1		1								
提高品质	14	10			2	1			3								1	1
延长使用寿命	7	10	5		1		1		2		1		2	1				
提高温度	7	16	3								3							
节省体力	9	25	3	5			2		3	4	1	2						
避免损坏	9	11	3	1	2				1	1	1					1	1	
提高稳定性	7	5	1	2			2											
安装方便	7	13	6	1			2		1								1	
降低生产成本	8	6		2					3								1	1
易于控制	20	7	3	1	1		2		6			1					1	
降低能耗	10	7	7	1			1			2			3		1	1	1	1

单位：项

图4-40　环境测控领域气体检测与控制技术–功效矩阵

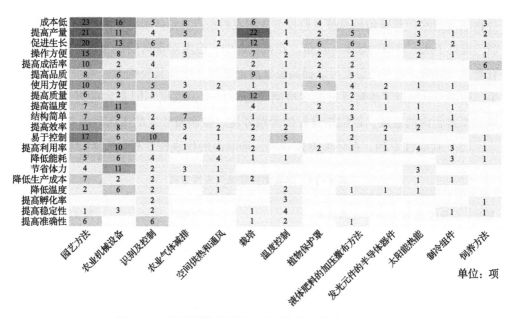

单位：项

图 4-41　环境测控领域温度检测与控制技术 – 功效矩阵

在气体检测与控制方面，技术需求关注较高的包括成本低、促进生长、操作方便、提高产量及结构简单等方面，这些方面主要是通过在园艺方法、农业机械设备、空间供热和通风等领域进行技术改进来实现的。典型应用如二氧化碳是植物光合作用的重要原料，通过监测和控制设施内的二氧化碳浓度，可以提高作物的光合作用效率，促进作物生长。同时，氨气、硫化氢等有害气体的监测与处理也可以减少对作物和环境的危害。在水产养殖领域，较多专利保护了对水中的溶解氧含量检测的技术，通过监测和控制水中的溶解氧浓度，确保水产动物的正常呼吸和生长。在畜牧业中，更多的气体检测专利集中在通过监测和控制畜禽舍内的有害气体浓度，改善畜禽的生活环境，提高畜禽的健康水平和生产性能。

在温度检测与控制领域，受关注程度较高的技术效果包括成本低、提高产量、促进生长及易于控制等，而这些更多的专利布局是通过对园艺方法、农业机械设备及栽培等技术的改进而实现的。典型应用包括对植物工厂的环境控制，不同作物在不同生长阶段对温度有特定要求，通过实时监测和精确控制设施内的温度，可以为作物创造适宜的生长环境，从而显著提高作物的产量和品质。在水产养殖中，温度同样是一个关键因素。较多专利探讨了不同的水产动物对水温有不同的适应范围，水温的变化如何影响它们的生长、繁殖和健康状况，同时利用结合物联网的水产养殖监控系统及监控方法实现对水产养殖环境的实时监测和远程控制，提高了水产养殖的效率和质量。在畜牧业中，温度对畜禽的健康和生产性能也有着重要影响。适宜的温度可以提高畜禽的舒适度，增强其免疫力，减少疾病的发生。较多专利探讨了如何通过温度检测与处理技术，根据不同畜禽的需求，合理调节畜禽舍内的温度，以创造良好的养殖环境，提高畜牧业的生产效益。

（5）代表性专利　在环境测控领域，选取出的代表性专利如表4-14所示。

表 4-14　环境测控领域代表性专利

序号	公开/公告号	申请人	标题	同族数	被引频次
1	US11426350B1	卡本科技控股有限责任公司	使用生物炭减少农业对环境的影响	158	720
2	US10667469B2	植物实验室集团公司	用于在至少部分调节的环境中生长植物的系统和方法	46	116
3	KR101507057B1	韩国国立水产科学院	使用 BioFloc 技术和 Aquaculture 技术的水产养殖系统	7	113
4	US10624275B1	LEWIS MYLES D	半自动作物生产系统	8	111
5	KR101813598B1	KOREA TECH FINANCE CORP KOTEC	与鱼类养殖相结合的蔬菜栽培系统及其操作方法	1	46
6	US10694722B1	ATLANTIC SAPPHIRE IP LLC	集约化循环水产养殖的系统和方法	11	41
7	US11483988B2	OnePointOne, Inc.	垂直农业系统和方法	5	37
8	US9775330B1	CHEN CHUN KU	水生耕作系统	5	33
9	KR102053997B1	KOREA WHEEL CORP	使用台车输送机的植物栽培系统	11	30
10	US11191223B2	乐金电子公司	植物栽培装置	9	11

2. 巡检防疫全球专利分析

巡检防疫领域的专利占比为 16%（图 4-36），其主要涵盖了对虫害、疾病及动植物行为的检测、诊断与防治方面的专利技术，同时也包括了防疫用装置，如隔离装置、消毒装置、净化装置等用于农业生物安全保障方面的专利技术。

（1）全球专利申请态势　2014—2023 年巡检防疫领域的全球有效发明专利共有 5384 项，2014—2020 年呈现稳步增长，并于 2020 年达到近 10 年的申请量顶峰

748 项，之后呈现出下降态势（图 4-42）。需要注意的是，2022—2023 年因专利文献公开时间滞后，数据回落未体现真实申请量。这表明巡检防疫技术在设施农业装备领域发展较为成熟，处于一种市场需求和技术发展较为匀速的状态。

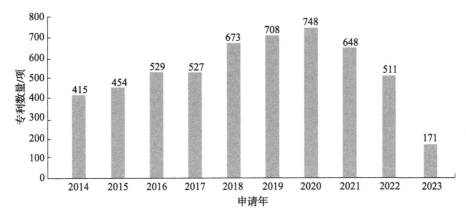

图 4-42　2014—2023 年巡检防疫领域的全球专利申请量

（2）主要申请人排名　巡检防疫领域主要申请人排名揭示了国内外在该领域内的竞争格局和技术发展的主导力量（表 4-15）。排名前 11 位的申请人中有 3 位高校申请人均来自中国，1 位是科研院所申请人来自韩国。其余 6 位申请人均来自企业，其中韩国、瑞典、荷兰、美国、奥地利、日本各 1 家，还有 1 位来自韩国政府机构的申请人。这反映了竞争格局和技术发展主导力量呈现多元化的特点。

表 4-15　巡检防疫领域主要申请人排名

序号	申请人名称	国别	有效专利/件
1	株式会社格林普乐斯	韩国	39
2	华南农业大学	中国	30
3	利拉伐控股有限公司	瑞典	26
4	中国农业大学	中国	24
5	浙江大学	中国	23
6	莱利专利股份有限公司	荷兰	21
7	韩国科学技术研究院	韩国	20
8	ST 再生科技有限公司	美国	20
9	斯马特博有限公司	奥地利	18
10	韩国农村振兴厅	韩国	18
11	松下知识产权经营株式会社	日本	18

（3）巡检防疫领域主要技术主题　巡检防疫领域包括检测、诊断与防治，农业生物安全等多个领域，每个领域都有其特定的技术主题和发展趋势（图4-43）。

	幼苗	温室	害虫虫害	肥料	农药	农作物	病虫害防治	农业	家畜	植物栽培	营养素	疾病	植物生长	生物	微生物	营养液	昆虫	植物病害	控制系统	灌溉
A01G9	92	255	56	76	58	145	53	90	6	96	45	8	120	13	8	74	8	5	83	83
G06Q50	17	88	17	17	9	93	5	53	97	87	20	14	73	7	3	73	5		45	35
A01G7	94	49	43	56	23	39	39	33	3	80	43	10	80	10	11	67	2	13	14	30
A01K1/00	1	7	4	6	2	1	4	10	110	2	5	18	1	14	16		5		24	1
A01G22	187	54	90	145	69	47	79	48	4	22	47	20	18	29	18	13	8	17		42
A01K29/00			1				1	6	113		1	24		14			3		15	
A01K67/00	26		92	18	26	18	27	27	11	2	20	40	5	30	12	4	62	3	2	3
A01G31	92	40	23	41	13	31	17	34	3	76	38	10	52	6	9	103	3	9	11	20
A01G13	83	38	92	80	79	34	67	35	4	20	26	16	19	18	13	17	14	5	27	
A01K61/00	68	18	18	17	14	8	11	8	1	4	9	8	4	24	12	2	6	15	5	
A01N63	10	8	53	12	55	35	25	12	3	3	5	14	15	42	87		19	49		1
A01G17	110	22	36	82	18	16	49	15	1	17	3	11	5	1	4	4	1	2	12	
A01N43	30	5	51	15	80	34	18	18	1	5	12	7	21	10	1	6	32		2	
A01P3	20	7	17	21	64	21	9	8	11	9	23	65		1	45		4			
A01K11/00			1		1		2	54		9		6			6		2			
A01P7	14	6	78	14	81	25	34	25	1	2	1	21	6	11	6		2			
A23K50	25	3	22	5	7	4	5	7	2	13	16	8	10	1	10	3				
A01G27	10	6	6	6	4	5	4	39	13	1	32	31	1	5	27					
A01G1	57	31	25	38	17	16	31	10	2	13	19	14	5	1	2	3	14	20	4	10
A01C21	66	16	33	97	21	14	36	18	1	9	7	10	2	5	15					

单位：项

图4-43　巡检防疫领域主要技术主题布局情况

在检测、诊断与防治方面，与虫害预防与治理、疾病监测与识别、行为监测与识别相关的技术主题被较多关注与布局，在A01G9（在容器、促成温床或温室中栽培）、G06Q50（信息和通信技术）、A01G7（一般植物学）和A01K1/00（动物的房舍）等分类号下的专利呈现出较为集中的态势。关于农作物病虫害的巡检防疫有诸多代表性专利技术，其中包括利用传感器和图像识别的病虫害监测技术，能实时掌握情况并及时警报；生物防治技术，如运用天敌昆虫和有益微生物等；物理防治技术，如紫外线、防虫网等手段；化学防治技术中新型低毒农药的研发；还有基因工程技术培育抗病虫害品种等。此外，综合防治技术结合多种手段，智能化防治技术借助人工智能和大数据进行预测分析，这些技术的发展与创新为农作物的安全生长提供了有力保障。此外，动物的房舍作为巡检防疫领域的一个重要分支，其专利申请集中反映了对动物健康监测和疾病预防的需求增加。例如，智能巡检机器人在禽舍的应用可以实现精准、实时监测，通过无线传输至远程管理系统进行数据存储和分析，异常情况下警报和生产预警。此外，猪舍环境智能巡检与监控机器人系统的研究也表明了对养殖环境检测、评价与控制的重视。

　　在农业生物安全方面，与农药、营养素等施药装置，家畜防疫用的隔离、消毒、净化装置等相关的技术主题专利布局颇为突出。在 A01K1/00（动物的房舍）、A01N63（杀生物剂、驱虫剂、引诱剂或植物生长调节剂）、A01N43（含有杂环化合物的杀生剂、害虫驱避剂或引诱剂，或植物生长调节剂）和 A01G13（植物保护）等分类号下的专利呈现出较为集中的态势。在农药施用装置方面有诸多代表性专利技术，如智能农药喷施装置，能根据农作物状况和病虫害精确控制喷施量与范围，提高了农药利用效率；还有能调节喷洒范围和移动轮间隙的装置，既减少浪费又保护了秧苗。同时，智能配药系统的出现实现了农药的精准施用。在家畜防疫隔离装置方面的专利技术，如家畜防疫用可调节式隔离栏，能灵活改变大小和形状以适应不同场景的隔离需求；还有畜牧兽医用防疫隔离装置，其滤网设置将隔离箱分隔成不同空腔，达到良好的隔离和消毒效果；鸡舍防疫消毒净化装置利用雾化技术实现定时消毒，有力保障了鸡舍内的生物安全。

　　此外，在巡检防疫技术分支，信息和通信技术（G06Q50）在各个热点主题均有较多专利布局，反映了信息技术在提高农业生产效率、降低成本方面的重要作用。例如，基于物联网的动物探测和预防系统、畜牧养殖场环境巡检机器人的建图及导航研究、自主导航技术在实现产业无人化方面的应用、生物传感器技术在动物和畜牧健康管理中的应用等，都为动植物疾病检测和隔离、健康监测提供了新的解决方案。

　　（4）巡检防疫领域技术 – 功效矩阵分析　巡检防疫领域的技术功效较多考虑了降低成本（养殖成本、栽培成本、用药成本、防治成本等）、操作使用方便（方便喂食、方便采收、方便清洗等）、减少数量（残留量、传播、施药量、疫病等）、促进生长和提高效率（上料效率、养殖效率、生产效率等）等方面（图4-44）。通过阅读对应的专利文献，其包含了诸多的对虫害防治技术的研究和应用，如自动检测和监测昆虫害虫的技术，基于物联网的植物病害和昆虫害虫监测判别模型，以及利用无线传感器网络（WSN）进行农业害虫和疾病的监测、检测和控制技术，都表明了虫害防治技术在精准农业中的重要性和发展潜力。这些技术通过自动化的方法提高了害虫管理的效率和准确性。还有较多专利涉及应用环境监测技术，如基于 ZigBee 技术的大棚自动化巡检监控系统，以及利用无人机进行作物病害评估、高效监测和检测的技术，基于植保大数据的病虫害移动智能采集装置等，都展示了信息技术在农业环境监测和作物健康管理中的重要作用。这些技术能够实时监测和调整农业生产环境，确保作物生长的最佳条件。养殖方面，有关生物神经网络模型、生物特征识别技术和分析测量技术的专利较多，如畜禽养殖疾病诊断智能传感技术的改进、基于深度学习的生猪疾病诊断方法等，都体现了智能化手段在动物疾病诊断和健康管理中的应用潜力。这些技术通过自动化方法提高了疾病诊断的效率和准确性，有助于及时发现和处理动物疾病问题。

	病虫害防治	环境检测/控制	害虫/虫害	畜牧	温室/植物工厂	农药/药物施用	控制单元/系统	作物生长	营养物质	生物/微生物	光照/照明	数据/信息处理	水产养殖	灌溉	物联网	电能/太阳能	电气/电路
降低成本	157	94	115	52	69	97	33	46	63	53	24	16	38	18	7	11	12
操作使用方便	118	86	96	46	73	53	25	37	58	32	23	14	29	15	10	9	22
减少数量	121	98	116	50	53	129	32	23	55	46	13	9	30	24	6	12	9
促进生长	156	67	68	23	61	59	11	60	79	51	18	5	25	22	2	8	3
提高效率	72	61	56	40	54	41	27	36	30	22	18	8	15	17	13	13	15
保证提升产量	130	78	66	13	66	56	8	21	60	37	14	3	16	28	3	7	3
提高成活率	79	55	40	10	26	17	5	21	34	19	6		32	6	4	1	3
保证提升/提高品质	96	37	51	11	48	42	9	11	36	44	11	1	12	12		4	1
减少污染	61	43	47	13	20	64	15	9	18	28	6	2	13	4		4	6
提高利用率	54	30	24	16	22	35	8	15	28	13	3	3	16	14	1	5	4
提高质量	39	37	24	19	19	20	4	12	19	7	8	1	10	8		6	2
效果好	64	24	35	20	13	36	11	7	16	25	5		8	7			2
提高安全/稳定性	34	30	25	24	18	34	14	11	13	6	4	7	9	3	3	2	7
提升抗病能力	94	34	29	17	29	28	6	15	23	23	7		13	8		2	
提高产出率	35	18	24	10	24	12	2	12	23	9	9	2		5			
节省人力	23	18	23	13	19	14	12	12	10	2	5	4	7	5	5	5	9
改善环境	34	30	22	10	19	16	6	11	16	17	5		7	7	1		
结构合理	22	13	14	8	12	19	9	3	11	7	10	1	6	11	3	10	3
提高防治效果	53	7	35	9	7	47	15	3	4	29				2			
保证健康	18	16	11	21	6	8	7	4	17	7	2	1	6	1			1
缩短时间	18	9	13	7	5	3	1	8	10	7	4		4		2	1	2
保证营养	34	10	13	5	10	11		3	30	5	1		6	1			
避免损坏破坏	18	11	12	5	11	12	2	5	11	3	2	1	4	2		1	2
满足生长需要	38	12	15	4	15	13	1	7	9	15	3	1	4	1	1	3	
提高效益	20	17	6	7	10	14	2	2	5	5	5	3	14	9		6	
保证温度	17	19	10	8	31	5	5	4	6		4	2	3	5	1	5	1
精确管理	30	7	7	12	5	6	2	4	6	3	4	4	11	2	3	1	4
促进吸收	27	11	12	4	14	15	5	4	19	9	5		2	4		4	
提高生产能力	13	3	8	7	6	8		4	6	1	2	2	2	1		1	
方法简单	15	12	9	1	10	7	1	2	4	4	1			2		1	
活性高	17	9	10	4	4	9	1	2	10	7	1	1	4		1		
提高准确性	5	13	3	6	5	4	5	2	2	3	1	7		3	3	1	3
提高药效	11	3	11	1	5	17	5		2	3	4			1			
避免感染	13	4	4	9		3	6	2	8	5		1	2	1	1	1	1

单位：项

图 4-44　巡检防疫领域技术 - 功效矩阵

从巡检防疫专利在设施农业的园艺领域、畜牧业领域和水产养殖领域的主要应用来看，园艺领域的专利技术主要集中在以下 4 个方面。①虫害检测与防治。此方面的研究重点包括使用图像识别技术或传感器来监测害虫的存在，并自动释放杀虫剂或采取其他防治措施。在这一领域，虫害检测技术的专利申请量相对较高。②疾病诊断与防治。对园艺作物的疾病进行早期诊断，并采取有效的防治措施。例如，利用远程感知技术，如无人机在植物病害评估、有效监测和检测中的应用，可以提供高空间分辨率的数据，帮助早期识别植物病害。在该领域，疾病诊断技术的专利申请量较为突出。③植物行为巡检监测。通过对植物行为的巡检监测，如果实的成熟、花卉的开放及闭合等，可以及时采取措施，如采收、施肥等，以提高作物的产量和质量。这方面的研究重点在于开发高效的巡检监测系统和相关传感器。④防疫用装置。为了防止病虫害的传播，各种防疫用装置得到了广泛的应用。例如，使用温室隔离装置来隔离患病植物，使用紫外线消毒装置来消毒园艺工具和设备，使用空气净化装置来改善温室内部的空气质量等。

在畜牧业领域，专利技术主要聚焦于以下4个方面。①动物疾病的快速检测与诊断。此方面的研究重点包括运用生物传感器或基因检测技术来侦测病原体的存在，能够迅速准确地诊断出动物所患疾病，为及时治疗提供有力依据。②动物行为的监测。借助专利技术，可以对畜牧业中动物的行为进行密切观察，如它们的饮食、睡眠和活动状况等。通过对这些行为的分析，可以及时发现动物的健康问题，并采取相应的措施。这方面的研究重点在于开发高效的行为监测系统和相关传感器。③防疫用装置的应用。为了有效防控疫病的传播，各种防疫用装置得到了广泛的应用。例如，使用隔离栏来隔离患病动物，以防止疫情的扩散；使用喷雾消毒装置对养殖场进行全面消毒，确保环境卫生；使用空气净化装置改善养殖场的空气质量，为动物提供一个健康舒适的生活环境。在这些装置中，隔离栏和消毒装置的专利申请量相对较多。④饲料安全检测技术。确保饲料的安全是畜牧业健康发展的关键之一。专利技术涵盖了对饲料中农药残留、重金属和抗生素等有害物质的检测。这些技术，可以有效地保障饲料的质量安全，避免因饲料问题导致动物疾病的发生。

在水产养殖领域，专利技术主要集中于以下4个方面。①水质监测与净化。这方面的研究重点包括利用智能监控技术，如基于物联网的智能监控系统，以实现对水产养殖环境的实时监测。通过此类技术，能够及时察觉并处理潜在的健康问题，从而确保水质的安全与稳定。②疾病检测与防治。针对水产养殖中的疾病，早期检测和诊断至关重要。研究人员利用基因检测技术或生物标志物来检测病原体的存在，并采用针对性的药物或生物防治方法进行治疗。③水产动物行为监测。通过对水产动物的行为进行监测，如游泳速度、摄食行为和繁殖行为等，可以及时了解它们的健康状况和需求。这方面的研究重点包括开发行为监测系统和相关传感器。④防疫用装置。为了防止疾病的传播，各种防疫用装置被广泛应用。例如，使用网箱隔离装置来隔离患病个体，使用紫外线消毒装置来消毒养殖设备，以及使用水质净化装置来改善养殖池塘的水质。在这些装置中，隔离装置和消毒装置的专利申请量相对较多。

（5）代表性专利　在巡检防疫领域，选取出的代表性专利如表4-16所示。

表 4-16　巡检防疫领域代表性专利

序号	公开/公告号	申请人	标题	同族数	被引频次
1	US9149022B2	雀巢制品股份有限公司	用于监测动物行为、健康和/或特征的系统、方法和计算机程序产品	17	249
2	US20160148104A1	PROSPERA TECHNOLOGIES, LTD.	用于植物监测的系统和方法	4	181
3	US10058076B2	FOUNDATION OF SOONGSIL UNIVERSITY-INDUSTRY COOPERATION	传染病的监测方法、使用该方法的系统及执行该方法的记录介质	2	71
4	US9084411B1	ANIMAL BIOTECH LLC	牲畜识别系统和方法	5	60
5	KR101752608B1	杰芝＆古高尔控股股份有限公司	ICT 鳗鱼育苗系统	6	43
6	US10628756B1	PERFORMANCE LIVESTOCK ANALYTICS, INC.	使用 UHF 波段询问射频识别标签进行牲畜和饲养场数据的收集和处理	15	36
7	US10912283B2	INTEL CORPORATION	牲畜健康管理技术	2	34
8	US11386361B2	AGROMENTUM LTD.	闭环虫害综合管理	4	26
9	JP6704164B1	株式会社 ECO-PORK	畜牧自动化管理系统	10	25
10	KR102234508B1	IT TECH Co., Ltd.	智能家畜管理系统及其方法	7	14

3. 饲喂饮水全球专利分析

饲喂饮水技术领域的专利占比为 13%（图 4-36）。设施畜牧业饲喂饮水技术主要涉及设施内动物饲喂、饮水装置的研发与应用。

（1）全球专利申请态势　2014—2023 年饲喂饮水领域的全球有效发明专利共有 3844 项，2014—2018 年呈现逐年增长态势，2018 年达到 576 项后出现波动回落，2020 年达到近 10 年申请量最高值 585 项，但随后又呈现出下降态势（图 4-45）。需要注意的是，2022—2023 年因专利文献公开时间滞后，数据回落未体现真实申请量。这表明饲喂饮水技术在设施农业装备领域的发展趋势呈现为先逐年增长后波动起伏。

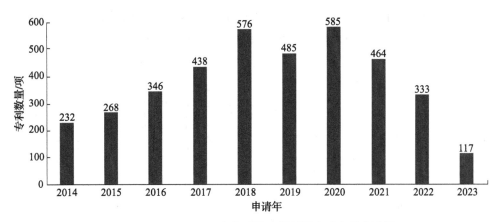

图 4-45　2014—2023 年饲喂饮水领域的全球专利申请量

（2）主要申请人排名　饲喂饮水领域主要申请人排名揭示了国内外在该领域内的竞争格局和技术发展的主导力量（表 4-17）。排名前 11 位的申请人全部来自企业，这一分布显示了饲喂饮水领域市场需求强、技术创新及国际竞争态势激烈。其中，荷兰公司 2 家，韩国、德国、丹麦、法国、瑞典、中国、加拿大、美国、比利时公司各 1 家。这表明在饲喂饮水领域，企业成了推动技术发展和主导竞争格局的关键力量。同时从国家分布来看，该领域的竞争格局较为分散，不同国家的企业都在各自发挥着重要作用，没有出现某个国家或少数几家企业占据绝对主导地位的情况。

表 4-17　饲喂饮水领域主要申请人排名

序号	申请人名称	国别	有效专利/件
1	莱利专利股份有限公司	荷兰	111
2	YEONHAPLIVE	韩国	65
3	大荷兰人国际有限责任公司	德国	48
4	维京遗传学 FMBA	丹麦	47
5	KUHN AUDUREAU SAS	法国	32
6	利拉伐控股有限公司	瑞典	29
7	新希望六和股份有限公司	中国	27
8	水晶泉侨民农场有限公司	加拿大	27
9	CTB 有限公司	美国	25
10	TRIOLIET BV	荷兰	22
11	罗克塞尔公司	比利时	22

（3）饲喂饮水领域主要技术主题　饲喂饮水领域包括饲喂装置、饮水装置等多个领域，每个领域都有其特定的热点技术主题（图4-46）。

分类号	饲料管理	牧畜管理	控制单元/系统	电气部件	家畜	饮水	储水	供水	食物	养猪	进料罐	家禽	水管	牛饲养	机器人	养鸡	输送系统	食舍	喂食	物联网	通信单元
A01K5/00	966	375	361	320	317	62	88	89	212	146	110	6	27	55	58	2	34	1	16	19	16
A01K7	139	170	116	105	165	273	232	212	50	44	18	3	57	17	4	11			2	8	9
A01K39	287	125	100	117	96	70	85	45	38		37	79	18	1	7	52	9		42	28	3
A01K1/00	133	80	62	47	79	32	32	28	33	28	10	5	10	13	8	4	7	5	2	9	2
A01K29/00	78	45	50	26	50	18	7	13	30	19	3	2	12	8	1	1			4	5	6
A01K15	27	8	30	26	9	6	5	2	40	5	2	1	3	16	1	2	1	1			
A01K31/00	56	20	21	26	14	13	16	6	14		7	28	4		33	1	18	9	2		
B08B9	69	56	29	30	27	20	34	11	4	22	11	2	10	6		3					
G06Q50	43	23	30	1	29	8	3	5	12	5	2	2				1	1	5	9		
A01K61/00	13	1	8	13	1	2	2		1			1			1			1		1	
A01K9	10	20	5	13	2	6		4			1			1		2					
A01K67/00	38	10	4	6	7	3	1	5	9	1			5	1	3	5	3	4	1		
A01K11/00	18	16	16	3	17	3	5		1		1	4	1								2
B01F27	43	18	17	9	8	6	11	7	1	5	6			2	1	2					
A01K79	1	1	7	8	1			1	1		1										
A23N17	30	3	16	15	1	2	4	1	1	1	2	6	2								
A01K13/00	15	7	9	2	9	4	5	1		1	1		2								
C02F1	3	12	4	10	12	18	20	14	1	1		1		3							
A23K50	18	3	2	2	1	1	2	1	2	2											
A01K45/00	14	1	3	2	5	5	2	4	1												

单位：项

图4-46　饲喂饮水领域主要技术主题布局情况

在饲喂装置方面关注较多的技术主题包括饲料管理、控制单元/系统、电气部件、食物的供给方式等，在有关自动装置（A01K5/02）、饲槽饲桶（A01K5/01）及家禽或其他鸟类的饲喂或饮水设备（A01K39）方面有较多专利布局。自动化饲喂饮水技术的发展，特别是在鱼类养殖、奶牛养殖和猪养殖等领域的应用，已经成为提高养殖效率和降低成本的关键手段。例如，在鱼类养殖中，智能投喂技术通过分析鱼类摄食行为和环境信息，实现了更高效的饲料利用。在奶牛养殖领域，精确饲喂机器人和自动化奶牛饲喂设备，展示了自动化技术在提高奶牛产奶量和降低生产成本方面的潜力。例如，用于测量动物摄入量和监测动物健康的模块化牲畜饲料系统（US10085419B2），远程监测畜群中个体动物的健康状况，包括监测和控制每只动物的饲料和补充剂的摄入量，为肉牛、奶牛、绵羊、猪等家畜提供自动喂食的功能，对于生产成本的降低、工作效率的提升、生产效益的提高均有着直接的影响。此外，精准控料的智能自动化喂料装置（CN114651746B），还涉及交替喂养和智能化、精细化养殖。

在饮水装置方面关注较多的技术主题包括，供水、饮水、储水及与饮水机构有关的控制单元及系统，在有关自动装置（A01K7/02）、自动添料（A01K39/

012）方面有较多专利布局。例如，自动检测动物的饮水量和水质情况，然后依据这些检测结果灵活地自动调整供水量和水质，保证动物的饮水安全和健康；自动添料饮水装置可以精确地自动检测饲料的剩余量和水质，接着按照实际情况自动添加饲料和优化调整水质，为动物的饮食提供了可靠保障；以及自动发酵饲料及智能饲喂饮水一体化设备，不仅能够自动发酵饲料，将发酵好的优质饲料自动输送到饲喂器中，而且还能同时对水质和饮水量进行自动检测，并根据所得数据自动调整供水量和水质。

同时，该技术在家畜和家禽方面有不同的侧重点。

家畜方面，饲喂技术的专利研究重点包括自动饲喂装置、饲喂槽技术等；对于家畜，尤其是奶牛，饲喂技术的专利申请量较多，主要集中在自动化饲喂装置和饲喂槽技术上。例如，自动化奶牛饲喂设备的研究进展包括悬挂式、自走式和在位饲喂系统等。此外，智能养殖设备也被广泛应用于猪和奶牛的饲喂中，如妊娠母猪电子饲喂站和奶牛精准饲喂系统等。饮水技术的研究重点包括自动饮水装置、动物控制式供水等。在饮水技术方面，家畜的研究重点包括恒温饮水装置和智能供水控制系统。例如，针对不同生长环境下牲畜的饮水需求，提出了模糊控制策略的智能供水控制系统，以快速调节水温并提高供水精度。

家禽方面，研究重点包括自动喂料技术、饲喂槽技术等。总体来看，饲喂技术的研究多于饮水技术，且饲喂技术侧重于自动化设备和装置的研发，饮水技术侧重于自动化饮水装置的研发。此外，家禽饮水监控及管理也是一个重要的研究方向，通过对饮水量的监测和对饮水装置的正确清洗，可以有效提高家禽的生产效益。

总之，近10年来，饲喂饮水领域的申请和技术发展主要集中在自动化和智能化技术的应用上，这些技术的发展和应用有助于提高养殖效率、降低成本，并推动了畜牧业向规模化、科学化的方向发展。未来，随着技术的不断进步和创新，自动化饲喂饮水技术将在全球畜牧业中发挥更加重要的作用。

（4）饲喂饮水领域技术–功效矩阵分析　饲喂饮水领域的技术功效较多考虑了使用方便、结构简单、避免浪费和提高上料效率等方面（图4–47）。通过阅读对应的专利文献，其包含了诸多的智能化饲喂饮水系统设计方案，旨在通过自动识别、数据自动采集、数据分析与处理等技术手段，实现精准饲喂饮水，从而提高饲喂饮水效率和减少资源消耗。例如，分层式奶牛饲喂饮水系统及饲喂饮水方法（CN111789038B）、自动化监控奶牛采食装置（CN107155916B）等，能够根

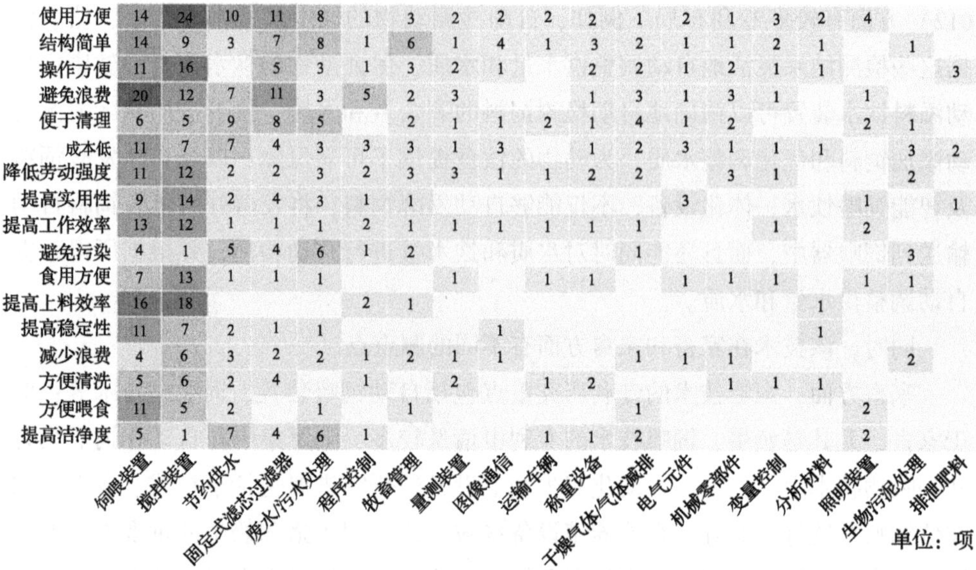

	饲喂装置	搅拌装置	节约供水	固定式滤芯过滤器	废水/污水处理	程序控制	牧畜管理	重测装置	图像通信	运输车辆	干燥气体/气体藏排	称重设备	电气元件	机械零部件	变量控制	分析材料	照明装置	生物污泥处理	排泄肥料
使用方便	14	24	10	11	8	1	3	2		2	2	2	1	3	1	3	2	4	
结构简单	14	9	3	7	8	1	6	1		4	1	3	2	1	1	2	1		
操作方便	11	16		5	3	1		2		1	2		1	2	1	2	1		3
避免浪费	20	12	7	11	3	5	2	3			1	3	1	3	1		3		
便于清理	6	5	9	8	5		2	1		1		4	1	2			2	1	
成本低	11	7	7	4	3		3	1		3			2	3	1			3	2
降低劳动强度	11	12	2	2	3	3	3	1		2		2			1				1
提高实用性	9	14	4		3	1								3					1
提高工作效率	13	12	1	1		2	1	1				2			2				
避免污染	4	1		5	4	6	1				1							3	
食用方便	7	13					1			1		1			1			1	
提高上料效率	16	18			2	1										1			
提高稳定性	11	7	2	1												1			
减少浪费	4	6	3	2			1			1								2	
方便清洗	5	5	2		1		2				1	2						2	
方便喂食	11	5		7	4			1							1			2	
提高洁净度	5	1		7	4		1											2	

单位：项

图 4-47　饲喂饮水领域技术 - 功效矩阵

据动物的不同需求制定出最适宜的饲喂饮水方案，实现饲料的精准投放。在避免浪费方面，精准饲喂饮水解决方案能够减少饲料浪费，如填充饲喂饮水盘的方法及饲喂饮水系统（CN109152349B），提供了一种用于自由移动的家禽或其他小型动物的饲喂饮水系统，系统可以确保饲喂饮水盘周边的主要部分被饲料覆盖。同时，设置滑道面可以使饲料更容易地向下朝饲喂饮水盘的边沿延伸，从而提高饲料的覆盖效率，提高了饲养效率和经济效益。结构简单和用户使用的便利性也是饲喂饮水装置设计中的重要考虑因素。例如，一种畜牧养殖用双面料槽（CN219108438U），双面料槽的设计使得养殖户可以将足够量的饲料倒入储备仓，从而简化了饲喂饮水过程，提高了饲喂饮水效率。这种设计既考虑了设备的操作简便性，也满足了高效饲喂饮水的需求。饲喂饮水装置在设计上兼顾了结构简单、使用方便、避免浪费和提高上料效率等多方面的技术布局，这些设计和技术的应用在一定程度上表明了饲喂饮水装置在减少资源消耗和提升饲喂饮水效率方面的技术创新和进步。此外，搅拌装置在使用方便、操作方便、避免浪费、降低劳动强度、提高实用性、提高上料效率等方面布局也较多。混合搅拌设备在饲料混合搅拌中的应用强调了自动化喂养的重要性和便利性。例如，用于混合动物饲料的系统和方法（EP2182795B2），包括饲料搅拌机、饲料颗粒尺寸测量装置、用于接收动物饲料中饲料颗粒尺寸的测量值，并基于动物饲料中饲料颗粒的测量尺寸自动控制饲料混合器的控制装置，实现提高喂食效率和均匀性、改善畜群营养和健康、优化饲料利用等效果，在使用方便、操作方便、避免浪费、降低劳动强度、提高实用性、提高上料效率等方面具有明显的优势。这不仅体现在饲料的混合和破碎处理上，还包括了饲料量的自动调节、喂食安全性的提升及饮水设施的集成，充分体现了现代养殖业向自动化、智能化发展的趋势。

（5）代表性专利　在饲喂饮水领域，选取出的代表性专利如表 4－18 所示。

表 4－18　饲喂饮水领域代表性专利

序号	公开/公告号	申请人	标题	同族数	被引频次
1	US10149455B2	THARP WALTER	带有可插入饲料限制器的动物喂食器	4	48
2	JP5679979B2	希尔氏宠物营养品公司	饲喂系统和动物行为改变过程	12	45
3	KR101696686B1	韩国农村振兴厅	哺乳母猪自动饲喂系统及其控制方法	1	19
4	US9521828B2	佩特梅特有限公司	用于喂养家养宠物、笼养鸟类、鸡、鱼和野生鸟类中的喂食器	6	18
5	US10136616B2	莱利专利股份有限公司	饲料车	10	17
6	US9924700B1	牲畜状态分析股份有限公司	通过无线连接异步采集、处理和调整实时饲养家畜口粮重量的信息并传输，以及用于移动设备、机器对机器供应链控制和应用处理	3	14
7	EP3873201B1	莱利专利股份有限公司	饲喂系统和饲喂动物的方法	9	8
8	EP3554228B1	利拉伐控股有限公司	动物分组饲喂的控制单元和系统	5	6
9	KR102082236B1	AGRI CORP PIG HOUSING CO LTD	用于畜禽的液体配药装置	1	6
10	US11254509B2	大荷兰人国际有限责任公司	用于驱动干饲畜禽饲料链的驱动轮	11	1

4. 畜产品采收全球专利分析

设施农业中的畜产品采收主要包括挤奶（占比 4%）、禽蛋收集（占比 2%）、水产品分级（占比 8%）（图 4－36）。

（1）全球专利申请态势　2014—2023年畜产品采收领域的全球有效发明专利共有4025项，2014—2020年总体呈现稳步增长，并于2020年达到近10年的申请量顶峰538项，之后呈现出下降态势。需要注意的是，2022—2023年因专利文献公开时间滞后，数据回落未体现真实申请量（图4-48）。这表明畜产品采收技术在设施农业装备领域发展较为成熟，技术研发及应用处于一种稳定运行状态。

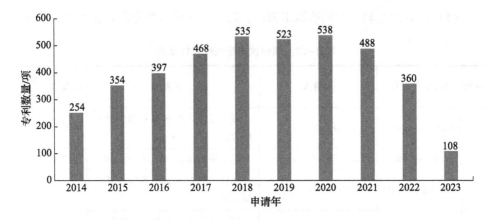

图4-48　2014—2023年畜产品采收领域的全球专利申请量

（2）主要申请人排名　畜产品采收领域主要申请人排名揭示了国内外在该领域内的竞争格局和技术发展的主导力量（表4-19）。排名前10位的申请人中有4位是中国的高校和科研院所的申请人，表明其在技术发展方面发挥着重要作用，且在水产养殖领域有突出的研究实力和成果。其余6位申请人的分布情况是：美国、德国各2位，瑞典、荷兰各1位。其中除了硕腾服务有限责任公司关注禽蛋收集技术外，其余5位申请人都是乳业机械企业。

表4-19　畜产品采收领域主要申请人排名

序号	申请人名称	国别	有效专利/件
1	利拉伐控股有限公司	瑞典	381
2	莱利专利股份有限公司	荷兰	207
3	硕腾服务有限责任公司	美国	167
4	技术控股公司	美国	157
5	浙江省海洋水产研究所	中国	81
6	GEA FARM TECH GMBH	德国	79
7	浙江海洋大学	中国	73

（续）

序号	申请人名称	国别	有效专利/件
8	基伊埃牧场科技有限公司	德国	53
9	中国水产科学研究院黄海水产研究所	中国	46
10	中国水产科学研究院南海水产研究所	中国	43

（3）畜产品采收领域主要技术主题　畜产品采收领域包括挤奶、禽蛋收集、水产品分级等多个领域，每个领域都有其特定的技术主题和发展趋势（图4-49）。这些领域的技术进步和创新对于提高食品安全质量、增加产量，以及提升效率具有重要意义。

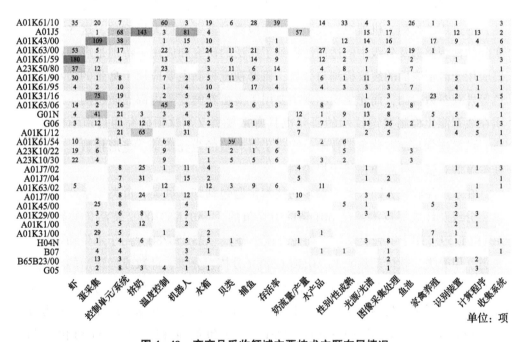

单位：项

图4-49　畜产品采收领域主要技术主题布局情况

挤奶及奶产品收集方面，关注较多的技术主题包括挤奶机械或设备、机器人、奶流量及产量检测等；在A01J7/00（挤奶机械或设备的附件）、A01J7/02（用于清洗或消毒挤奶机械或设备）、A01J7/04（用于乳房或乳头的处理）、A01K1/12（挤奶站）和A01J5（挤奶机械或设备）等技术领域布局较多，显示了对提高奶牛养殖效率和奶产品质量的关注。这些技术的代表性专利主要包括全自动挤奶机器人技术的发展，专利数量最多的是挤奶单元部件，尤其是挤奶杯组及挤奶杯部件、进护栏及出护栏、清洗机构末端执行器等。此外，自动奶杯套杯及脱落的定位及乳头识别装置、清洗机构识别系统和清洗机构定位装置的专利数量也较多，还有挤奶机器人机械臂控制方法，可实现无人化、自动化挤奶，有效提高挤奶工作效率和产奶量，这些技术代表了更加自动化的方向。

禽蛋收集方面，关注较多的技术主题包括蛋的检验、分级或清洗，蛋的采集及光源光谱检测技术；在A01K43/00（蛋的检验、分级或清洗）、A01K31/16（家禽的产卵巢；蛋的收集）和G01N（借助于测定材料的化学或物理性质来测试或分析材料）等技术分类号下布局较多。通过这些技术的应用，可以有效地筛选出优质的禽蛋，同时去除不合格的产品，保证了市场的供应质量和消费者的利益。在禽蛋收集、检验、分级或清洗等技术的发展方面，代表性专利技术主要包括，通过声学检测、机器视觉检测和光学检测对禽蛋进行无损检测，这些方法在实际的禽蛋挑选及分级中的适用性得到了广泛的研究和应用。特别是声学检测主要应用于禽蛋表面的裂纹检测与分级，机器视觉检测主要应用于禽蛋的大小、颜色等外观参数检测，而光学检测则主要用于禽蛋新鲜度等内部品质检测。禽蛋品质在线智能化检测关键技术的研究也具有重要意义。这项研究通过声学信号分析、机器视觉与动态称重等技术，实现了对鸡蛋的蛋壳质量、蛋形指数、重量及新鲜度等鸡蛋内外品质在线无损检测。

在水产品收获方面，关注较多的技术主题包括虾、贝类、鱼类等水产品的分拣、分级及计数等技术，在A01K61/10（鱼的）、A01K63/00（装活鱼的容器）、A01K61/59（用于甲壳类动物，如龙虾或小虾）、A23K50/80（用于水生动物，如鱼类、甲壳类、软体动物）和A01K61/90（分拣、分级、计数或标记活的水生动物）等分类号下都有较多布局。代表性专利技术主要包括活鱼分级与计数设备的研发，解决了工厂化养殖中鱼苗精准化分级筛选和计数的问题。例如，活鱼起捕和分级的机械化装置（CN215454822U）、活鱼起捕和输送的自动化装置（CN215684328U），通过吸鱼泵将鱼从养殖池塘中抽吸到装置中，并通过自动分拣装置根据重量进行分级，实现了对不同规格鱼苗的快速分级和计数。这对于提高养殖效率和经济效益具有重要意义。

（4）畜产品采收领域技术 – 功效矩阵分析　畜产品采收的技术功效主要聚焦于操作方便、避免损坏、避免碎裂、降低劳动强度及提高产量等技术效果方面（图4-50），其主要是通过对采集设备的智能化、采集流程的精细化等技术加以改进来达成的。

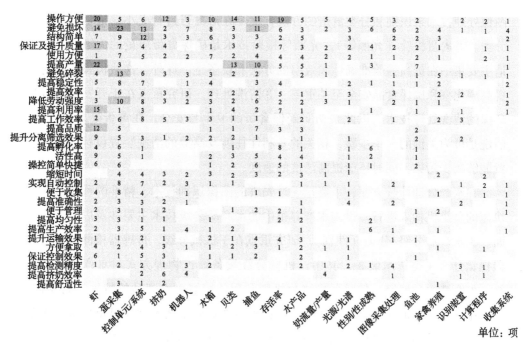

单位：项

图 4-50　畜产品采收领域技术 – 功效矩阵

　　在奶产品收集方面，主要是通过自动化的挤奶设备、精准的计量和检测装置及高效的传输系统来实现。设施畜牧业挤奶技术主要涉及以下 5 个方面。①挤奶装置。研究重点包括挤奶机的结构、挤奶杯的设计等方面，设计高效且舒适的挤奶设备，以提高挤奶效率和动物福利。②对挤奶过程的监控。研究重点包括通过传感器和监测系统实时监测挤奶过程中的参数，如挤奶压力、流速等，以确保挤奶的质量和安全。③奶量传感技术。奶量传感技术通过传感器精确测量奶量，是牧场管理的关键。其研发重点在于提高传感器的精度和可靠性，相关专利多集中于此，如高精度传感器及测量系统、基于物联网的监测系统，以及校准方法与装置等。④奶品检测及处理。包括对牛奶的质量检测、成分分析，以及处理方法的研究。专利申请涉及牛奶检测设备、保鲜技术等，以确保牛奶的品质和安全性。⑤清洗及消毒。挤奶设备的清洗和消毒是防止细菌污染的关键。专利技术研究重点包括开发高效的清洗和消毒方法及设备。

　　在禽蛋收集方面，主要是通过智能化的捡蛋装置、合理的运输通道设计及轻柔的处理方式来完成。设施畜牧业禽蛋收集技术主要涉及以下 3 个方面。①禽蛋分级/分类（大小、重量、性别）。研究重点集中在通过机械或自动化设备，结合图像处理技术来识别和分类禽蛋的方法，集中在对禽蛋进行大小、重量和性别的分类。②禽蛋检验（光照等）。光照等检验技术是确保禽蛋质量的关键。专利申请主要集中在提高检验准确性和效率的方法和设备上。此外，这些检验技术对于提高孵化率和确保食品安全至关重要。③清洗处理。研究重点在于开发出高效且环保的清洗处理技术，以此来切实确保禽蛋的卫生与安全。在禽蛋处理过程中，清洗是极为关键的一个步骤，相关的专利往往涉及高效的清洗装置设计，这些装置能够减少污染，同时还能提高清洗的速度。

在水产分选计数方面，主要是通过先进的图像识别技术、精准的称重系统及快速的分类机构来进行。设施水产养殖中的水产品分级技术主要涉及以下2个方面。①水产品分级/分类（性别）。研究重点在于机械分级、传感器检测分级和机器视觉分级3类技术装备。其中，机械分级设备通过物理方式对水产品进行分级，如筛选、过滤等；传感器检测分级则利用传感器对水产品的特征进行检测，如大小、重量、形状等，从而实现分级；机器视觉分级技术则通过摄像头等设备获取水产品的图像，利用图像处理算法对其进行分析和分类。这些技术的应用可以提高分级的准确性和效率，满足不同市场需求。②水产品计数。专利主要集中在研发高准确性和快速的计数技术与设备。例如，利用图像识别技术结合智能算法来快速且准确地统计水产品数量，或者通过特殊的感应装置来实现高效计数。

（5）代表性专利　在畜产品采收领域，选取出的代表性专利如表4-20所示。

表4-20　畜产品采收领域代表性专利

序号	公开/公告号	申请人	标题	同族数	被引频次
1	US9504226B2	基伊埃牧场科技有限公司	用于对奶牛施加乳头浸液的方法和装置	103	222
2	US9706745B2	技术控股公司	机器人附着器视觉系统	43	180
3	US9883654B2	技术控股公司	挤奶箱隔间的布置	134	177
4	US10817970B2	技术控股公司	带有乳头检测功能的视觉系统	35	62
5	CN105874334B	硕腾服务有限责任公司	使用透射光谱学用于确定蛋存活性的非接触蛋鉴定系统及关联的方法	20	58
6	EP3484282B1	BIOSORT	活鱼分选方法及系统	7	40

（续）

序号	公开/公告号	申请人	标题	同族数	被引频次
7	CN105979771B	硕腾服务有限责任公司	用于将蛋从蛋托架移除的设备以及相关联方法	21	33
8	US9930862B2	技术控股公司	挤奶系统关闭和传感器	16	16
9	CN109844523B	塞莱格特有限公司	蛋检查装置	22	14
10	US20200288731A1	VALKA EHF	食品加工和分级装置及相关方法	21	41

5. 保鲜技术全球专利分析

保鲜技术领域的专利占比为10%（图4-36）。在设施农业中，保鲜技术多样，包含物理、化学、生物及其他保鲜技术。

（1）全球专利申请态势 2014—2023年保鲜技术领域的全球有效发明专利共有3353项，2014—2021年申请量总体比较平稳，在397～339项之间起伏，呈现出相对稳定的波动态势（图4-51）。需要注意的是，2022—2023年因专利文献公开时间滞后，数据回落未体现真实申请量。这表明保鲜技术在设施农业装备领域发展较为成熟，技术研发及应用处于一种稳定运行状态。

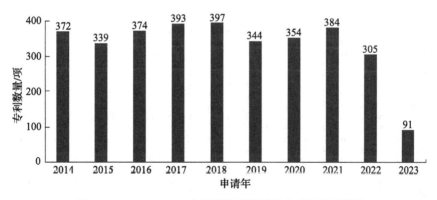

图4-51 2014—2023年保鲜技术领域的全球专利申请量

（2）主要申请人排名 保鲜技术领域主要申请人排名如表4-21所示，就该领域的竞争格局及技术发展的主导力量而言，中国申请人的表现极为显著，在前10位申请人里除了一位美国申请人，其余9位均来自中国的高校与科研院所。需要说明的是，在保鲜技术中化学和生物保鲜技术被广泛应用，而本研究对此方面并未给予过多关注，主要聚焦于物理保鲜技术及将生物化学保鲜与设施装备相结合的保鲜技术。

表4-21 保鲜技术领域主要申请人排名

序号	申请人名称	国别	有效专利/件
1	阿比尔技术公司	美国	38
2	广西农业科学院蔬菜研究所	中国	29
3	华中农业大学	中国	26
4	华南农业大学	中国	24
5	江苏省农业科学院	中国	24
6	浙江大学	中国	23
7	中国农业科学院农产品加工研究所	中国	22
8	华南理工大学	中国	22
9	中国科学院华南植物园	中国	22
10	浙江海洋大学	中国	21

（3）保鲜技术领域主要技术主题 保鲜技术领域包括物理保鲜技术、化学及生物保鲜技术（结合装备、工艺流程）和其他保鲜技术等多个领域，每个领域均具有其独有的特点与关键技术要点（图4-52）。

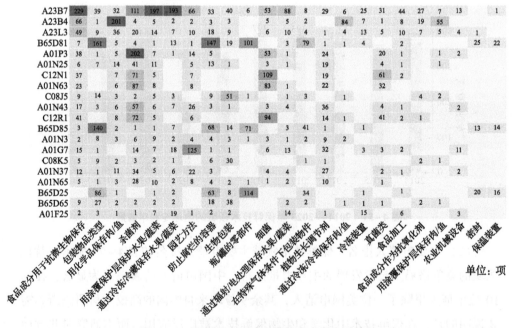

图4-52 保鲜技术领域主要技术主题布局情况

保鲜技术中有关抗微生物保存、物料容器、杀菌剂、涂覆保护层、冷冻/冷藏等技术主题关注较多。专利布局较为集中的分类号包括 A23B7（水果或蔬菜的保存或化学催熟）、A23B4（保存肉、香肠、鱼或鱼制品的一般方法）、B65D81（用于存在特殊运输或贮存问题的装入物，或适合于在装入物取出后用于非包装目的的容器、包装元件或包装件）、A01P3（杀菌剂）和 B65D85（专门适用于特殊物件或物料的容器、包装元件或包装件）等。代表性专利技术主要包括预冷鲜贮技术，当农产品在田间收获完毕后，即刻实施低温处理。例如，智能预冷与分段气调贮藏相结合的冷敏感果蔬低温损伤控制系统（US10966435B2），利用气调和惰性气体控制并降低冷损伤发生率，根据二氧化碳体积控制预冷时间，高效客观且适用多种冷敏感果蔬；微孔膜保鲜技术，调控贮存环境的湿度与二氧化碳浓度以延长果蔬保质期；新型复合保鲜技术剂、功能性材料和保鲜技术涂膜等产品；以及动态保鲜技术中集成研发的智能控制设备设施，实现精准保鲜效果。这些技术反映了该领域的发展重点和创新方向，为设施农业的发展提供了有力支撑。

（4）保鲜技术领域技术 - 功效矩阵分析　保鲜技术领域的技术功效主要聚焦于延长保质期、成本低、操作方便、提高新鲜度、提升品质、提高稳定性及避免损坏等技术效果方面（图 4 - 53），其主要是通过对冷冻/冷藏保鲜技术及装置、生物包装、保存容器（气调包装）、杀菌防腐技术、辐照电处理的使用及涂覆保护层等技术的改进来达成。例如，一种采用软包装对树莓贮藏保鲜的方法（CN105010503B），通过调整和控制食品贮存环境中的气体成分比例，通常是降低氧气含量、增加二氧化碳含量等，来抑制微生物生长繁殖、降低食品的呼吸作用等，从而达到延长食品保质期、保持品质的目的。辐照技术也较多被应用于食品保鲜技术领域，如一种延缓虾类储藏过程中质构品质劣变的方法（CN110720504B），通过对鲜虾使用低温等离子辐照并在表面喷洒定型液，然后低温冷藏保鲜，保证了虾肉的口感与品质，延长了鲜虾的保质期。此外，在水果、蔬菜、肉类等各类食品的处理中，辐照技术也能有效抑制微生物生长和繁殖，减少变质和腐烂的发生，同时对食品的营养成分影响较小。

对于物理保鲜来说，专利技术集中在产地预冷装备、微孔膜保鲜技术等，多用于果蔬的保鲜，如葡萄、草莓等。还有动态保鲜智能控制设备设施，集成了复合保鲜剂等产品并实现集成研发。此外，低温保鲜技术通过控制温度延长保鲜期；气调保鲜技术调节气体成分；减压保鲜技术延缓农产品成熟衰老；电子束辐照保鲜技术能杀虫灭菌。这些技术有力保障了农产品的新鲜度与品质。

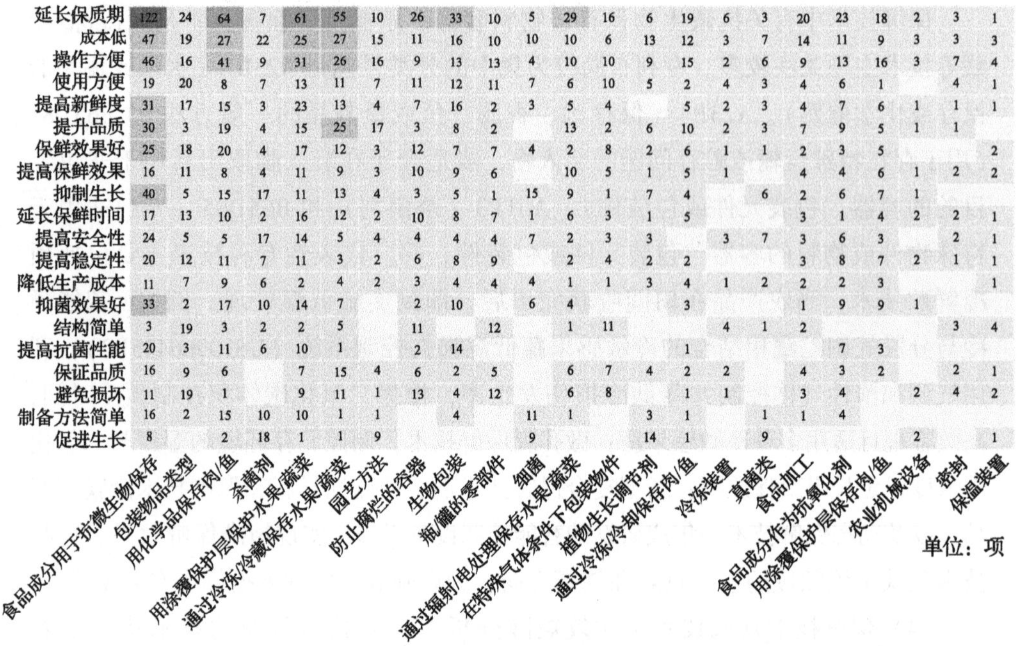

	食品成分用于抗微生物保存	包装物品类型	用化学品保存肉/鱼	杀菌剂	用涂覆保护层保护水果蔬菜	通过冷冻/冷藏保存水果/蔬菜	园艺方法	防止腐烂的容器	生物包装	瓶/罐的零部件	细菌	通过辐射/电处理保存水果蔬菜	在特殊气体条件下包装物件	植物生长调节剂	通过冷冻/冷却保存肉/鱼	冷冻装置	真菌类	食品加工	食品成分作为抗氧化剂	用涂覆保护层保存肉/鱼	农业机械设备	密封装置	保温装置
延长保质期	122	24	64	7	61	55	10	26	33	10	5	29	16	6	19	6	3	20	23	18	2	3	1
成本低	47	27	25	27	22	25	11	16	10	10	6	13	12	3	7	14	11	9	3	3	4		
操作方便	46	16	41	9	31	26	6	13	4		2	6	9	4	6	13	16	3	7	4			
使用方便	19	20	8	7	13	11	7	11	11	7		6	10	5	2	3	4	6	1		4	1	
提高新鲜度	31	17	15	3	23	13	4		16		4	2	2	4	7	6	1	4					
提升品质	30	3	19	4		25	17	3			13	2	6	3	4	1							
保鲜效果好	25	18	20	4	17	12	3	7		2	8	4	2	1	3	5		2					
提高保鲜效果	16	11	8	4	11	9	3	10	9	4		5	4		6	1							
抑制生长	40	5	15	17	11	4	3	5		15		4		6	2	6	1						
延长保鲜时间	17	13	10	2	16	3	10	1		6	3	1	4	2	2								
提高安全性	24	5	5	14	4	4	4	3	6	3	2	1											
提高稳定性	20	12	11	7		13			4		5	2	6	2	1								
降低生产成本	11	7	9	6		4	3	2	3		2	3	1										
抑菌效果好	33	2	17		14	7	2	10	6		4		1	9	9	1							
结构简单	3	19	2	2	5		11		12	1	11					3		4					
提高抗菌性能	20	3	11	6	10	2	14			1			7	3									
保证品质	16	9		7	15	4		6	6		7	3			2	1							
避免损坏	11	19	1		7	11	1	13	4		6	8	3	4	2								
制备方法简单	16	2	15	10	1	1		4	11	1		3	1	1	4								
促进生长	8		2	6	14	1		9			14	1		9			2	1					

单位：项

图4-53 保鲜技术领域技术-功效矩阵

对于化学及生物保鲜来说，专利技术集中在生物保鲜剂的开发与应用。例如化学保鲜方面，有抑制果蔬呼吸作用和减缓氧化的高效保鲜剂专利；生物保鲜方面，如从某些植物中提取有效成分来抑制微生物生长及利用天然生物提取物制作保鲜剂等。还有基因工程技术，通过调控乙烯合成与敏感性来延长果蔬保鲜期等。

在设施农业中，还有一些保鲜技术也有一定量的专利申请。例如，臭氧保鲜技术，利用臭氧强氧化性实现杀菌消毒并延缓果蔬衰老；磁场保鲜技术，通过磁场对果蔬生理代谢的影响发挥保鲜作用；超声保鲜技术，借助超声的能量效应和机械效应，保障农产品新鲜；辐射保鲜技术，利用辐射抑制微生物生长和果蔬生理活动，这些专利技术为设施农业的产品保鲜提供了有力支撑和创新途径。

（5）代表性专利　在保鲜技术领域，选取出的代表性专利如表4-22所示。

表4-22 保鲜技术领域代表性专利

序号	公开/公告号	申请人	标题	同族数	被引频次
1	US10966435B2	江南大学	智能预冷与分段气调贮藏相结合的冷敏感果蔬低温损伤控制系统	2	38
2	US11723377B2	阿比尔技术公司	消毒产品的制备和保存方法	13	36

（续）

序号	公开/公告号	申请人	标题	同族数	被引频次
3	CN109073314B	大金工业株式会社	箱内空气调节装置及包括该箱内空气调节装置的集装箱用制冷装置	12	35
4	CN107923694B	大金工业株式会社	集装箱用制冷装置	10	34
5	US11696588B2	广西农业科学院蔬菜研究所	水果和蔬菜可移动气调库	3	20
6	CN104542924A	华南农业大学	一种果蔬保鲜的方法	1	19
7	CN106509070A	天津捷盛东辉保鲜科技有限公司	葡萄超长期绿色保鲜方法	1	17
8	KR101873515B1	DREAM & FIELD AGRI COPORATION	新鲜食品快速氮气冷冻装置	1	7
9	CN105010503A	国家农产品保鲜工程技术研究中心（天津）	一种采用软包装对树莓贮藏保鲜的方法	2	7
10	CN108966639B	南非农业研究委员会	用于保存农产品的膜和方法	14	4

6. 智能化控制全球专利分析

设施农业装备领域中的智能化控制主要包括农用无人机（占比 2%）、农业物联网/智能农场（占比 11%）（图 4-36）。

（1）全球专利申请态势　2014—2023 年智能化控制领域的全球有效发明专利共有 4029 项，2014—2020 年呈现逐年快速增长态势，2020 年达到近 10 年申请量最高值 677 项，随后呈现出下降态势（图 4-54）。需要注意的是，2022—2023 年因专利文献公开时间滞后，数据回落未体现真实申请量。这表明智能化控制技术在设施农业装备领域的技术创新活跃度高，处于一种市场需求持续扩张、技术层面不断突破与革新的高速发展状态。

（2）主要申请人排名　智能化控制领域主要申请人排名揭示了国内外于该领域之中的竞争态势及技术发展的主导力量（表 4-23）。在排名前 14 位的申请人里，有 3 家为美国公司，中国有 3 位高校申请人，韩国有 2 位企业申请人及 1 位政府机构申请人，荷兰、瑞典、以色列、英国、丹麦则各有 1 位公司申请人。这表明在智能化控制领域，各国均有一定的优势力量存在，且呈现出多元化的竞争格局。

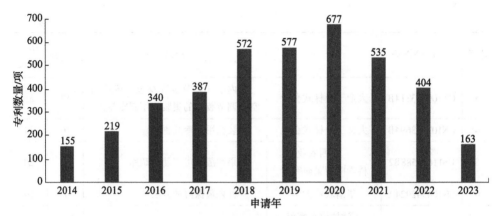

图 4-54　2014—2023 年智能化控制技术领域的全球专利申请量

表 4-23　智能化控制领域主要申请人排名

序号	申请人名称	国别	有效专利/件
1	莱利专利股份有限公司	荷兰	104
2	技术控股公司	美国	94
3	利拉伐控股有限公司	瑞典	73
4	泰维空中机器人技术有限公司	以色列	41
5	株式会社格林普乐斯	韩国	40
6	ST 再生科技有限公司	美国	28
7	奥卡多创新有限公司	英国	22
8	乐金电子公司	韩国	22
9	成长方案技术有限责任公司	美国	22
10	维京遗传学 FMBA	丹麦	21
11	江苏大学	中国	19
12	韩国农村振兴厅	韩国	18
13	华南农业大学	中国	18
14	浙江大学	中国	17

（3）智能化控制领域主要技术主题　智能化控制领域包括无人机、农业物联网/智能农场等多个领域，每个领域都有其特定的技术主题和发展趋势（图 4-55）。这些领域的技术进步和创新对于推动农业现代化的进程、提升农业生产效率、保障农产品质量与安全及促进农业可持续发展等都具有至关重要的意义。

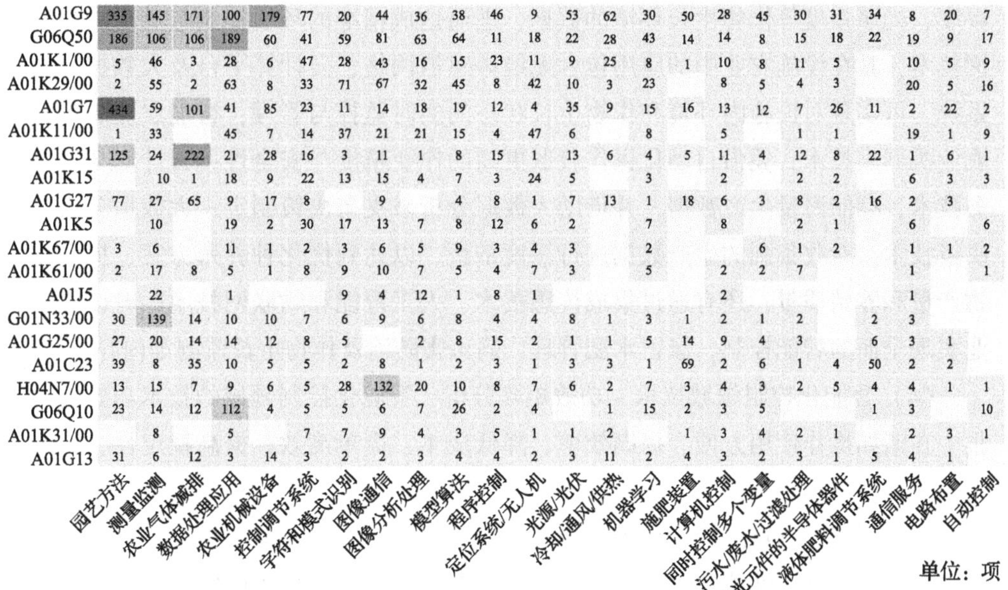

	园艺方法	测量监测	农业气体减排	数据处理应用	农业机械设备	控制调节系统	字符和模式识别	图像通信	图像分析处理	模型算法	程序控制	定位系统/无人机	光源/光伏	冷却/通风/供热	机器学习	施肥装置	计算机控制	同时控制多个变量	污水/废水/过滤处理	发光元件的半导体器件	液体肥料调节系统	通信服务	电路布置	自动控制
A01G9	335	145	171	100	179	77	20	44	36	38	46	9	53	62	30	50	28	45	30	31	34	8	20	7
G06Q50	186	106	106	189	60	41	59	81	63	64	11	18	22	28	43	14	14	8	15	18	22	19	9	17
A01K1/00	5	46	3	28	6	47	28	43	16	15	23	11	9	25	1	10	8	11	5		10	5		
A01K29/00	2	55	2	63	8	33	71	67	32	45	8	42	10	3	23		8	5	4	3		20	5	16
A01G7	434	59	101	41	85	23	11	14	18	19	12	4	35	9	15	16	13	12	7	26	11	2	22	2
A01K11/00	1	33		45	7	14	37	21	21	15	4	47	6			8		5	1	1		19	1	9
A01G31	125	24	222	21	28	5	3	11	1	8	15	1	13	6	5	11	4	12	8	22	1	6	1	
A01K15		10	1	6	8	9	12	13	15	4	7		2	24	5		3		2	2		6	3	3
A01G27	77	27	65	9	17	8		5	5	2	1		7	11	1	9	4		2	8	1	6	6	
A01K5		10		19	2	30	17	3	13	2	3		2	8			2	1		6			6	
A01K67/00	3	6		11	1	2	6		5	3	2		6	1		2			1	1		1	2	
A01K61/00	2	17		6	1	9	10	1	5		2		2	7			1		1					
A01J5		22		1		9	4	12	1		8	1				2				1			1	
G01N33/00	30	139		14	10	10	7	6		3	1		3	14	1		2	2		2			3	
A01G25/00	27	20	14	12	6	2		8	15	2	1	1		4		3	3			1		4		
A01C23	39	8	35	10	5	5	2	2	1	2	1		3	1		69	2	6	1	4	50	2	2	
H04N7/00	13	15	7	9	6	5	28	132	20	10	8	2		3	2		4	2	5	4		4	1	1
G06Q10	23	14	12	112	4	5	7		26	2	4			1						3			1	10
A01K31/00		8		6	1	2							1				2			3			2	1
A01G13	31	6	12	3	14	3		2			1			3			2		2	3		1	2	

单位：项

图 4-55　智能化控制领域主要技术主题布局情况

无人机技术方面，关注较多的技术主题主要分布在 A01K11/00（动物的标记）、A01K29/00（畜牧业用的其他设备）、A01G9（在容器、促成温床或温室中栽培）、A01K67/00（饲养或养殖其他类不包含的动物；动物新品种或改良的动物品种）等技术领域。代表性专利技术主要为：在温室环境中，配备喷雾设备实现精准喷洒；搭载温度、湿度、光照传感器等，实时监测温室内部环境参数；通过搭载多光谱相机或高光谱传感器监测作物生长状况；对需要授粉的作物，无人机携带花粉进行授粉，尤其适用于大面积温室种植。在设施畜牧业中，无人机也多用于动物房舍的管理。例如，利用无人机搭载热传感器技术，在夜间或恶劣天气条件下对动物进行健康监测，及时发现异常情况并采取相应措施。无人机在水产养殖领域的应用，如无人机用于投喂饲料，提高投喂效率和质量，有效管理大面积的水产养殖区。还可用于水质监测、垂钓和禽类捕捉等方面，使得水产养殖更加高效和可持续。

农业物联网/智能农场方面，关注较多的技术主题主要分布在 A01G9（在容器、促成温床或温室中栽培）、G06Q50（信息和通信技术）、A01K1/00（动物的房舍）、A01K29/00（畜牧业用的其他设备）等技术领域。代表性专利技术主要包括，环境与生物信息感知技术，即利用传感器和其他智能设备来收集如温度、湿度、光照强度等作物生长环境的数据，进而达成精准的环境控制与管理；物联网技术，其在设施农业中的应用包含无线传感器网络、云计算平台及大数据分析系统，可实现对设施内环境和作物生长状态的实时监控与管理；智能农业装备与农业机器人技术，凭借自动化操作获取更高的作业精度与安全性；云计算与云服务技术，存储海量生产数据，并借助大数据分析来支持决策制定；大数据分析与决策技术，对收集到的生产数据进行深度剖析，以达到优化种养殖方案、提升作物产量和养殖质量；还有通过集成传感技术、人工智能和物联网技术，对设施农业实现全面的智能控制，涵盖水肥管理、病虫害防治及作物生长监测等内容。

（4）智能化控制领域技术－功效矩阵分析 智能化控制领域的技术功效主要集中在诸如操作使用方便、提高效率、降低成本、简单高效、提高稳定性、促进生长、保证准确性及提高自动化程度等技术效果方面（图4－56），这些效果主要是通过对智能控制算法的优化等，使其能更精准地适应各种复杂情况；对硬件设备的升级，提升其性能和可靠性；还有对数据采集与传输技术的完善，保障数据的准确性和及时性等相关技术的持续改进来实现的。在设施园艺领域，如番茄灌溉智能控制系统（CN105230447B）根据其各个生长阶段对土壤水分的需要和土壤水分变化的非线性、大滞后和大惯性等特点，采取有效的调控手段，提高番茄生长环境土壤水分调节的可靠性、鲁棒性和准确性，以保证产量和品质的稳定提高。利用智能灌溉系统，根据番茄生长环境土壤水分值的异常，及时调节生长环境土壤水分值，提高番茄质量和增加产量。在畜牧业领域，如行为识别装置（JP7089098B2），通过牲畜身上的加速度传感器测得的加速度数据和无线电波传感器的强度数据，记录站立、躺下、反刍、进食、行走等数据，借助这些数据能判定牲畜处于何种状态或其行为。助力奶牛等牲畜的健康管理，如检测发情期及疾病、受伤引发的异常行为等。

设施农业中的无人机技术在园艺、畜牧业和水产养殖3个方面的重点研究方向为：在园艺方面，监测作物的生长状态，主要通过多光谱等技术及时发现病虫害或生长异常情况。在畜牧业方面，开展大范围牧场巡查，及时发现牲畜的异常情况或走失情况；对大面积牧场的植被生长情况进行监测，为合理安排牲畜放牧区域提供数据支持。在水产养殖方面，能对养殖水面进行快速巡查，及时发现鱼类异常活动或水面污染等问题。协助进行投饵作业，根据预设路线和区域精准投放饲料，提高饲料利用率。

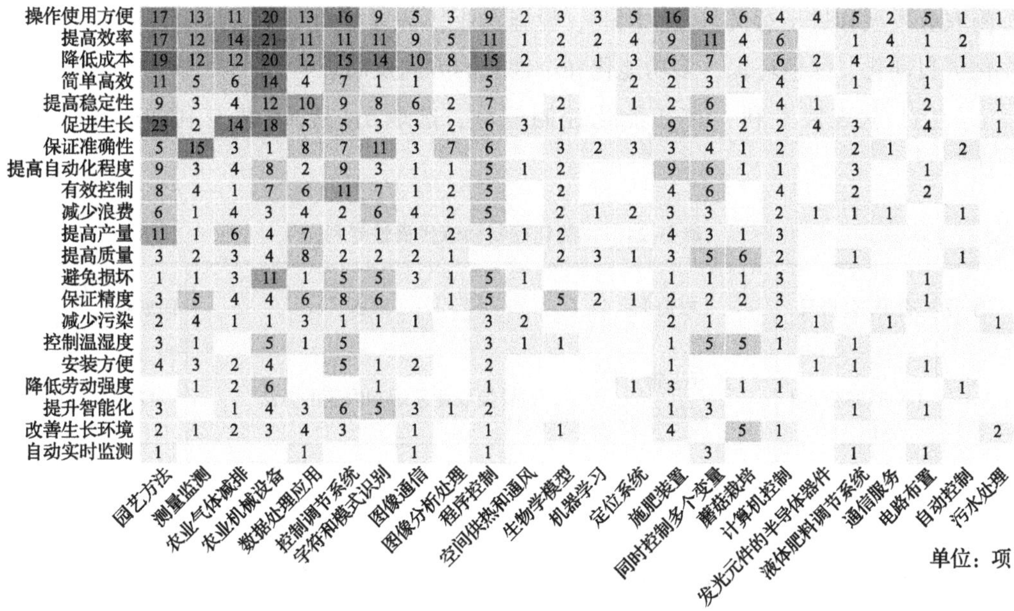

图 4-56　智能化控制领域技术 – 功效矩阵

设施农业中的农业物联网/智能农场技术在园艺、畜牧业和水产养殖 3 个方面的重点研究方向为：在园艺种植方面，研究重点包括综合环境控制，通过各种传感器（如温湿度、光照、二氧化碳等）实现对设施环境的实时监测，结合智能管理系统进行系统的自动控制。肥水灌溉决策与控制，利用物联网技术进行精准的肥料和水分管理，以提高作物产量和质量。在畜牧业方面，研究重点包括动物健康监测技术，利用各种传感器和智能设备对动物的生理状态进行实时监测。专利主要集中在可穿戴设备及远程监测系统等方面，以及智能化养殖环境控制技术，如对温度、通风等的精确调控。还有对家畜的标识技术，通过物联网技术实现对家畜的精确编码和标识，便于追踪和管理。畜禽养殖环境及体征行为远程监测：利用物联网技术对养殖环境和动物行为进行远程监测，以优化养殖条件和提高生产效率。在水产养殖方面，研究重点包括水质管理，通过物联网技术实现对养殖水环境的实时监控，确保水质符合养殖要求，专利申请主要集中在高精度水质检测传感器和智能化监测平台方面；还有智能化投饵与增氧技术，利用物联网技术实现自动化投饵，提高养殖效率和质量。

设施农业装备领域的全球有效专利技术涉及环境测控、巡检防疫、饲喂饮水、畜产品采收、保鲜技术和智能化控制等多个方面，这些技术的应用对推动设施农业发展和进步意义重大。同时，设施农业装备领域的专利布局也正朝着智能化、自动化、绿色环保、多功能化和个性化的方向发展。

（5）代表性专利　在智能化控制领域，选取出的代表性专利如表4-24所示。

表4-24　智能化控制领域代表性专利

序号	公开/公告号	申请人	标题	同族数	被引频次
1	CN111988985B	流利生物工程有限公司	受控农业系统和农业的方法	12	319
2	US10973185B2	MJNN 有限责任公司	用于环境控制的垂直农业系统的控制和传感器系统	10	223
3	US10986817B2	INTERVET INC	用于追踪动物种群健康的方法和系统	22	157
4	US11337358B2	DENDRA SYST LTD	自动化种植技术	35	122
5	EA037080B1	水力生长有限责任公司	植物生长装置和方法	26	108
6	JP7108033B2	X 开发有限责任公司	鱼类测量站管理	11	76
7	KR101954246B1	SK 美奇科股份有限公司	基于物联网的智能植物栽培装置和智能植物栽培系统	12	57
8	US11483988B2	OnePointOne，Inc.	垂直农业系统和方法	5	37
9	CN109997730B	山东省农业科学院家禽研究所	笼养鸡智能巡检系统及其巡检机器人的巡航控制方法	1	19
10	JP6637642B2	MU G 知识管理有限责任公司	杀虫系统及其用途	12	3

4.3.3　主要申请人专利分析

1. 主要申请人排名

设施农业装备领域主要申请人排名揭示了国内外在该领域内的竞争格局和技术发展的主导力量（表4-25）。排名前11位的申请人中有4位是高校和科研院所的申请人且均来自我国，这凸显了中国在该领域的研究实力和创新能力。其余 7 位申请人来自企业，其中美国和德国公司各有 2 位，瑞典公司、荷兰公司、韩国公司各有 1 位，这反映了全球范围内科技创新资源的竞争和合作。

表 4-25　设施农业装备领域主要申请人排名

序号	申请人名称	国别	有效专利/件
1	利拉伐控股有限公司	瑞典	418
2	莱利专利股份有限公司	荷兰	318
3	硕腾服务有限责任公司	美国	167
4	浙江省海洋大学	中国	163
5	技术控股公司	美国	158
6	浙江省海洋水产研究所	中国	140
7	浙江大学	中国	123
8	株式会社格林普乐斯	韩国	117
9	GEA FARM TECH GMBH	德国	84
10	大荷兰人国际有限责任公司	德国	82
11	华南农业大学	中国	82

申请人排名第一的利拉伐有效专利数量为 418 件，在瑞典的牛奶生产行业和牧场运营领域中占据领先地位，这得益于其创始人 Gustaf de Laval 发明的离心式奶油分离器，以及随后获得的多项专利。利拉伐的核心业务涵盖了从挤奶系统到牛奶质量与动物健康的全方位服务，这些服务不仅包括传统的挤奶设备和技术，还扩展到了全自动挤奶系统、牛奶制冷、奶牛舒适及牧场用品、饲喂饮水、粪污处理及牛舍设施、牧场管理支持系统、服务及原装零配件等多个方面。

申请人排名第二的莱利于 1948 年在荷兰成立，作为荷兰的一家领先企业，专注于乳品设备、机器人挤奶系统和饲料机械制造，提供从挤奶到清洁的全套解决方案，以及智能管理系统。莱利的有效专利数量为 318 件，虽然略少于利拉伐，但在机械臂自动化和图像识别方面有显著的技术积累。

申请人排名第三的硕腾于 2012 年 7 月在美国特拉华州成立。硕腾是动物保健行业的全球领导者，专注于药物、疫苗、诊断产品和服务等领域的发现、开发、制造和商业化。硕腾的有效专利数量为 167 件，显示了其在精准动物健康领域的技术实力和创新能力。

2. 利拉伐控股有限公司

（1）核心技术及主要产品　利拉伐公司起源于140年前的瑞典。其主营业务广泛，包含传统和全自动的挤奶系统、牛奶质量与动物健康管理、牛奶制冷、与奶牛舒适相关的用品、饲喂、粪污处理，以及牛舍设施、牧场管理支持系统、服务及原装零配件等。在技术上，利拉伐具备众多先进科技成果，特别是在挤奶系统方面表现突出。2022年底，利拉伐在中国发布了转盘式挤奶系统旗舰E500（图4-57）。它基于经典转台优势研发，具有模块化、信息化、数字化的特点，更大、更快、更强、更智能，旨在帮助牧场实现奶厅性能的新突破。E500最高可为荷斯坦奶牛配置120个牛位，娟珊牛则最高可达128个牛位。其快挤牛栏和快速出牛设计打造流畅奶牛流动，新挤奶点和应用程序（APP）扩展提升效率，智能操舱功能让工人掌控一切，超级保障使其能全天候作业，驱动设计合理且有安全保障，可边转边洗，故障时仍能保障运转和挤奶。

图4-57　利拉伐转盘式挤奶系统旗舰E500（来源于官网）

（2）专利布局情况　利拉伐在全球进行专利布局（图4-58），主要专利布局区域和国家依次是欧洲、美国、德国和中国，其主要布局的专利技术集中在A01K1/12（挤奶站）、A01J5/017（元件组的自动安装或拆卸）、A01J5/08（双室型挤奶杯）、A01J5/007（监控挤奶过程；挤奶机的控制或调节）、A01J5/04（气动按摩乳头的）、A01J5/01（奶量计；奶流量传感装置）等技术领域（图4-59）。

通过专利解读，利拉伐专利中的关键技术聚焦在控制单元、计算机程序、挤奶机、生物标志物和控制装置/系统等方面。

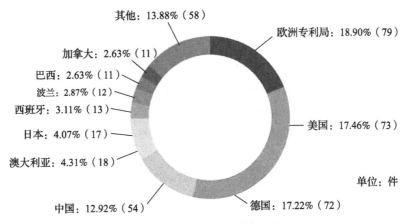

图 4-58　利拉伐专利全球布局情况

	2014年	2015年	2016年	2017年	2018年	2019年	2020年	2021年	2022年	2023年
A01K1/12	13	21	4	14	30	7	3			
A01J5/017	26	13	2	11	12	14	1	2		
A01J5/08	21	6	15	20	13	4				
A01J5/007	1	16	8	9	12	17	7	1		
A01J5/04	6	16	3	1	2	12				
A01J5/01		5	1	2	25	6	1			
G01N33/04		1	2		29	3	4	1		
A01J7/04	12	12		8	4					
A01J7/02	6	4	10	3	4	4	1			
A01K1/00	3	3	2	3	10	6				
A01K5/02		4		7	8	3	1			
A01J5/00	3	2		4	2	1	5		1	
A01J5/013	2	6	2		4	2	2			
A01J9/04		13		3						
A01J5/16	6	1		6	1	1				
A01K29/00		1		3	4	3	2		2	
A01J7/00	1		6	2	3	2	1			
A01K13/00	2			7	3					
B25J9/16	3					9				
A01K11/00		3	2	2	1					

单位：项

图 4-59　利拉伐主要技术主题布局情况

（3）代表性专利　根据被引次数及专利家族规模，同时通过研读专利内容，遴选出部分代表性专利（表 4-26 和表 4-27）。

表4-26 利拉伐公司代表性专利（依据被引次数筛选）

专利公开 （公告）号	被引 次数	标题	公开 （公告）日
US10123506B2	8	Arrangement for milking animals	2018-11-13
US10058069B2	7	Gripping device for a robotic manipulation device adapted to grip and attach teat cups to an animal	2018-08-28
US10514316B2	7	Diagnostic apparatus and testing method	2019-12-24
US9826709B2	3	Teat treatment method and apparatus	2017-11-28
RU2666366C2	3	具有增强乳头按摩功能的奶杯内衬	2018-09-07
US10130068B2	3	Cartridge, and a teat cup	2018-11-20
US11160247B2	3	Cartridge for a teatcup, and a teatcup	2021-11-02
US11533886B2	3	Connector for a teatcup to be attached to the teat of an animal to be milked, and a teatcup	2022-12-27
CN104968195B	2	奶头处理方法和设备	2017-03-08
US10036419B2	2	Roller of a support arrangement for a rotary milking platform	2018-07-31

表4-27 利拉伐公司代表性专利（依据专利家族规模筛选）

专利公开 （公告）号	专利家 族规模	标题	公开 （公告）日
IN457936B	26	A teatcup liner	2023-10-13
BR112019026281B1	19	用于牛奶样品生物标志物分析的布局、盒和服务模块	2023-08-22
JP6286080B2	17	墨盒和奶嘴杯	2018-02-28
CL55389B	17	动物刷洗装置和操作动物刷洗装置的方法	2018-01-31
CL55067B	16	动物饮水器	2017-11-02
NZ740542B	16	System and method for evaluating a cleaning process in respect of a milk transporting conduit structure	2023-10-31
US11889813B2	16	Cassette for biomarker analysis of a milk sample	2024-02-06
CN109068607B	16	用于奶杯的芯筒和奶杯	2022-07-01
ES2859454T3	15	一种用于奶杯的药筒和连接器，以及一种包括药筒和连接器的奶杯	2021-10-04
CA2910253C	14	A cartridge and a teat cup	2021-07-06

3. 硕腾服务有限责任公司（Zoetis Inc.）

（1）核心技术及主要产品　硕腾最初是辉瑞旗下的动物保健部门，2012年从辉瑞中拆分出来，独立成为硕腾，并且于2013年以硕腾的名义在美国成功地独立上市。硕腾专注于动物保健领域，其主要的研究方向涵盖动物疾病防控等，而主营业务包括动物药品、疫苗等。不过其在禽蛋收集和抓取的生物设备研发中也具有一定的技术沉淀。例如，其 Embrex® 系列的蛋内接种机（图 4-60），能够自动实施蛋内胚胎接种及落盘操作。该接种机还运用了专利脉冲光源对每一枚蛋进行多次扫描，从而可以精确地区分活胚蛋、无精蛋、早期死胚蛋及中期死胚蛋，以此确保只对活胚蛋进行接种。当前，在蛋内接种领域中，Embrex® 系列的蛋内接种机市场占有率位居全球首位，被众多世界领先的肉鸡生产厂商所采用，每年有超过130亿枚蛋通过硕腾的蛋内接种机来完成接种。与此同时，硕腾的自动照蛋机还能够迅速移除无精蛋、早期死胚蛋，以及大多数的中期死胚蛋。

图 4-60　硕腾 Embrex® 蛋内接种机（来源于官网）

（2）专利布局情况　硕腾在全球进行专利布局（图 4-61），主要专利布局区域和国家依次是美国、墨西哥、加拿大和中国，其主要布局的专利技术集中在 A01K43/00（蛋的检验、分级或清洗）、A01K45/00（养禽业的其他设备，如测定鸟是否将产卵的装置）、G01N33/08（蛋，如用光照）、B65B23/08（使用夹具）、A01K43/04（蛋的分级）、B65G47/90（捡取或放下物件或物料的装置）等技术领域（图 4-62）。通过专利解读，硕腾专利中的关键技术聚焦在识别系统、电磁辐射、发射器、固定装置、检测器等方面。

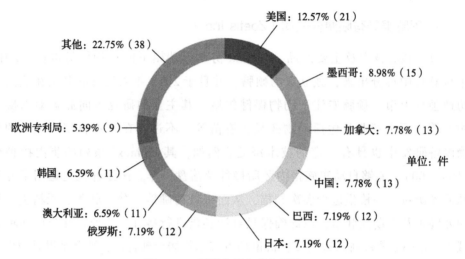

图4-61 硕腾专利全球布局情况

	2014年	2015年	2016年	2017年	2018年	2019年	2020年	2021年	2022年	2023年
A01K43/00	25	23	30	19	18	15	3	1		
A01K45/00	5	9	22	3	8	3		1		
G01N33/08	12		4	9	5	3	2	1		
B65B23/08		10	11	6	2	3				
A01K43/04	2		1		7	3		1		
B65G47/90				6	3	4		1		
G01N21/3563	11		3							
A47J29/06		7	2	1		3				
A01K41/06				10	1	1				
B65B23/06	1	5	5		1					
G01N21/25	2		2		4		1			1
G01N21/64	7		2		1					
A01K41/00					7					1
B65G65/00		3	2	1						
B66C1/44		3	2	1						
G01N21/59	1				4		1			
C12M3/10		1	4	1						
G01N21/31				1	3		1			1
G01J3/427					3		1			1
B25J15/00					2		1			1

单位：项

图4-62 硕腾主要技术主题布局情况

（3）代表性专利 根据被引次数及专利家族规模，同时通过研读专利内容，遴选出部分代表性专利（表4-28和表4-29）。

表 4-28　硕腾公司代表性专利（依据被引次数筛选）

专利公开 （公告）号	被引 次数	标题	公开 （公告）日
US9521831B2	12	Apparatus for removing eggs from egg carriers, and associated method	2016-12-20
US9522808B2	10	Egg lifting device, and associated systems and methods	2016-12-20
US10448619B2	5	Egg grasp device having interlaced members, and associated systems and methods	2019-10-22
US9513270B2	3	Non-contact egg identification system for determining egg viability using transmission spectroscopy, and associated method	2016-12-06
US10285383B2	3	Egg orienting assembly, and associated system, device and method	2019-05-14
JP6495276B2	2	使用透射光谱法确定鸡蛋存活率的非接触式鸡蛋识别系统和相关方法	2019-04-03
US11122779B2	2	Egg grasp device having interlaced members, and associated systems and methods	2021-09-21
US9770014B2	1	Sanitization system for an egg processing apparatus, and associated method	2017-09-26
US9807984B2	1	Processing system for transferring eggs, and associated method	2017-11-07
RU2703432C1	1	鸡蛋提升装置及相应的鸡蛋转移系统和方法	2019-10-16

表 4-29　硕腾公司代表性专利（依据专利家族规模筛选）

专利公开 （公告）号	专利家 族规模	标题	公开 （公告）日
AU2018225128B2	32	Egg grasp device having interlaced members, and associated systems and methods	2024-01-18
EP3974827C0	31	Non-contact egg identification system for determining egg viability, and associated method	2023-09-27
MX374855B	24	卵子转移处理系统和相关程序	2020-10-09
MX381535B	21	鸡蛋提升装置和相关的系统和方法	2021-05-24
HUE055557T2	21	用于从蛋载体中取出蛋的装置和相关方法	2021-12-28
BR112016011226B1	20	确定鸟蛋生存能力的蛋识别系统	2022-02-22

（续）

专利公开 （公告）号	专利家 族规模	标题	公开 （公告）日
IN469172B	19	Apparatus for analyzing a media, and associated egg identification apparatus and method	2023 – 11 – 17
BR112020019632B1	19	配备自由移动喷射器的鸡蛋传输模块和鸡蛋传输方法	2024 – 01 – 09
US11077968B2	18	Method and facility for filling traveling egg trays	2021 – 08 – 03
MX388629B	18	用于鸡蛋加工和相关方法的起重组件	2022 – 01 – 12

4.3.4 专利技术的权利转移、许可与质押情况

在设施农业领域中，研究分析专利申请的权利转移、许可和质押等转化情况具有极其重要的必要性。通过对这些转化情况进行深入探究，能够确切知晓专利在该领域的实际价值和市场潜力，从而对相关技术成果的商业意义进行精准评估。

2014—2023 年，全球设施农业装备领域的有效发明专利中发生权利转移（即转让）的专利数量为 4661 件，发生许可的专利有 319 件，发生质押的专利有 764 件（图 4-63）。

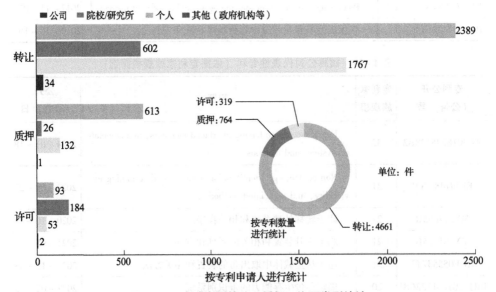

图 4-63 全球专利转让、质押、许可类型统计

转让以公司转让为主，其次是个人权利人的转让，再次是高校和科研院所；许可以高校和科研院所为主，其次是公司和个人；质押以公司为主。

公司作为活跃的经济主体，有较强的资源整合和运营能力，在转让和质押中占主导地位。公司出于战略调整、业务拓展等原因，会频繁进行专利的转让与质押。个人权利人在转让和质押活动中也较为活跃。高校和科研院所拥有大量科技成果，在许可方面较为突出，通过许可能更好地实现技术转化和价值变现。公司的许可行为，通常与产业发展紧密相关，旨在提升自身竞争力或开展合作。高校和科研院所的许可，有助于推动学术成果向实际应用转化，促进产学研结合。而质押方面，公司凭借其资产和信用，能更顺利地进行专利质押融资，以获取技术创新发展资金。

全球专利转让、许可与质押的热门应用领域如图4-64所示，专利转让的热门应用领域集中在园艺方法、机械设备、农业气体减排、保存水果/蔬菜/肉蛋、污水处理、控制技术、过滤处理、测量、零部件、发光元件/光源等方向。

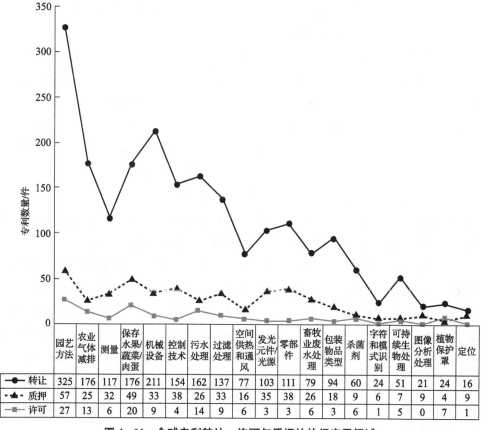

图4-64　全球专利转让、许可与质押的热门应用领域

	园艺方法	农业气体减排	测量	保存水果/蔬菜/肉蛋	机械设备	控制技术	污水处理	过滤处理	空间供热和通风	发光元件/光源	零部件	畜牧业废水处理	包装物品类型	杀菌剂	字符和模式识别	可持续生物处理	图像分析处理	植物保护罩	定位
转让	325	176	117	176	211	154	162	137	77	103	111	79	94	60	24	51	21	24	16
质押	57	25	32	49	33	38	26	33	16	35	38	26	18	9	6	7	9	4	9
许可	27	13	6	20	9	4	14	9	6	3	3	6	3	6	1	5	0	7	1

专利许可的热门应用领域集中在园艺方法、保存水果/蔬菜/肉蛋、污水处理、农业气体减排、机械设备、过滤处理、植物保护罩等方向。

专利质押的热门应用领域集中在园艺方法、保存水果/蔬菜/肉蛋、控制技术、零部件、发光元件/光源、机械设备、过滤处理、测量等方向。

4.4 小结

1）对近10年大田农业装备领域和设施农业装备领域专利分析发现，大田农业装备领域总体处于技术平稳发展期，在其5个主要分支中，收获机械、耕整机械和田间管理发展快速，农用动力机械和种植机械发展速度趋缓。设施农业装备领域的关注度持续上升，专利申请量在各技术分支呈上升趋势，发展态势良好，表明设施农业装备的重要性日益凸显。

2）从技术来源国/地区与技术目标国/地区的分析可以看出，在大田农业装备领域，美国、德国和日本的技术实力较强，是主要的技术发源地和技术输出国。同时，它们也是大田农业装备的主要市场，技术领先与市场成熟相统一。在设施农业装备领域，中国、美国、韩国、日本、荷兰都是重要的技术来源国，中国、韩国、美国、日本还是主要的目标市场国。这些国家在大田农业装备和设施农业装备方面各具优势特色。中国发展迅速，侧重大规模设施与自动化技术的集成；美国高度机械化与数字化技术优势明显；韩国侧重于农业精细化与机械化技术；日本的农业机械化水平颇高，尤其在智能采收机器人和温室自动化技术上领先；荷兰温室种苗生产自动化程度高，设施环境智能控制系统先进。

3）从五局专利申请流向分析可以看出，中国申请人在海外的技术布局存在明显不足。这表明中国尽管在大田农业装备和设施农业装备领域具备较多专利技术，但其国际化程度相对较低。国外主流的大田农机企业及零部件商纷纷在中国设立合资或独资公司，不但占据了中国市场的主要份额，还凭借大量专利申请构建起完善的专利网络以维护其在中国的市场利益。中国企业应强化对海外市场的调研与剖析工作，深入掌握不同市场的需求特性及发展趋向，加强海外技术布局，提升国际化水平；同时，要继续加大技术研发投入，不断增强自主创新能力，以更好地应对市场竞争。

4）主要申请人的排名呈现出显著的国内外差别，海外主要是企业申请人占比较大，而国内则是以高校和科研院所的申请人居多。这既凸显出国内高校和科研院所在科研基础研究方面具备强大的实力及较大的投入，同时也反映出国内企业需要进一步强化研发投入及专利意识，进而提升创新能力与竞争力，以便更好地参与到全球竞争当中。与此同时，高校和科研院所应当加强与企业之间的合作，推动科研成果的有效转化，从而提升我国在设施农业装备领域的整体发展水平。

5）在各关键技术主题中，大田农业装备中种植机械、农用动力机械和收获机械的专利布局集中且数量可观。其中，农用动力机械因贯穿耕、种、管、收各环节，技术成熟度较高。近年来，电动、混合动力、甲烷动力等新能源技术由汽车产业链拓展至农用机械领域，该领域不仅创新活跃，竞争也颇为激烈，各大农机企业纷纷加大在该领域的研发投入，力求在技术创新和市场份额方面占据优势，推动农用动力机械不断发展。设施农业装备中的环境测控技术如水质测控、气体测控，以及巡检防疫、饲喂饮水、农业物联网/智能农场等技术的专利布局相对集中且数量较多，反映出了当前设施农业装备技术领域的布局重点和热点，对提升农业生产效率和质量具有重要意义。需要注意的是，专利布局的集中，一方面显示出行业对这些方面的高度重视，以及积极探索和创新的态势；另一方面，也可能存在一定程度的激烈竞争和重复研发的情况。

6）从主要申请人的专利布局来看，很多公司注重围绕核心业务进行深入且全面的专利布局。例如，利拉伐主要布局的专利技术集中在挤奶站、挤奶单元、奶量计、奶流量传感装置等技术领域，都是围绕挤奶过程的各个环节，突出了其在挤奶系统技术方面的专业性和创新性。我国企业也应注重围绕核心业务构建全面技术链条，全方位布局专利技术提升竞争力。此外，迪尔公司、久保田、凯斯纽荷兰、利拉伐和硕腾等公司的专利技术在全球均有广泛的布局。在全球化竞争中，企业抢占市场先机至关重要，提前在不同地区进行技术布局，有助于快速进入并占领新兴市场。此外，这种全球技术布局还能够增强企业抗风险能力，避免企业过于依赖单一市场或技术，从而有效分散风险。这也启示我国企业在拓展业务时，要有全球化的视野和前瞻性的布局思维，以应对日益复杂多变的市场环境和竞争挑战。

7）在专利运用与运营方面，公司是权利转移（转让）的主要主体，高校和科研院所则大多通过许可模式进行技术授权，质押方面也主要由公司主导。企业通常倾向于借助技术转让来迅速推动技术成果商业化，进而增强自身竞争力。与权利转移相比，许可模式风险较小、操作更灵活，技术持有方在不丧失技术所有权的情况下，能获取持续稳定的经济收益。而且，若采用普通许可或开放许可等许可模式有利于促进技术的广泛应用，推动整个行业技术水平的提升。高校和科研院所借此也可获得稳定收入。在知识产权质押融资方面，公司是主要需求方。公司在发展中经常需要资金用于研发、扩大生产及开拓市场等，对资金的需求不仅紧迫，规模也较大。知识产权质押能够将无形资产转化为资金，满足公司的经营需求。

第 5 章　工厂化农业与智能农业装备技术进展

工厂化农业与智能农业装备是实现农业强国的重要支撑。习近平总书记指出，要大力推进农业机械化、智能化，给农业现代化插上科技的翅膀，要补齐农业物质装备短板，要提升农业装备研发应用水平，为新时代工厂化农业与智能农业装备创新指明了方向，提供了根本遵循。"十四五"以来，深入学习贯彻党的二十大精神，围绕保障国家粮食安全、全面推进乡村振兴、建设农业强国等重大战略需求，聚焦"四个面向"，科技部、农业农村部组织实施了国家重点研发计划"工厂化农业关键技术与智能农机装备"重点专项，强化关键核心技术攻关、重大装备创制和集成应用，有力地支撑了农业机械化和农业装备产业转型升级，以中国特色农业机械化智能化助力中国式农业农村现代化发展。

5.1　专项总体目标

"工厂化农业与智能农机装备"专项立足工厂化农业产业和智能农业装备产业的科技自立自强，大力推进农业机械化、智能化，构建绿色、智能、高效的农业生产技术体系，在工厂化农业领域率先实现农业现代化，引领未来农业发展方向，支撑农业产业高质量发展。到 2025 年，关键技术及核心零部件对外依存度由 90% 降低到 50% 以内，整机产品替代国外同类产品，建成适用中国农业特色、具有自主知识产权的智慧农业技术体系。

专项主要任务立足于解决高端传感器产品受制于人、智能农业装备被国外垄断、工厂化农业产业和大田农业产业整体产出效能不高等突出问题，坚持"关键技术自主创新、重大产品自主创制、主要产业全面赶超"的思路，以应用场景需求确定产品目标，以产品目标需求确定关键技术，重点围绕工厂化农业与智能农业装备发展的基础理论研究、重大共性关键技术产品创制、典型场景集成应用等全链条创新，布局先进农业传感器产品创制与信息智能处理、重大农机产品创制、农业生产工厂与大田智慧农场创制、重大突发事件应急处置4个任务和10个任务方向，引领我国工厂化农业产业、智能农业装备产业全面赶超欧美等发达国家。

创制农业生命信息传感器、320～400马力智能拖拉机、垂直智慧植物工厂成套化技术装备、稻麦无人化农场等技术产品300种以上，关键技术及产品自主率达到95%以上，部分达到国际先进水平；建立技术装备示范验证基地300个以上，支撑农业生产数字化水平由23.8%提高到30%以上，国产农业装备市场满足率达90%以上，主要农作物耕种收综合机械化率由71%提高到75%，丘陵山区农作物耕种收综合机械化率由49%提高到55%，水产和畜牧养殖机械化率分别由30%和35%提高到50%和50%。

5.2 专项进展情况

围绕强化企业技术创新主体，实现了不同创新主体、体系、区域和中央与地方的统筹布局。在2021—2022年执行的项目中，高校牵头项目17项、科研院所牵头10项、企业（含转制院所）牵头5项；参与单位共计136家，涉及高校和科研院所77家、企业59家，其中包括民营企业5家，共计2906人次参与项目，硕士以上研究生占比55.7%，中、高级职称占比50.1%。2023年度立项的14个项目，高校牵头项目3项、科研院所牵头4项，企业（含转制院所）牵头7项；共82家单位参与，高校26家、企业31家、科研院所及其他事业单位25家。

5.2.1 目标完成情况

2023年度，专项实施取得各类新原理、新理论26项，取得各类新技术、新工艺、新方法115项，取得各类新装置、新产品121项；制定国家标准、行业标准、企业标准等25项；申请发明专利333件，授权77件；申请其他各类专利40

件，授权 21 件；取得登记软件著作权 80 项；出版专著 8 项；培养研究生 160 人，其中硕士研究生 136 人、博士研究生（含博士后）24 人。

5.2.2　取得经济、社会效益

2023 年度，建立示范线（基地、工程、生产线）21 个，示范推广面积 98667 亩，培训农民 3900 余人、技术人员 1.3 万余人；成果转让 6 项，转让收入 696.5 万元，预估创造产值超 4.6 亿元，在农业保生产稳产、保产业链供应链稳定中发挥了重要作用。

5.2.3　阶段性成果

（1）作物生长特征高光谱成像传感器　面向多传感阵列和多源成像单元装置国产化替代的目标需求，开发了基于小孔阵列的高光谱传感器，视场角大于 30 度、超过 5000 个采样点、5 纳米光谱分辨率；开发了基于双模式融合的水稻高通量表型组平台装置，支持植株原位冠层扫描及盆栽植株侧视表型扫描，实现多角度多尺度的表型数据采集；实现了多传感器姿态的自适应调整及表型信息的同步采集等作业过程。

（2）农田土壤信息感知系统　基于土壤信息高精度、低成本、低功耗的多源信息融合技术监测传感等关键技术，突破性地设计了水热盐一体化传感器的湿度敏感单元，传感器可连续监测环境，实现高效分析与精确处理，研制了 6 种可替代进口产品、国内急需的土壤信息现场快速灵敏的检测传感器，填补国内空白，为新型土壤传感器与智能监测装备提供科学支撑。

（3）高速精量排种器　针对播种作业性能和效率难以满足高质量生产等现状，采用模块化设计，集成创制了电驱气吸式、姿控驱导机械式高速旋转盘式精量排种器，以及草土分离 - 干湿土分层、定深覆土 - 适度镇压等装置，试制了适宜于一熟区玉豆兼用高性能播种机、复种区玉豆兼用轻简型高性能播种机、油菜高速微垄直播机，最高作业速度达 14 千米/时，漏播率可低于 5.5%。

（4）500 马力拖拉机　针对国内大马力拖拉机的市场空白，开发了独立机械液压无级变速箱，发动机及前桥和后桥均通过万向轴与该变速箱万向轴链接，双行星排，三区段无级调速，集成创制了 500 马力折腰转向 CVT 拖拉机，最大输入扭矩2590牛·米，重量1710千克，最高输出转速（输出轴）3400转/分钟，允许最大工作倾斜角度横纵20度，可完成高原寒区犁地作业，摆脱了该功率段大马力高效智能拖拉机受制于人的局面。

（5）大喂入量智能谷物联合收获机 针对大喂入量智能谷物联合收获机的作业过程和质量，突破了联合收获机模块化设计技术，开发了作业在线监测、作业参数在线控制、作业自主导航等传感器及系统，研发了大豆、玉米两种作物高效低损收获割台，创制了10款单/双HST驱动单/双纵轴流轮履结合式智能化油菜、稻麦、玉米联合收获样机，实现稻麦、玉米、油菜、大豆割台互换。

（6）主粮作物无人化生产智慧农场技术及装备 构建了无人化农机农艺融合生产模式，创新土壤养分数据采集、无人驾驶拖拉机整地、无人驾驶插秧、无人化播种、无人驾驶插秧同步变量侧深施肥、无人驾驶植保、无人驾驶收获卸粮、长势多光谱数据采集、机库内激光雷达定位、5G、大数据平台等技术，研发了水稻、玉米、小麦等主粮作物耕种管收环节的全程无人化作业装备，作业覆盖率可达95%以上，建立了多个无人化智慧农场，显著提升传统农业装备的智能化作业水平，提高作业质量和管理效率，每亩可节约种子5%以上，燃油成本降低10%以上，人力成本降低50%以上，土地利用率提高0.5%~1%，提高作业机组利用率20%以上，相比传统种植模式增产5%以上，整体增效32%。

（7）无人化植物工厂技术及装备 集成先进的人工光技术、水肥一体化技术、环境参数均质技术、先进自动化作业技术及先进的物流输送技术，自动化作业程度高达95%以上，缩小我国设施农业技术水平与世界先进水平的差距，实现由跟随向并跑的过渡。针对叶菜种苗高效移植的技术要求，提出错位种苗高效移植模式，开发出的双排8手移植机的作业效率达到6000株/时以上。提出整行间接柔性采收模式，开发出的叶菜成菜采收生产率达到2400株/时以上。种苗移植与成菜采收装备及技术在国内外植物工厂中已处于领先水平，集成从育苗到采收全程19套生产设备，相关装备和技术已在国内及北美近10家植物工厂叶菜生产企业得到应用。

（8）无人化工厂养猪技术及装备 研发建设了无人化养殖工厂，实现了养殖舍环境精准调控、精准饲喂、健康监测等关键环节无人化，通过跨设备、跨系统、跨场区、跨地区的全面互联互通，实时分析生猪的生长速率、环境状况、体温异常、行为异常、体重异常等关键养殖参数，实现养殖业提质、降本、绿色、安全发展。

5.3　重大进展和成效

专项围绕高端农业传感器、大马力智能拖拉机、植物工厂成套化智能装备等推进攻关，有力推进解决关键技术产品受制于人、工厂化农业和大田农业整体产出效能不高等突出问题。

1）农业传感器产品创制与农情信息获取系统研发，着力解决核心技术及部件自主可控。开发设计了作物长势监测、农作物密集目标、农田叶面型病虫害、水稻病害、拖拉机载荷处理单元、设施作物产量品质估测估产、田间管理机器人等农业专用芯片及作物生长模型，开展了土壤信息、大田及设施的作物信息、农情信息空天地高精度高时效智能监测等传感器、表型平台及系统的创制，布局了粮食生产大数据平台研发。完成设施环境内固定式表型平台结构及智能作业控制系统的搭建，实现了多传感器姿态的自适应调整及表型信息的同步采集等作业过程。突破了水热盐一体化传感器的湿度敏感单元，完成了 6 种国内急需的土壤信息现场快速灵敏的检测传感器，可实现环境连续监测，替代进口产品。

2）重大农业装备创制补齐短板，引领产业升级发展。围绕智能动力机械创制，开展大马力高效智能拖拉机、农机新型动力系统与智能控制单元、丘陵山地通用动力、新能源园艺作业动力等技术及整机的研发创制。初步创制 500 马力折腰转向 CVT 拖拉机，CVT 额定输入功率 500 马力，最大输入扭矩 2590 牛·米，重量 1710 千克，摆脱该功率段大马力高效智能拖拉机关键技术与装备受制于人的局面。设计了柴电混合动力拖拉机传动系及整机控制器软硬件，集成试制整机并完成了传动系冷却系统热平衡整机试验、整机标定及热平衡试验和整机 300 小时可靠性试验。研制了具有自主知识产权的高效裹包装置和采棉机作业质量智能控制系统，初步集成了大型圆包式智能采棉机、自走式青饲玉米高效收获装备，打破了国外对高端农机的垄断。研制了加工红辣椒收获机、小型结球类蔬菜收获机等，填补了丘陵山区特色作物生产装备的空白。

3）工厂化种养关键技术装备集成与应用，促推农业生产方式升级，助力提升粮食及重要农产品产出能力和品质水平。研制了无人化植物工厂，总建筑面积 1400 米²、种植区 850 米²、育苗区 86 米²、作业区 300 米² 的植物工厂建设及环控安装，集成创制了 19 套设备，已在国内及北美近 10 家植物工厂叶菜生产企业得到应用。创制水稻、小麦、玉米集约化、无人化作业配套的智能化技术装备 20 种以上，初步实现了水稻的耕种管收环节的全程无人化、数据上传平台汇总和展示。无人化作业实现农田全覆盖，作业覆盖率可达 95% 以上，每亩可节约种子 5% 以上，燃油成本降低 10% 以上，人力成本降低 50% 以上，土地利用率提高 0.5%~1%。相比传统种植模式增产 5% 以上，整体增效 32%。同时，推进了棉花、主要饲草饲料、油菜/花生、露地蔬菜及丘陵山区、盐碱地等典型地区的智慧农场创制与应用等，提升农业生产机械化、智能化水平，促推无人化发展。

5.4　专项技术进展情况

5.4.1　先进农业传感器产品创制与信息智能处理

1. 大田作物生长模型与智能决策技术研发

开展作物（水稻、小麦和玉米）不同播栽方式、水肥条件的田间试验，收集遥感、农情、气象、土壤特性、作物功能、结构等数据；初步分析作物生长发育对水肥、病虫害、气候胁迫等环境因素的响应机理；初步构建作物功能-结构协同模拟模型；设计构建数字农田云系统的基础架构，研究实现基于云服务多源异构农田数据的集成和接入关键技术；初步构建数字农田、云边端协同计算服务原型系统；初步构建基于知识图谱的作物生产管理方案智能系统。

（1）水稻生产力预测模型构建与管理处方智能设计　开展了水稻田间试验，探讨水氮互作、病虫害及温度胁迫对水稻生产力的动态响应。通过定量模拟，高温和低温下的水稻生长与生产力形成得以深入分析。研究优化了三维点云重建精度，利用多视角图像自动采集系统提升了水稻地上部形态结构的获取频率、精度和可靠性。开发的 Daily DeepCropNet（DDCN）分层深度学习模型，可处理卫星获取的植被指数与气候变量的时间序列，以估算作物单产。同时，采用 RiceGrow、ORYZAv3 和 CERES-Rice 三大水稻生长模型，模拟播期调整对双季稻区早晚稻产量的影响，确定了我国双季稻区的最适播期及其适宜范围。

（2）小麦生产力预测模型构建与管理处方智能设计　通过田间试验及累积的

历史数据，设计了小麦生长与生产力形成模拟模型框架，建立了与小麦作物密切相关的各个生理过程子模型，以及与小麦作物相对独立的水分循环子模型；基于实测试验数据，开展了小麦器官参数化几何建模和小麦植株三维仿真动态模拟研究，构建了小麦株高、叶片高度模拟模型；研究了基于生物量的小麦形态参数关系，初步明确了植株器官的形态结构与同化物分配状态的时空变化模式及其与对应器官生物量的基本关系，以及小麦地上部各器官干物质积累和转运的动态规律；收集了小麦示范农场站点的气象数据和作物数据，初步模拟了这些站点小麦光温生产潜力，分析了温度和太阳辐射对其产生的影响。

（3）玉米生产力预测模型构建与管理处方智能设计　开展了土壤水分运移、气候胁迫（干旱）和病虫害等因素对玉米生长的影响研究，初步建立了玉米生长与生产力的模拟模型，并通过大田实测数据进行了验证，实现了土壤水分对玉米生长影响的动态模拟。构建并验证了基于植被水分指数（VWI）的玉米干旱灾变过程动态阈值指标模式，提出了干旱潜伏期–发生发展期的干旱灾变过程动态监测方法，评估了不同等级干旱对玉米产量的影响。评估了多种机器学习方法对玉米产量的训练模拟能力。基于时间序列遥感植被指数，采用导数法提取玉米关键生育期，获得精确度优于遥感生育期产品的结果。进行了玉米田间试验，构建了玉米器官和植株 3D 模型，并提出了玉米冠层累积光截获计算方法。提出了基于冠层光合模型的高光效玉米株型特征确定方法，通过模拟不同玉米冠层结构的光能利用效率，确定了高光效玉米株型的特征。

（4）数字化智能化作物模拟与决策支持平台研发　完成了数字农田云系统的基础架构设计，并实现了基于云服务的多源异构农田数据集成和接入。通过数字农田，成功对接了物联网设备（场景、气象、土壤、作物、农机），在江苏兴化、黑龙江北大荒、海南三亚等地部署并测试了系统。在数字农田云边端系统的规划中，完成了系统总体方案规划、系统底层服务框架及子系统的详细设计。农机农艺智能推送系统采用知识图谱架构，有效整合了模型反馈与操作信息。在大田作物模型决策管理数字孪生关键技术方面，借鉴工业设计思想，构建了农业生产管理的五维数字孪生模型，涵盖了作物生产管理的连接融合、虚拟模型设计及物理属性模拟，建立了孪生体之间的通信连接。研发了数字化智能化作物模拟与决策支持云服务平台，完成了需求调研、系统功能、接口和数据库设计，提供了大数据决策计算及智能推送服务。

（5）作物模拟与决策支持技术体系集成与应用示范　落实了核心试验示范农

场，制定并完善了具体实施方案。收集了各地区多个试验示范区内的作物模型信息，包含气象、土壤、作物品种等数据，获取了目标区域的历史数据并完成了年度试验工作。开展了水稻、玉米和小麦试验，收集了云相关作物生长发育、形态结构、生产力形成、气象要素、土壤特性等数据。

2. 大田环境作物信息传感器与表型平台创制

完成机载和车载快照－马赛克式多光谱成像传感器 2 套、基于小孔阵列的场积分型快照式高光谱传感器 1 套并投产。完成一体化共光路敏捷型成像高光谱仪的光学系统设计与性能分析、像元级滤光片的详细设计并投产。研发基于多光谱荧光成像技术的便携式病害胁迫作物营养检测系统 1 套、基于马赛克成像技术的冠层尺度小麦病害胁迫诊断仪器 1 套；研制田间作物表型高通量获取无人机平台样机 1 套、四轮四转和"Phenotypette"作物表型获取车载平台 2 种。构建基于无人机平台的玉米群体叶倾角和叶夹角提取模型、育种小区小麦群体密度定量评估模型，基于无人机平台的水稻和油菜株高、生育动态、叶面积指数、穗型解析模型，以及小麦白粉病病害胁迫解译模型。

（1）多波段宽视角成像型作物生长特征感知终端创制 在作物生长特征多光谱成像传感器研制方面，基于作物－光谱传感机理开发了 2 组 4 波段的马赛克滤光片，研制了无人机机载及手持快照式多光谱成像传感器，开发了适用于不同尺度的快照式多光谱成像传感器软件系统，并进行了光谱和辐射定标，完成了性能测试。开展了基于快照式多光谱成像传感器的稻麦生长监测试验，构建了稻麦生物量及叶面积指数和稻麦氮含量、叶绿素含量及产量的预测模型。在生长特征高光谱成像传感器研制方面，为提高在无人机和无人车等平台工作时的抗干扰能力，采用了基于小孔阵列的场积分型快照式高光谱成像技术，实现一次曝光获取目标图谱数据。完成了高光谱成像传感器的软硬件研制，包括光机组件的加工、装调与测试，以及光谱和辐射定标。测试结果表明，传感器光学性能与设计相符，满足指标要求。

（2）敏捷型作物冠层三维形态结构图谱合一传感器研制 完成凝视成像高光谱仪原理样机的研制，并在实验室对其性能指标进行了测试，开展了室外成像试验和无人机飞行试验，得到了良好的图谱数据；初步完成三维图谱合一传感器的研制工作，并在室内和无人机平台进行了测试，达到了预期目标；在浙江和北京分别开展了小麦和玉米无人机表型连续试验，积累了玉米和小麦数据集各 1 套；

开展了小麦生物量、玉米垂直叶片面积、玉米穗位高等模型构建工作。

（3）田间作物病虫害胁迫感知终端创制　以小麦和玉米典型高危病害胁迫为对象，构建了作物病害胁迫动态诊断模型，包括基于高光谱的小麦白粉病病害程度分级模型、基于光谱数据的小麦白粉病病情诊断模型、基于无人机多光谱影像的小麦白粉病严重度诊断模型，开发了基于多光谱荧光成像技术的作物营养检测系统和基于马赛克成像技术的冠层尺度小麦诊断系统，为田间病害胁迫感知提供技术和装备支持。

（4）田间作物表型高通量获取无人机平台系统研发　设计了主处理器与协处理器相结合的飞控系统；利用串级 PID 进行无人机飞行姿态的动态控制；结合冗余技术实现稳定飞行和飞控的高效备份；通过关键零部件的减重设计，单架次续航时间达 20.3 分钟；进行了无人机减振优化，振动强度降低超过 94%；设计了基于多工位一体成型技术的无人机平台和多光谱与激光雷达多源感知的无人机挂载云台，实现空载航时 70 分钟续航，2 千克载重时 45 分钟续航。提出了一种使用 2 架无人机同时飞行的 RGB 图像精准颜色校正方案及大田田块小区自动识别方法；基于油菜点云信息，构建了油菜角果表型解析模型和基于深度学习的点云分割模型；利用无人机图像实现了油菜全生育期株高的精确提取、水稻生育期预测及有效穗高监测，初步构建了水稻叶面积指数解析模型，融合了多光谱 5 波段图像与可见光图像。

（5）田间作物表型高通量获取无人车平台系统研发　针对我国典型作物种植环境，提出了一种具备四轮独立驱动、独立转向、单侧越障自适应调节的表型信息获取无人车底盘，设计了驱动、转向和摆臂平衡等关键部件，研制的无人车底盘具有良好的田间行驶性能。提出了双重转向运动控制策略，构建了无人车底盘行走控制软硬件系统，提升无人车行走稳定性。设计开发了一种便捷式近地高通量表型平台"Phenotypette"，实现了高效利用和数据准确获取。开展了 RGB + 近红外光谱 + 激光雷达 + 全球导航卫星系统的传感器融合、基于 Pointnet + 运动预测的高精点云构建，以及无人车自主导航系统搭建等关键技术研究，集成构建了无人车精准导航控制系统，提高了表型无人车田间自主导航的精准性；面向表型信息获取的具体任务需求，开展了传感器优选与系统融合上装技术研究，初步构建了表型获取无人车平台，并开展了基于三维模型和深度域自适应的田间小麦叶片数量动态监测试验与初步解析。

3. 设施环境作物生命信息传感器与表型平台创制

构建基于多模态数据融合的生菜冠层光截获评估模型，以草莓为对象构建基于视频流与图像融合的草莓成熟度解析模型，完成面向生产场景的部署；针对作物表型大数据智能服务云平台任务，完成云平台架构的设计工作，实现多模态数据的一体化管理。设计流水线式表型平台全方位并行检测位姿调整装置及控制系统1套；完成设施移动式表型平台基础软硬件创制；开展联栋温室内生菜大群体栽培试验和其他设施园艺作物试验，利用研发的无人车和机器人表型平台原型系统开展生菜植株3D表型解析和番茄成熟度的检测工作。

（1）作物有机小分子和无机离子活体检测传感器研发　无机离子检测传感器研究及离子吸收多参数检测系统方面，开展了钠离子、钾离子离子传感器的制备技术和方法研究，完成离子传感器前置放大器的国产化选型，构建了伏安型电信号激励输出系统，初步明确伏安型电信号的处理方法，搭建了电位型传感器的信号采集模块与通路、根系无损成像系统，实现了水培条件下作物根系表面积的初步测量；植物活性小分子活体检测传感器方面，开展了葡萄糖、生长素传感器的制备技术和方法研究，制备了一种适用于植物叶片葡萄糖活体检测的电化学传感器。

（2）设施环境作物多传感器阵列及多源成像单元装置研发　针对硬件方面国产化率95%的目标实现要求，制定了国产硬件选型方案；多传感器时间同步采用基于精确网络时间协议（PTP）同时进行频率同步，实现了时间误差在800纳秒内；编写了同步采集软件平台，数据回传总延迟最低为8毫秒；基于人工智能的多源融合数据分割，置信度为0.5时的平均精度达到96.1%。

（3）设施环境作物多模态数据在线智能解析技术系统研发　开展了点云、图像和光谱表型数据通用预处理工具，以及表型解析技术和8个预处理工具箱的开发；针对在线表型数据管道化在线处理软件任务，完成初步软件架构设计，开发了基于Web的示例程序；针对多模态融合解析模型任务，以生菜为对象构建了基于多模态数据融合的生菜冠层光截获评估模型，以草莓为对象构建了基于视频流与图像融合的草莓成熟度解析模型，完成面向生产场景的部署；针对作物表型大数据智能服务云平台任务，完成了云平台架构的设计工作，实现多模态数据的一体化管理。

（4）设施环境固定式表型平台创制　开展设施环境轨道式及流水线式表型平

台整体设计及控制系统设计研究，形成轨道式及流水线式表型平台、设施环境固定式表型平台智能作业系统方案，完成了控制系统的设计研发；设计了流水线式表型平台全方位并行检测位姿调整装置及控制系统；针对轨道式作物高通量表型平台获取的不同类型的作物图像数据进行算法设计与预研；针对设施环境流水线式表型平台获取的 RGB 图像数据，预研作物全生育期三维重建方法；开展基于共聚焦显微拉曼成像（CRM）技术的水稻 *Brittle Culm1*（*BC1*）基因突变体木质素变化机理阐释方法研究。

（5）设施环境移动式表型平台研发　提出了一种复杂场景下环境感知的新方法，通过自适应增强图像和检测道路边缘来提高现有模型的精度；设计稳衡隔振机构的机械和控制系统，实现多传感器数据传输过程的工况检测；创制了设施移动式表型平台基础软硬件，开展联栋温室内生菜大群体栽培试验和其他设施园艺作物试验；研发无人车和机器人表型平台原型系统，开展生菜植株 3D 表型解析和番茄成熟度的检测工作。

4. 土壤信息传感器与智能监测设备创制

完成常温常压下土壤固、气、液三相复合特性的信息感知模型搭建，实现对不同深度范围的土样自动采集、输送和存储；构建土壤重金属总量和有效态现场原位传感检测装置原型机各 1 套；完成 5~6 种土壤硝态氮提取场景模拟及应用性能优化；确定 1~2 种荧光试纸对于硝态氮的检测范围，形成干扰消控方法应用的优化方案；研制液芯波导硝态氮检测样机 1 台，形成系统集成展示方案及技术报告 1 份；完成监测设备的控制电路和放大电路的设计；初步研发仪器操作软件各 1 套。

（1）土壤有机质和结构复合特性快速现场检测　围绕土壤有机质和结构复合特性快速现场检测技术需求，设计了包含加液、加热、滴定功能的土壤有机质检测前集成处理模块，分析了土壤团聚体尺寸、形状、径分比、比表面积等固相特性在显微图像上的表征形式，构建了土壤团聚体显微图像的分割算法；基于显微图像的土壤固相特征计算方法；研究了基于仿生视觉的土壤固、气、液三相复合特性的感知机理，分析了土壤显微图像的颜色、纹理、形态特征对土壤固相特性信息的响应规律；研发了自走式车载仿生减阻土样采集装置，研制了自走式土壤采集装备样机。

（2）土壤重金属元素现场敏感速测传感器和检测装备　围绕土壤重金属元素

现场敏感速测传感器和检测装备，开展了土壤重金属元素现场敏感速测传感器的关键部件和原理装置的性能测试与改进；研发了原位探针式热蒸发进样系统、热蒸发微等离子体系统、纸基传感器及信号采集处理系统；研制了重金属有效态提取和导入系统的核心元器件、光路、外观与模具，以及土壤重金属总量和有效态现场原位传感检测装置原型机。

（3）土壤硝态氮快速现场检测传感器研制 优化了被动采样器－实验室多场景模拟应用性能，研究了比例荧光纸基传感器－检测范围与应用条件优化，集成了液芯波导－原理样机，并完成调试；研制了集成－实验室内模拟实验及单片机控制系统；开发了 DMOA－PS－DGT 设备，相关参数检测结果表明，全面优于市面上销售的成熟产品；研发了硝态氮高精度检测液芯波导设备。

（4）土壤水热盐参数同步测量传感器与监测设备 探明了传感器规格和参数等对主要土壤类型的响应规律，设计了监测设备的控制电路和放大电路；研究了基于频域反射计（FDR）的水热盐参数同步测量传感检测技术，设计了一种基于主成分分析方法及阻抗谱方法的土壤水含量测量系统，实现了冻土"冰－水"含量原位检测。在土壤水热盐参数同步测量传感器方面，研制了微气象集成监测设备，搭建了微气象集成监测设备，已在安徽合肥中科合肥智慧农业谷有限责任公司安装，气象参数涵盖温度、湿度、风向、风速、气压及光照等。

（5）土壤信息监测物联网云服务平台与示范应用 在土壤信息监测物联网云服务平台与示范应用方面，完成了低功耗智能感知终端的样机试制与调试，以及通用分组无线业务（GPRS）、物联网接入层网络传输技术（Lora）、窄带物联网（NB－IOT）等传输技术的组网，构建了示范基地的土壤信息时空数据库；研发了多源异构土壤快速在线检测设备，以及监测设备的自动识别与自助管理技术，开发了设备注册管理软件模块；完成低功耗智能感知终端的小批量试制，在示范区部署了土壤参数传感入网设备，开展了田间小范围低功耗无线传感器网络的组网搭建与智能感知终端的试验；研发了土壤感知信息时空数据异常检测技术。

5. 农情信息空天地高精度高时效智能监测系统研发与应用

重点从机理算法和感知关键技术层面推进关键技术研究，完善了多源异质遥感数据融合算法，开展了农田分割算法预实验、农事管理过程感知技术、环境变量全天候智能感知技术等研究；针对目标农作物继续开展空天地遥感同步试验，获取高精度试验数据，研究图谱响应机制与参数时序组网模式和尺度技术，构建多时间尺度农情信息预测响应模型。形成了《2023 年我国冬小麦种植面积增加629 万亩，预计夏粮产量增加》和《2023 年度中国粮食产量遥感预测专报》遥感监测信息报告，纳入国办"全国空间信息系统"。建设完成河南小麦成熟期和干旱监测产品各 1 套；提交农情信息监测标准 2 项。

（1）复杂场景全口径农田地块与作物类型智能识别　研发了一种面向异步物候变化农业场景的遥感时空融合算法 Agri - Fuse，结合田块级分类与混合像元模型，精准估计不同高分辨率像元的异步物候变化量，完成高时空分辨率的光学数据重建，并以 Sentinel - 2 和 Sentinel - 3 为例验证了算法的融合精度和应用潜力；研发了一种新的自然田块分割网络 FieldSeg - DA2.0，在 FieldSeg - DA 框架基础上，引入时空融合 U - LSTM 模块与 FADA - A 域适应模块，通过结合时序数据与土地覆盖产品先验知识，进一步增强田块分割网络的时空可迁移性，提升了田块自然边界的识别精度。

（2）农情信息空天地一体化高效智能感知　初步构建了多源数据融合的地表温度智能化降尺度方法，结合不同分辨率的卫星遥感数据，如数字高程模型（DEM）、30 米分辨率植被指数，探索了基于机器学习的地表温度降尺度方法；构建了小麦和水稻产量要素的无损智能观测模型和技术，结合计算机视觉几何测量技术、深度学习小目标检测模型和穗尺寸与穗粒重关联模型，实现了对小麦和水稻产量结构要素智能感知。针对农作物生长状况、作物类型、地块边界、耕作流程（如翻耕、播种、管理和收获）及农业病虫害和农情信息，研发了农事作业智能感知模型；同时研发了基于株高信息和图像深度信息集成的小麦生育期判别模型、融合遥感和环境信息特征的小麦苗情评估模型。

（3）农情参数高分遥感机理模型与定量解析　研发了基于无人机多光谱影像的多品种玉米成熟度监测技术，采集了无人机多光谱影像数据，并基于籽粒乳线占比、籽粒含水率、叶片叶绿素含量构建了玉米成熟度指数，模型对京九青贮 16 的监测结果最优，决定系数（R^2）为 0.76，均方根误差（RMSE）为 10.67%、标准均方根误差为 15.88%；构建了综合考虑地表温度、作物长势、作物冠层含水量的 LST - LAI - SWCI 三参数监测模型，提出了耦合天气发生器和作物模型的低温虚拟样本生成方法，探索耦合天气发生器和作物模型进行低温胁迫样本增强的潜力，研究了冬小麦产量在气象站点上的低产高估问题；研发了多源气象数据小麦成熟期深度学习监测模型，提出了基于随机森林模型和基于时间序列气象数据构建的双波段增强植被指数，生成区域小麦最终结果，使用 CNN + LSTM +

Transformer 网络框架解决了时间序列起始时间不同、序列长度不同、多维数据降维等问题，验证 R^2 为 0.701，RMSE 为 6.1971%。

（4）地块级农作物高精度产量品质智能测报　阐明了籽粒蛋白质积累的光谱响应规律。基于作物氮素运转的理论，开展了近地面稻麦籽粒品质测报技术的研究，重构冠层光谱短波红外区域的光谱反射率，增强小麦氮素及籽粒蛋白质含量相关的光谱特征。光谱形状指数的构建，改善了小麦氮素及籽粒蛋白质含量的估算精度，籽粒蛋白质含量的估算精度可达 R^2 为 0.53，相对均方根误差（RRMSE）为 7.86%。研发了卫星影像的大尺度小麦产量预测技术，基于本地引擎开展作物生长模型模拟，获得小麦的生长模拟结果，并构建查找表。在云端引擎通过上传本地引擎模拟的数据集，训练云端的机器学习算法，测报小麦产量的空间分布，验证 RMSE 精度范围（953 千克/公顷、1215 千克/公顷）。

（5）智能农情大数据数字孪生系统研发与应用示范　开展了农田"四情"及灾害监测，构建了黑龙江单一干旱指数，并对其进行时空制图，分析了该地区的干旱状况和耕地水资源利用情况，为农业管理、水资源规划和干旱灾害管理提供重要科学依据。研发了农情大数据数字孪生系统的架构，设计了四大功能模块和农情大数据数字孪生系统模块清单，实现对农业生产过程中的各种数据进行集中管理、分析和应用，为农业决策提供科学依据和参考；实现了智能农情大数据数字孪生系统输入与输出数据的接口规范，便于后续课题机理模型集成。在黑龙江省农业科学院现代农业示范园、河南现代农业研究开发基地、四川省农业科学院广汉稻麦试验基地和江苏昆山未来农业示范园 4 个主产示范区，分别构建了农场尺度示范基地，安装各种地基观测设备，完善实验条件，并开展了多项观测实验，有效地支撑遥感定量模型和空天地一体化农情监测技术的研发。

6. 农业专用智能芯片开发（青年科学家项目）

研究了片上系统（SoC）需求分析与方案设计、导航线智能提取、作物与杂株目标精确识别定位、Agri-Pilot 农业专用智能芯片设计等新方法；突破了多种数据处理任务、调度/混合/压缩加速、可重构硬件加速技术、作物病虫害图谱数据库及多模态作物病虫害智能检测专用芯片传感器等关键技术，相关成果在浙江、江苏等省农业技术推广中心及中国水稻研究所等多个农业管理和业务部门的相关工作中得到应用。

（1）作物病害检测传感器芯片研发　初步构建了可供农田叶面型病虫害专用

芯片研发和测试使用的作物典型病虫害多模态图谱数据集 1 套，完成了病虫害检测专用芯片适配的专用传感器原型设计与开发，通过光谱实时同步定标技术，自动适应不同光照条件；初步搭建了农田叶面型病虫害专用芯片的算法框架和硬件实现环境，通过相关可行性测试。构建了稻瘟病高通量自适应快速辨识模型，实现稻瘟病的快速现场检测，准确率为 98%；建立了水稻叶片病斑分类模型，对水稻叶瘟病分类结果的准确率和召回率分别大于 85% 和 90%。研究了基于模型可视化的水稻病害解释方法，建立了基于 t-SNE 工具的模型可视化工具，实现对所建模型的迁移机制解释并建立水稻病害程度分类图。基于重聚焦 4D 光场深度信息融合的稻瘟病检测方法，利用光场的四维光线信息记录，分析了稻瘟病病害特点并进行后续图像处理与检测，平均准确率为 93.5%。

（2）农产品识别与产量评估　针对番茄个头小、遮挡严重的问题，采用改进的 YOLOv7-tiny 作为检测模型，实现了番茄检测和成熟度估计。开展了基于现场可编程门阵列（FPGA）的茶叶嫩芽检测识别研究，基于 Pytorch 框架训练调优后的茶叶嫩芽检测算法生成计算图，利用异构最优化为计算图生成最优化的机器代码，识别出茶叶嫩芽的准确位置。提出了一种基于级联编码器-解码器网络的轻量化语义分割方法，实现作物、杂草的精确识别。基于 3D 光场成像获取的作物的外部轮廓、植株形态和几何参数信息，结合多光谱成像单元获取的作物营养、叶片层次结构、纹理信息，通过多源信息融合解析获取作物冠幅、株高、体积特征，在此基础上建立了一套基于 2D/3D 多源成像的设施生菜产量估测模型。结合特异性纳米增敏材料修饰实现了设施生菜过氧化氢、钙离子和钾离子在线检测，建立了一套基于电化学与光学成像的设施生菜品质内外融合检测模型。

（3）拖拉机专用智能芯片与关键算法研究　设计基于载荷数据驱动并行计算的拖拉机载荷处理单元（TLPU）芯片架构方案，构建了基于高性能应用处理器 Cortex-A53 与低功耗处理器 Cortex-R5 的异构处理器实现方案，初步研究了基于工业互联网 MA 标识体系的专用 IP 处理单元的设计方案，可有效实现 TLPU 芯片架构与多源异构传感器之间"一对多"标识映射。构建了高环境适应性的视觉信息采集系统，为拖拉机载荷工况识别与作业状态判别提供动态机具图像；设计了适应于坡地/水田旱旋等拖拉机典型复杂工况环境下的拖拉机耕作深度状态精准检测系统，为多源信息融合的拖拉机载荷智能边缘端数据清洗方法提供实时高准确度的作业状态基础数据支撑。集成嵌入式中央处理器和 Mesh 片上网络技术，通过 FPGA 硬件平台验证网络中关键算子的优化；通过优化图像消抖算法、基于自主访问控制策略模型的语义即时定位与地图构建（SLAM）算法、基于 YOLO 的目标检测算法等，提高了农业自动驾驶机器人的综合作业能力。

5.4.2 重大智能农业装备产品创制

1. 大马力高效智能拖拉机整机创制与应用

初步创制 500 马力折腰转向 CVT 拖拉机，帮助我国摆脱该功率段大马力高效智能拖拉机及关键零部件和技术受制于人的"卡脖子"局面，打破国外垄断并替代进口，实现我国相关产品和产业链的自主、安全、可控；同时推动我国大马力智能农机及相关产业的快速发展和水平提升，降低整体成本，加快我国从农业大国到农业强国的转变。预计在 2025 年开始小批量销售，打造高端大马力高效智能化拖拉机产业链，引领我国拖拉机行业及配套产业技术转型升级。

（1）大马力高效智能拖拉机整机开发与应用验证　建立了发动机数值模型与拖拉机传动模型，并依据动力性/经济性最优原则，以"车速–油门开度–加速度"三参数换挡策略规划了挡位切换边界；引入动态规划算法，开发了高效的智能算法换挡策略，并在 Simulink 平台搭建了拖拉机动力学仿真模型，在典型路谱条件下测试了动态规划换挡策略的有效性；制定了诊断与故障处理策略；完成了动力换挡自动传动箱控制系统（TCU）硬件设计及电液提升控制器软硬件设计；构建了整机及零部件多体动力学模型，实现振动能量解耦；完成了整机各关键部件及总成的概念设计、变速系统与发动机等的 CAN 通信协议设计；完成了 TCU 控制程序、变速系统故障诊断与处理程序的编制，搭建了 TCU 硬件环仿真试验系统并进行了验证；完成了满足折腰转向大马力拖拉机使用要求的铰接架和轮式行走系统与履带行走系统；整机系统的集成，完成了初步测试与验证。

（2）高效节能农用柴油机与 CVT 动力总成技术研究及系统开发　通过对发动机外特性和排放工况点最优性能开发方案进行后处理选型优化及 SCR 和 DPF（颗粒过滤器）匹配优化等工作，运用工业仿真建模软件，建立了行星齿轮"扭转–平移"耦合数值分析模型；建立液压 CVT 无级变速箱机液耦合动力学模型，明确了液压 CVT 无级变速箱工作带宽的主要影响因子；开发了 Simulink 与计算流体动力学联合仿真方法，采用带有精英策略的非支配排序遗传算法对柴油机智能附件控制策略进行优化，进行了飞轮、飞轮壳、后处理系统等关键零部件的图纸设计和发动机样机试制，完成了台架原机性能开发；搭建了液压机械无级变速（HMCVT）仿真模型，采用改进的模拟退火遗传算法对 HMCVT 各挡位传动比进行优化；以 WP13 增压柴油机为基础，使用 GT – power 软件构建了一维性能仿真模型，并在单级涡轮增压的基础上增加电动增压器。

（3）拖拉机混合动力技术研究及系统开发　开展了新型串联式混合动力拖拉机动力系统构型设计；基于混合动力系统各动力装置自身的动力输出特性、运行效率特性，确定了关键动力部件参数匹配方法，开展了混合动力系统参数匹配体系选型、设计和优化研究；建立了柴油机 – 发电机轴系高频扭振/扭转冲击作用下的动力学模型，研究了轴系动力学响应特性，形成了混合动力系统轴系扭振控制方法和故障识别方案；开展了各动力传动系统控制模型仿真搭建，完成了混合动力拖拉机动力总成仿真设计；研究了基于深度强化学习和未来短期车速的变预测时域的能量管理策略，设计了可在线应用的实时能量管理控制策略；研究了拖拉机用锂离子动力电池荷电状态（SOC）、健康状态（SOH）的精准估计理论与方法；研究了拖拉机用动力电池热失控作用机理及管控技术；建立了含扰动的电机控制模型，开展了高效电机智能控制策略设计；完成了样机试制，建立了大马力智能混动拖拉机整机装配基础工艺流程，同时完成了样机基础功能测试验证和标定。

（4）自动驾驶关键技术研究及系统开发　开发了农机自动驾驶样机试验平台，搭建了自动驾驶全套软硬件设备，并进行了初步试验；利用二维方格组成的标定板进行了标定，采集标定板不同位姿图片，提取图片特征值，再利用非线性最小二乘法估计畸变系数；采用 PnP 求解世界坐标系到相机坐标系的旋转和平移矩阵；开发了农机对行感知算法、拖拉机作业场景数据采样、农田全覆盖路径规划算法、考虑转向延迟的路径跟踪算法，通过实车试验初步验证了算法的有效性；采集了实验场景作为仿真玉米苗搭建的试验田；通过车载相机采集了玉米秧苗的不同图像；开展了农田高精度建图技术研究，基于自研的多平台激光雷达装备，验证了背包模式、车载模式和无人机模式采集农田数据后构建高精度地图的可行性；设计了考虑转向延迟的路径跟踪控制系统，采用线控转向技术设计了线控转向系统。

（5）整机智能协同控制与智能作业技术研究及系统开发　研发了整机协同控制系统、运行状态监测与远程故障诊断系统和机具姿态调整及地形自适应系统各1 套；开展了系统中的智能虚拟终端的研发，并优化了控制器硬件外观；开展了故障诊断实时监控系统开发和远程故障诊断手机 APP 的优化工作；搭建了机具自平衡系统平台，根据实际使用需求设计了机具姿态识别系统；开展了整机协同控制系统、机具姿态调整及地形自适应系统、运行状态监测与远程故障诊断系统台架测试实验；开展了农具协同方法研究，开发了播种控制器、施肥控制器、风机控制器等核心电子控制单元与车载智能终端，进行了电驱播种机 – 拖拉机协同控制实验；进行了远程故障诊断系统的硬件、软件联调实验，开展了机具姿态识别系统的软硬件联调实验。

2. 农机新型动力系统与智能控制单元技术研发及示范

完成新型动力农机智能控制系统架构设计、CAN 总线拓扑网络结构设计、甲烷动力系统拓扑结构优化设计方法研究、驱动行走系统转矩动态分配与牵引力控制技术、基于作业质量最优的整机自主作业控制技术、作业机具及功能部件协调控制技术 6 项关键技术研究；完成柴电混动、纯电动、氢能、甲烷等多款动力系统的总体方案设计及优化设计，开发通用性控制终端系统，研制适配不同动力形式的动力总成核心零部件；完成新型动力拖拉机/植保机/栽植机/收获机/牧草机构型方案和总体设计方案，集成创制柴电混合动力拖拉机整机，并完成相关试验。

（1）农机新型动力系统共性技术及关键零部件研发 研究了基于总线负载约束的新型动力拖拉机 CAN 总线网络优化方法，构建了柴电混动拖拉机自主作业控制系统架构；提出了以负载率为目标研究，基于遗传算法的谷物联合收获机 CAN 总线拓扑网络物理层优化方法，构建了自主作业收获机 CAN 总线网络与控制架构；研究了电动农机驱动电机的基础控制逻辑，基于 MATLAB/Simulink 构建了永磁同步电机（PMSM）驱动仿真模型，并开发了软件功能；建立了电气化动力输出模型的机电耦合描述和电讯耦合描述，探清了充电枪的机械部分和电气部分之间的相互作用关系；研究了外挂农机电动载具动力输出阶梯分配方法，设计了一个动力输出阶梯梯次分配方案；基于全局最优算法，提出了一种考虑作业工况类型、整机质量、动力电池组初始荷电状态和燃料电池功率等多参数自适应的在线能量管理策略；通过分析动力系统功率流及工作机制，提出了一种规则型分层控制策略；通过分析行走及作业机具的功率需求，分别进行了动态转矩分配。

（2）混动电动农机动力系统及智能控制单元关键技术研发 基于电动农机多动力输出的特性，完成了双电机耦合驱动式动力系统的构型设计、关键部件选型、数字虚拟装配、动力学仿真和加工试制；确立了分布式混动系统的设计指标，初步选定了分布式混合动力系统构型及各关键参数的取值范围，构建了三维模型，完成了装配校验、强度分析和运动、动力性能仿真；建立了考虑动力性、经济性及挡位数的多目标优化函数，最终确定了分布式柴电混合动力系统各关键参数的最优取值；完成了机电耦合传动系统的结构设计与建模，进行了集中式柴电混合动力系统传动系统三维虚拟装配，设计了集中式混合动力系统试验台方案；搭建了双电机耦合特性测试试验台，开展了双电机耦合驱动系统模式切换平顺性控制方法研究；研制了能够满足多电机功率分汇流动力系统智能控制策略实时计算和低延时通信要求的智能控制单元，完成了动力总成分析及试制；运用高性能电机热分析与冷却系统设计，研发了高性能电驱动冷却循环系统和电磁方案。

（3）氢能/甲烷农机动力系统及智能控制单元关键技术研发　研究了基于现代控制理论的分布式驱动系统转矩协同控制策略；研究了基于等效电路模型的燃料电池极化特性和充放电规律，设计了燃料电池系统和动力电池功率补偿系统的综合能量管理策略；突破庞特里亚金最大值原理（PMP）、动态规划（DP）节能控制技术，完成了能量管理策略制定；完成了氢能/甲烷动力系统拓扑结构设计，建立了综合路面载荷、驾驶员行为、燃料电池系统特性的高精度多自由度动力学特征模型；基于多传感器融合和自适应 Kalman 滤波衍生技术，对拖拉机田间路面附着状态和载荷信号进行参数预测和辨识，对分布式驱动系统纵/横向动力学模型中重要参数进行状态观测，建立了氢能动力系统通用模型并确定了其主要部件的性能参数；研究了以多头自注意力机制与 ConvLSTM 为核心的拖拉机耕整作业牵引负载智能辨识模型；研究了面向最优滑转率的拖拉机耕整作业调控方法；完成了通用智能中央控制单元的总体设计与硬件设计；基于 STM32F407IGT，初步研发了面向作业质量优化调控的柴电混动拖拉机通用型控制终端 MC1206。

（4）新型动力拖拉机/自走式植保机整机集成　建立了农田非结构场景下的耕整、植保自主作业模型，提出了自主作业质量评价方法和基于复杂场景的速度规划方法；设计了符合拖拉机/植保机的路径规划及追踪算法并搭建了控制器模型；基于曲率半径、最大速度、最大加速度与作业复杂场景、作业工况，设计了复杂场景速度规划平台，提供了受控和可预测的电动农机运动轨迹；研究了植保机的架构、氢动力、驱动底盘及喷洒之间的配套技术；采用四轮分布式独立驱动方案设计了植保机底盘结构，开发了驱动轮的动力分配和调节驱动系统；采用液压提升技术设计了喷洒系统；开发了拖拉机用燃料电池混合驱动系统和电动动力输出控制系统，采用35兆帕或70兆帕高压储氢系统研发了拖拉机用电控供氢系统；基于原柴电混合驱动控制系统，研发了基于燃料电池和锂电池的整机控制系统；创制了智能电控整机热管理系统。

（5）新型动力自走式栽植机/收获机/牧草机整机集成　提出了一种电动液压耦合式收获机拓扑结构，研究了桁架机械手取苗机构及间歇式分苗投栽机构动作衔接电控时序匹配策略；采用磷酸铁锂体系研发了新能源农机配套动力电池包，设计了高强度航空铝型材为电池；完成了新型动力拖拉机/植保机/栽植机/收获机/牧草机构型方案和总体设计方案，集成创制了柴电混合动力拖拉机整机，并完成了相关试验；围绕整机动力电池、驱动底盘、脱粒系统、发动机系统等完成了新型动力拖拉机/植保机/栽植机/收获机/牧草机整机方案设计，以及新型动力拖拉机智能控制单元软件系统测试开发等；开展了柴电混合动力拖拉机/氢能植保机的液压系统、覆盖件等设计，并基于有限元等分析软件完成了发动机油底壳、前托架强度及散热系统分析；设计了柴电混合动力拖拉机传动系及整机控制器软硬件，完成了整机试制，以及传动系冷却系统热平衡整机试验、整机标定及热平衡试验和整机300小时可靠性试验。

3. 丘陵山地通用动力机械创制

完成整机总体设计、核心技术攻关、动力底盘设计和关键部件试制；创制重心可调遥控履带式丘陵山地通用智能化动力机械、全地形"扭腰＋X"型丘陵山地通用智能化动力机械等5种；完成动力机械整机结构设计及关键零部件设计报告共5份，开发折腰转向机构、四轮转向机构等样件5个。

（1）重心可调遥控履带式丘陵山地通用智能化动力机械　通过测定西北黄土高原土壤物理特性包括土壤机械组成、比重、密度、含水率、塑性指数等参数，提出了一种基于离散元仿真模型标定方法建立的黄土高原典型坡地黏壤土离散元仿真模型；基于黄土高原丘陵山地旱作农业区土壤特性的研究，综合考虑坡度与车辆姿态等因素，对履带式动力机械接地压力进行模型预测与试验验证；基于坡地全方位力学分析，构建了坡地工况下接地压力分布理论模型并完成了试验验证；开展了土壤-机器系统转向动力学特性研究，构建了坡地稳定转向动力学模型；基于"横摆-纵移"原理，设计了一种适用于丘陵山地作业的重心可调式通用动力机械，确定了发动机、传动系、"横摆-纵移"姿态调整机构、行走系、液压系统的合理位置,完成了整机方案布置;设计了"横摆－纵移"重心调整机构和带伸缩功能的双万向节传动轴结构;完成了整机底盘关键部件三维建模和仿真分析;开展了折腰、扭腰拖拉机折腰转向和地面仿形结构原理的分析研究。

(2)全地形"扭腰＋X"型丘陵山地通用智能化动力机械　完成了"扭腰＋X"底盘关键零部件技术研究,形成整机结构设计方案;完成了电液比例动力输出控制系统、底盘架构方案设计和关键零部件试制;设计了整机各系统图纸;完成了整机总布置方案设计报告,制造、采购等工程组开发方案报告,以及各设计工程组(动力、传动、液压、电器、工作装置、车身)方案设计报告;完成了"扭腰＋折腰"和"扭腰＋四轮"2种底盘架构方案布置、虚拟验证、全新开发;基于"扭腰＋X"底盘关键零部件技术研究,开发了四轮转向控制系统、整车湿式 PTO＋电控差速等功能技术;完成了整车人机工程开发,对整机覆盖件、操纵结构件、电器控制件等统一进行位置规划、结构调整;基于以上技术研究、结构开发,各模块总计完成约 500 种专用件数据下发,集成创制折腰转向和四轮转向 2 种样机。

(3)多轮模块化丘陵山地通用智能化动力机械　优化了"独立行走主动力模块＋快换接口＋功能模块＋机具"的动力机械架构,创制了多轮模块化丘陵山地通用智能化动力机械;制定了"主动力模块＋快换接口＋系列功能模块"总体实施技术路线;完成了主动力模块方案布置,设计了 H 型传动＋平衡摇臂悬架的全姿态调控机构;完成了整机总体方案布置、动力选型、动力底盘初步方案设计、关键参数校核;初步完成了丘陵山地通用动力机械应用示范与性能试验基地建设方案和土地规划等工作。

(4)HST/HMCVT 履带式丘陵山地通用智能化动力机械　完成了大坡度高通过性履带行走系统设计、履带底盘行星差速装置结构设计、HMCVT 结构及轻量化设计和系统集成和 HST 传动系统设计;采用 80 马力高性能国四高压共轨发动机,设计了动力供给系统;研制了液压机械无级变速器;设计了基于三角结构的履带行走驱动系统;研究开发了机械液压切换技术;采用低矮机身设计,降低了整机重心,优化了橡胶履带内铁齿和外橡胶履刺;集成设计后桥与差速转向系统,优化了液压泵、液压马达安装位置;完成了机械液压切换＋副变速2挡传动系设计;基于行星机构的双功率流转向原理,制定了转弯半径的控制策略;突破了轻量化 HMCVT 的创制工艺,融合工况和负载的自适应动力匹配及速度优化调控技术,集成设计液压元件与传动箱。

（5）丘陵山地通用动力机械智能化监控与精确导航系统开发　针对目前丘陵山区动力机械应用现状和技术需求、生产环境对动力机械的约束条件、丘陵山区农田基础设施与数字网络通信情况，开展了走访调研；进行了基于双目的丘陵山区梯田台阶、坡度农田边界的感知研究，完成了系统搭建、双目立体匹配算法优化、基于双目立体匹配的田埂及台阶的距离及高度检测，并进行了试验验证；通过遥感手段进行了丘陵山区地理信息及数字地图数据分析处理，明确了丘陵山地通用动力机械远程监控平台建设的原则和初步建设方案。

4. 高性能播种关键部件及智能播种机创制

探明了适宜不同区域、种植模式、土壤特征的种床整理技术方案，创制了玉豆轮作黏重土壤高速播种、水田高速直播、南方黏重土壤高速播种减黏降阻开沟等种床整理装置5套，研制了稻麦油兼用排种部件、玉豆排种部件、稻麦双层正交光电种子流监测、油菜小粒径种子流检测、玉米大豆激光抗尘式播种质量检测、土壤墒情及播深检测、播深调控等关键装置10余种，集成了稻麦油兼用型高速变量智能联合播种机和玉米大豆高速精量播种机。

（1）适宜高速作业的精量播种共性技术与关键核心部件创制　开展了适宜东北春播的逆旋侧移残茬种床整理装置及同位仿形免耕播种单体主动清秸防堵装置的设计与试验研究，设计了一种逆旋侧移式残茬种床整理装置和同位仿形免耕播种单体主动清秸防堵装置，并进行了田间试验；开展了麦玉豆平作区高速壅堵机理及清秸防堵装置研究，建立了土壤离散元仿真模型，进行了不同速度下的耕作试验；开展了水直播浮茬压覆与轮辙覆盖技术、被动圆盘耙组茬地种床整理部件和旱田高速直播茬地种床整理技术及装置研究，优化设计了水稻水直播机的轮辙覆盖、压茬、开肥沟、种沟整形、排水沟开沟等关键装置；研究了被动式圆盘耙组高速埋茬与碎土过程，并设计了一种适用于表土作业的立式驱动浅旋耙和鼠笼型碎土辊，分析了机具前进速度与刀具转速对土壤受力的因素和秸秆运动的影响规律；提出了一种驱动型开畦沟并同步匀土的类螺桨高速开畦沟装置，并设计了一种油菜直播高速起微垄部件。

（2）高性能联合播种机测–控–管共性技术与智能装置及系统开发　开展了稻麦高速播种种肥精准检测与变量调控关键技术研究，研制了一种稻麦兼用型交错齿形排种器及双层正交光电稻麦种子流监测装置，进行了装置检测精度试验；提出了基于GIS的稻麦种肥变量播施控制系统专用数字处方图设计方案；研发了稻麦种肥变量播施控制系统，实现了种肥驱动电机转速的精准控制。开展了高性能播种播深智能调控与作业质量在线评价管理技术与系统研究，构建了基于粒子群优化－支持向量回归（PSO－SVR）算法的土壤含水率预测模型，并搭建了基于电容法的机载式土壤含水率在线检测装置；开发了播种机作业状态实时监测系统，实现了作业状态识别、作业面积监测、堵漏状态报警等功能。开展了油菜小籽粒高速播种种肥精准检测与变量调控关键技术研究，研制了基于光电法的颗粒肥分流有序并行检测装置与基于电容法的油菜机播颗粒肥检测装置；开发了油菜直播机随速变量调控系统。开展了薄面激光式肥料流量检测技术和基于流量－转速反馈的双闭环肥量控制技术研究，研发了玉米大豆高速播种机变量施肥控制系统。

（3）中小籽粒精量排种技术及稻麦油兼用型高速变量智能联合播种机创制　围绕稻麦、麦油兼用宽幅高速气送集排技术与装置、机械气力组合式稻麦油兼用短程气送排种技术与装置的研究目标，开展了结构创新设计、仿真分析和性能测试；重点开展了稻麦兼用型高速气送集排器混种装置、匀种装置、分种装置的结构参数设计试验与气送过程中种子－气流迁移碰撞轨迹的机理研究，确定了稻麦兼用型高速气送系统的整体结构参数。针对水稻精量水穴直播机的高速作业研究目标，对高速低损外槽轮式水稻精量穴播排种器进行结构参数优化，开展了排种器台架性能试验，构建播量调节的函数模型，试制了气吸式水稻精量水穴直播机。围绕油麦兼用高速气力排种器、机械气力组合式稻麦油兼用气送排种技术与装置开展结构创新设计、仿真分析和性能测试，重点开展了稻麦油兼用气送排种器兼用供种装置设计、气吸式高速排种器排种盘结构设计，以及排种性能台架试验、田间试验。相关技术成果"水稻精量穴直播技术与机具"获广东省国家技术发明奖。

（4）大籽粒单粒高精度排种技术与玉米大豆高速智能精量播种机创制　开展了气力式玉豆兼用高速高精度排种技术与适宜一熟区的高性能播种单体研究，定型了电驱气吸式玉米大豆高速精量排种器，研制了一种离心充－清种玉米大豆高速精量排种器，创制了基于气流裹挟输送的种子精准运移装置，开发了一种基于压力传感器和液压缸的下压力控制系统。开展了机械式玉豆兼用高精度排种技术与适宜复种区的轻简型高性能播种单体研究，优化了玉豆兼用机械式高速精量排种器，设计了一种高速播种汇聚式导种管及正压气流辅助式定种装置，开发了一种适用于双圆盘开沟装置的阿基米德螺线形弧面双齿盘覆土装置。开展了玉米大豆高速智能精量播种机创制，集成了电驱式气吸式玉豆高速精量排种器和姿控驱导机械式玉米大豆精量排种器，分别试制了适宜于一熟区的玉豆兼用高性能播种机和适宜于复种区的玉豆兼用轻简型高性能播种机并开展了机具试验示范。

（5）高性能播种关键技术集成与智能播种机示范应用　集成了东北玉豆规模化产区高速智能播种机液压电控系统与逆旋种床整备等关键技术，完成清茬装置与液压电控系统作业性能及可靠性能测试；集成了适用于长江中下游稻麦油产区的油菜高速微垄整地机、稻麦油兼用排种等技术，开展了油菜高速微垄直播机田间作业性能测试与可靠性研究；集成了黄淮海麦玉豆产区、广适应性种床整理、精准错茬对行播种、作业参数智能监测等技术，完成了电机驱动机构可靠性加速验证试验的设计优化；完成了宽幅水稻直播机螺旋覆土装置与水稻高速气送式排种器集成，开展了集排式排种装置的性能测试、种床整理装置的田间性能测试；集成了西北干旱麦玉豆产区智能播种机地面仿形与播深精确控制、草土分离、非均匀镇压、宽苗带播种等关键技术，开展了技术集成机具田间试验和试验示范。

5. 肥药精准施用部件及智能作业装备创制

设计基于激光雷达的探测系统，以及果园通用型分布式四轮驱动电动履带式无人车整体方案；研究雾滴沉积发布、冠层密度探测、靶向施肥、稻麦颗粒肥均匀撒施、露地蔬菜智能识别与定位等关键技术；构建变量施药处方模型及撒肥装置、排肥器、高地隙喷药机喷杆机等精准对靶变量喷施关键部件三维仿真模型，开展动力学模态分析和基于多源信息的露地蔬菜、果树的精准施药区域提取分析。搭建果树冠层信息系统的传感器测试、果园喷雾机变量喷雾系统试验平台，开发变轮距底盘自主导航、果园施药智能管理、施肥管理、数据采集等系统，实现"一树一处方"精准施肥。

（1）大田作物与露地蔬菜肥药精准施用关键技术及部件研发　开展了不同风速条件下雾滴沉积发布特性技术研究，搭建了雾滴沉积分布测量系统，分析了不同风速、喷雾压力、喷雾角度及喷头倾角对雾滴飘失的影响，定量分析了不同位置处扇形喷头沿水平方向与垂直方向的雾滴沉积状况；开展了基于激光扫描法的冠层信息探测技术研究，构建了基于雷达点云扫描、点云合成与融合算法、点云去噪与点云分析等方法的激光雷达探测系统，研究了小麦冠层密度快速推算、冠层密度评价等方法；开展了稻麦颗粒肥均匀撒施技术研究，分析了肥料颗粒在撒肥叶片上的运动过程，确定了撒肥装置的最优结构参数，构建了撒肥装置仿真模型；开展了靶向施肥关键技术研究，研究了光电传感器融合 BP 神经网络算法与自适应 PID 控制算法，开发了靶向施肥装置，分析了肥料在排肥器中的运动过程，建立了排肥器三维仿真模型。

（2）果园肥药精准施用关键技术与部件研发　开展了基于多源信息的果树精准施药区域提取与分析方法的研究，构建了基于多源信息的果树肥药变量施用处方模型，研究了基于最大似然监督分类方法的果树像元提取和像控校正，完成了基于果树轮廓外接四边形方法的对标记果树分布空间的识别；搭建了传感器测试试验平台，完成了不同类型传感器波束测量范围和重复可靠度试验，完成了各传感器基本性能分析和果树冠层信息系统的研发。开展了风力调控试验平台的设计与研发工作，搭建了果园喷雾机变量喷雾系统、测试平台，完成了果园喷雾机喷头在不同压力影响下的雾滴雾化特性规律研究，设计了风机转速和出风口面积独立调控机构、控制系统，完成了风机转速调节、出风口面积调节控制关系校核。

（3）大田作物肥药精准施用智能作业装备集成创制与示范　开展了高地隙喷药机底盘液压驱动系统方案的设计，确定了高地隙喷药机底盘闭式液压系统、结构系统、防滑控制系统的最佳组成方案，设计了液压驱动系统和电控系统有机结合的牵引和防滑控制系统方案，底盘静液压系统、驱动与控制系统方案设计。开展了高地隙喷药机喷杆机构的设计，建立了喷杆机构三维模型并进行了动力学分析与仿真；制定了喷杆升降与平衡机构设计方案，对原理机构进行了动力学模态仿真分析。

（4）露地蔬菜肥药精准施用智能作业装备集成创制与示范　开展了露地蔬菜智能识别与定位技术的研究，提取了甘蓝、花椰菜等典型露地蔬菜不同时期辨识关键特征性信息，研究了基于神经网络的露地蔬菜智能识别与定位技术，构建数据采集试验平台并搭建了露地蔬菜数据采集分析系统。开展了露地蔬菜高通过性自主行走智能作业平台的研发工作，完成变轮距作业底盘的方案设计、构型分析、动力系统设计与匹配计算、二维模型设计、关键结构件有限元分析及强度校核；构建了融合低成本卫星、惯性导航系统、视觉相机等传感器的变轮距底盘自主导航系统。开展了露地蔬菜肥药精准对靶变量喷施智能作业装备的研发工作，完成了露地蔬菜精准对靶变量喷施关键部件模块化风送喷杆喷雾单元的设计，初步明确了露地蔬菜精准对靶喷施多参数匹配智能优化调控策略。

（5）果园肥药精准施用智能作业装备集成创制与示范　开展了果园自主行走作业系统研发工作，完成了果园分布式四轮驱动电动履带式无人车整体方案与基于全球导航卫星系统/惯性导航系统/激光雷达组合导航系统方案的设计。开展了果园智能对靶变量喷雾机集成创制研究，进行了多风管喷雾机的三维建模与仿真模拟，开发了果园施药智能管理系统，实现了无人机监测与路径规划、车载传感器在线监测、多源数据融合方法等功能。开展了果园智能对靶穴式变量精准施肥机的集成研发，研究了营养元素肥料精准配比装置，开发了施肥管理系统数据采集系统，完成了果园穴式变量液态施肥机的总体设计、控制系统研制及试验。

6. 高性能收获关键部件及智能收获机械创制

研发电控换挡轮式底盘、电控液压无级变速器履带底盘，开展电控底盘可靠性分析；研究脱粒清选部件参数匹配关系，完善脱粒清选部件，开发参数调控策略，开展功能验证；开发收获作业质量参数在线检测装备、整机控制系统、导航与辅助驾驶系统；开展轮式样机整机试制、部件测试。研制联合收获机作业质量检测系统1套，作业智能控制系统1套，导航与辅助驾驶系统1套，稻麦、玉米、大豆、油菜低损脱粒装置、清选装置各1套；创制了双纵轴流轮履结合智能化稻麦联合收获机1台、单纵轴流轮式智能化稻麦联合收获机1台、单纵轴流轮式智能化玉米联合收获机1台、单纵轴流轮式智能化油菜联合收获机1台、单纵轴流轮式智能高效大豆联合收获机1台；优化了单/双HST驱动单纵履带式智能化玉米/油菜/大豆联合收获机样机、双泵双马达驱动单纵履带式智能化稻麦联合收获机样机。

（1）联合收获机底盘电控技术研究和电控底盘创制　根据轮式及轮履式联合收获机整体结构，设计了大喂入量轮式、轮履式联合收获机的底盘结构和动力传递路线，开展了电控变速箱的结构设计和工作参数分析，优化了电控变速箱的传动比、差速器限滑和湿式制动器及换挡机构，采用电液自动换挡，开发了电控换挡策略，降低换挡过程中的冲击异响，完成了底盘与整机集成测试机磨合试验。根据履带式联合收获机底盘布局结构，分别对驱动转向型和并行驱动型的双HST电控履带式底盘开展原理分析和结构设计，研发设计了双HST变速箱和底盘域控制器，通过Simulink和AMEsim等仿真工具搭建了底盘仿真平台，验证了电控底盘方案设计的合理性，为电控底盘行走控制策略研发提供有效参考。开展了履带式收获机静态情况下底盘振动信号分析，针对底盘各个位置进行振动特性分析，测试了收获机底盘机架12个测点振动强度，明确振动强度较大点，为建立履带式联合收获机底盘可靠性评价与分析模型提供理论基础。

（2）多作物低损高效脱 – 分 – 选技术研究与智能化部件创制　针对籽粒损伤问题，深入分析了玉米籽粒 3 种不同状态挤压后的应力表现、变形情况及裂纹破坏过程，提出了玉米籽粒微观力学表征相匹配的脱粒元件柔性弹簧的变刚度特性，实现脱粒强度的有效控制，降低玉米脱粒过程的籽粒损伤。研究了大豆籽粒脱粒过程破碎产生机理，建立脱粒过程大豆籽粒运动和受力数字化表征模型；开展了大豆低损脱分装置设计与试验，确定了脱粒系统的最佳参数组合。开展了脱出物流态化分选性能测定与单双风机、单双风道的筛面气流场分布的研究，提出了导流板分布、出风距离、风机转速等的设计原则，为并联风机设计提供了理论参考；试验研究了凹板筛反转对油菜脱粒分离筛下物成分、分布和脱粒损失率的影响。建立了基于支持向量回归与粒子群优化算法寻优的清选作业质量代理模型，优化得到了最低含杂率和最低损失率目标下的风速、振动频率及鱼鳞筛开度综合最优 Pareto 解集。搭建了油菜清选系统试验台，设计了清选质量与关键参数在线监控系统，完成了系统总体架构设计、控制及信号采集系统的软件和硬件组建。

（3）大喂入量高性能联合收获机智能化控制系统研发　围绕大喂入量谷物联合收获机信息感知技术，基于改进 U – Net 模型开发了小麦含杂率在线检测系统，研发了基于 GPS 和北斗导航卫星系统（BDS）的多源定位信息，开发了低成本、高精度的收获作业面积实时测量系统；提出了一种光照鲁棒的基于 DeepLabV3 + 的联合收获机的收获边界提取方法，设计了收获边界实时识别系统。开展了大喂入量高性能联合收获机割台仿形控制技术研究，设计了割台仿形机构，研发了割台仿形控制系统，实现了收获机割台仿形自适应控制。完成了基于北斗的车载全球导航卫星系统/惯性导航系统组合导航系统的研发，通过在农业机械上加装农机导航与辅助驾驶系统，可保证农机的航迹符合导航路径规划，实现农机的自动导航，实现作业任务管理、导航路径规划、配置定位测量设备和机械控制设备等；开发了自主卸粮控制系统，将自主卸粮控制系统加装在运粮车上，可实现收获机与运粮车的协同操作，真正实现全程自动化收获。

（4）多作物智能化轮式联合收获机创制　围绕水稻、小麦、玉米、油菜、大豆等主要粮油作物大喂入量高性能收获要求，完成了双纵轴流轮履结合智能化稻麦联合收获机、单纵轴流轮式智能化稻麦联合收获机、单纵轴流轮式智能化玉米联合收获机、单纵轴流轮式智能化油菜联合收获机、单纵轴流轮式智能高效大豆联合收获机 5 种样机整机结构设计，以及设计工程、采购工程、质量工程、制造工程、成本核算、服务工程等相关工作；完成了相关试验策划与设计，5 种机型及其工艺工装、模具、关键零部件检具的试制，以及相关加载试验台架试制；完成了割台、过桥、籽粒升运、清选、机架、驾驶室、液压、电控、动力、传动元件等部件测试，并进行了部分小麦、玉米、油菜、大豆收获等田间试验。研制了NY/T 995—2006《谷物（小麦）联合收获机械作业质量》、T/CAMA 100—2023《玉米机械化收获作业减损技术规程》、NY/T 1355—2007《玉米收获机作业质量》等标准，制定了小麦、水稻、玉米、大豆、油菜智能收获机综合测评及主产区示范推广方案。

（5）多作物智能化履带式联合收获机创制　开展了智能化履带式联合收获机研发试制，完成了双 HST 驱动单纵履带式智能化油菜联合收获机整车的装配。在单 HST 驱动单纵履带式智能化稻麦联合收获机第一轮样机的基础上，开展了第二轮样机的设计、试制，突破与履带式收获机配套的稻麦、玉米、油菜、大豆割台互换性技术，研发了大豆、玉米两种作物高效低损收获割台，并完成了 2 台整机的装配。完成了双泵双马达驱动底盘系统试制、双泵双马达驱动单纵履带式智能化稻麦联合收获机试制。完成了双 HST 驱动单纵履带式智能化油菜联合收获机样机、单 HST 驱动单纵履带式智能化玉米联合收获机样机、单 HST 驱动单纵履带式智能化大豆联合收获机样机、双泵双马达驱动单纵履带式智能化稻麦联合收获机样机等试制。

5.4.3　农业生产工厂与大田智慧农场创制及应用

1. 水稻全程无人化生产技术装备创制与应用

研制水稻病虫害及杂草智能检测装置，以及系列化水稻作业装备状态参数感知装置；研发水稻生产耕种管收全程无人化精准作业控制系统、智能化装备。建立了云–端互通共享机制，构建了基于机器学习的农机单/多任务、空–地及"插秧/直播–肥药施用"等跨作业环节机群协同管控模型，开发了适应水稻不同种植模式的智能作业装备管控、多机协同与调度服务的无人化农场智能生产云管控系统。最终形成一套水稻生产全程无人化技术规程，在东北、长江中下游、华南地区建设 3~5 个万亩水稻无人化智慧农场，实现水稻生产全程无人化技术的推广应用。

（1）水稻无人化作业智能感知技术与装置研发 提出了基于 SAM 图像大模型的 CocktailSeg 农田地块识别方法，实现了地块的准确分割和完整轮廓信息的提取。设计了一种基于深度学习的高效多类别轻量级的害虫检测模型，降低了数据集样本中背景噪声对害虫识别的影响。目前对水稻二化螟、稻飞虱、稻纵卷叶螟识别率都在 90% 以上。采用多传感器融合的方式，研制了水稻耕整作业装备状态参数检测装置，分析建立了旋耕耕深检测模型，耕深检测平均误差为 4.71%。提出了基于图像处理和深度学习相结合的插秧机秧苗插直情况检测算法，可迅速定位、判断相邻秧苗间的缺秧情况，总体准确率为 93.7%。提出了一种基于激光雷达的作物收获导航线实时提取方法，前进方向误差角平均值为 0.872 度，割台横向偏差值平均为 0.104 米，收获导航线正确率为 93.5%。对水稻收获机械谷物损失、产量监测传感器与系统进行了优化和改进，完成了田间试验。

（2）水田作业机械自主驾驶和精准作业控制技术与系统研发 开展了多台异构农机协同作业智能控制方法研究，建立了协同收获作业中有限个状态过程的改进型连续时间马尔可夫链模型，实现了 2 台水稻收获机和 1 台运粮车协同自主作业，协同控制精度满足卸粮作业需求。建立了转运协同几何模型，利用预设路径的方式将二维控制问题解耦为两组一维控制。分析了纵向驱动系统和转向系统的动力学和运动学模型，基于辨识的纵向驱动系统传递函数构建了预测控制器，预测并补偿系统惯性所导致的停车滑移；结合积分环节改进纯追踪方法消除减小路径跟踪中的系统误差。分析了静液压驱动底盘（双 HST）的调速与转向原理，构建了履带式农机转向操纵的动力学模型，提出了虚拟阿克曼转向模型，设计了适合于静液压驱动底盘履带式农机的路径跟踪控制方法，并进行了仿真和田间试验验证。

（3）水稻全程无人化生产智能装备创制 开展了 CVT 无级变速和动力换挡技术优化研究，探明了动力换挡过程的机、液、热、电多物理场耦合规律，搭建了动力换挡参数设计多目标优化平台。开发了具有生物分形褶皱特点的仿生摩擦片。提出了适用于拖拉机动力换挡策略的智能虚拟标定技术，开发并产业化适合于大功率智能拖拉机的系列动力换挡系统。研究了电控提升与 PTO 自动控制技术，开发了高可靠性电液比例控制阀、压力磁滞传感器、电液提升器控制器，突破了磁滞传感技术，构建了主控制器非线性控制策略。研究了插秧机和收获机底盘静液压 HST 无级变速技术、发动机线控技术、行走和速度控制技术，实现精准作业的目的，满足无人化作业需求。研究了基于多传感器信息融合的无人机自主避障技术，实现了无人机在 13.8 米/秒速度下的精准避障飞行。开展了智能离心雾化技术研究，雾化颗粒可实现 60～400 微米。

（4）水稻全程无人化农场生产云管控平台研发　开展了基于农场农事活动、高精度地图、环境信息、作物长势、农机信息及农艺农时约束的水稻全程无人化农场生产作业决策方法研究。提出了基于无人机低空遥感的农田地物分割方法、多农机协同作业的全过程路径规划方法、多机协同作业全局路径冲突检测方法等。提出了一种基于无人机遥感图像的农田边界获取方法，对植被覆盖农田识别的交并比（IoU）达 93.25%、对未耕种农田识别的交并比为 93.14%，对植被覆盖农田识别的像素精度可达 96.62%。提出了一种多农机协同导航调度方法，解决了多机协同的路径规划和任务分配问题。提出利用时间窗进行全局冲突检测的约束条件，以路径代价和转移时间最小化为优化目标，开展了基于时间窗的多机协同作业全局路径冲突检测算法研究，为进一步实现无人农场作业环境下的多机协同导航调度管理奠定基础。

（5）水稻无人化生产模式与技术集成应用　研究了基于水稻种植模式的无人农场农机配置方案，分阶段推进了水稻生产全程无人化技术规程，基本实现了农机无人化作业装备的改造及农田信息化数字化基本建设规程。完成了 3 种不同类型无人化生产装备的优化配置与创新研发，推广了无人化水稻生产作业装备与生产模式的系统集成与试验示范，开展了无人作业模式与常规作业模式的节本增效调研与实收测产，初步确定了水稻无人化生产模式实施方案。开展了水稻无人农场化肥减施增效关键技术研究，搭建了外槽轮排肥器精准施肥试验台；开展了多参数下外槽轮式精准施肥机构的施肥均匀性与施肥量响应试验。开展了有机水稻机械除草技术研发，设计了基于机器视觉的自适应巡航除草机。开展了标准水田机械筑埂关键技术研发，设计了一种多连杆回转调节机构，集成了多连杆回转调节水田机械筑埂机械并开展了试验验证。

2. 小麦生产全程无人化作业技术装备创制与应用

围绕小麦生产全程无人化作业，研究农机作业环境感知、障碍物识别、小麦赤霉病检测轻量化模型、小麦全生育期氮素监测模型、拖拉机无人驾驶路径规划、多机编队形成控制、收获机作业控制、收获机无人驾驶技术、收获边界快速检测等 9 项关键技术，研制多传感器融合的无人农机作业环境信息感知系统（实时帧率不低于 30 帧/秒）、基于 ISOBUS 的拖拉机无人驾驶装置（路径跟踪误差不超过2.5厘米,远程端到端数据延时小于或等于30毫秒)、小麦联合收获机作业数据采集系统(拨禾轮转速精度不低于95%,滚筒转速精度不低于95%,风机转速精度不低于95%)、基于模糊PID自适应的化肥双变量施用控制系统(施肥精度不低于95%)、喷药机精准喷洒控制系统(顷喷药量精度大于或等于95%)、收获边界检测系统(横向偏差均值为1.48厘米);构建了小麦全程无人化生产智慧云管控平台,实现了农机作业监测、处方决策、多机调度等功能。

(1) 小麦无人农场信息感知与生产决策　开展了小麦全生育期长势及病虫害智能感知研究,完成了田间数据获取和检测模型构建工作,构建了基于高光谱数据的小麦条锈病检测模型,改进YOLOv8模型并构建了可用于小麦赤霉病检测的轻量化模型。开展了农机无人作业环境信息感知研究,研究了激光雷达、(实时动态定位) – 全球导航卫星系统精密定位、双目视觉辅助识别、毫米波雷达测障等传感技术,研制了多传感器融合的无人农机作业环境信息感知系统样机,开发了可基于YOLOv4 – tiny优化算法的农机作业环境典型运动障碍物的实时精准检测模型。开展了基于多源数据的冬小麦氮素监测与管理方法研究,研究了基于Meta分析和基于数据的建模方法,整合我国5个主要小麦生产省份的试验数据集,构建了不同的氮输入和产量水平情景的评估模型,构建了结合线性混合效应模型和随机森林模型的特定目标产量下的氮肥推荐模型。

(2) 无人化作业智能控制技术与装备研制　开展了小麦生产无人化精细耕整智能测控技术与装置研究,研究了BDS双天线系统获取定位信息和高程差的高准确度方法,以及传感器融合滤波数据处理方法。开展了小麦生产无人化精量播种作业控制技术与装置研究,提出了基于种子空间分布电磁学特性与力学特性的种管流量在线测量方法,研究了播种检测与播种反馈的滑模控制方案,初步设计并制作了一款播种控制器。开展了小麦生产无人化精准施肥作业控制技术与装置研究,设计了基于机械式无级变速器与液压马达协同的颗粒肥精确施用双变量调节机构。开展了小麦生产无人化精准施药作业控制技术与装置研究,搭建了基于旁路节流式流量控制阀搭建喷施硬件在环半实物仿真平台。开展了小麦无人化施药自动加装补给技术与装备、喷药机智能对接补给车及控制系统研究,完成了整体系统构建。

(3) 拖拉机无人作业技术研究与装备研制　开展了多机协同下的路径规划技术研究,实现了路由器集群通信范围之和对工作区域的全覆盖,优化了领导跟随者间共享位置、速度和状态信息的互联方法,实现了编队一致性控制和局部自主避障。研究了拖拉机自主避障策略，提出了一种基于改进快速搜索随机树（RRT）及后端优化策略的避障路径规划算法，搭建了 Carsim - Prescan - Simulink 联合仿真平台并进行了仿真测试，完成了实验小车测试。开展了拖拉机自主路径跟踪技术研究，提出了一种基于模糊滑模的自适应预测控制算法和自适应速度估计器，实现在 U 型和平滑转向路径下的路径跟踪精度提升。开展了小麦耕种管环节无人化智能生产作业装备创制研究，完成了耕深控制、远程控制、安全控制、协同控制等系统通信协议制定与开发，设计了基于 4G/5G 网络通信的多模式驾驶控制系统，制定了中远距离遥控驾驶、平行驾驶与自动驾驶的协同控制策略，实现了人车分离状态下的多模式自动驾驶。

（4）小麦收获机无人作业技术研究与装备研制　开展了速度自适应的轮式收获机纯路径跟踪算法研究，提出了一种预瞄距离速度自适应的轮式收获机作业纯路径跟踪控制算法。开发了小麦联合收获机作业数据采集系统，进行了不同喂入量的收获实验。开展了小麦联合收获机无人驾驶与作业控制系统设计，搭建了障碍感知、边界对齐、航线跟踪、速度控制、割台控制、卸粮控制、发动机控制、作业离合控制、远程控制与服务等系统，通过控制算法终端对切割、脱分、清选子系统进行分布式控制。开展了小麦收获边界快速检测方法研究，提出了基于二维激光点云的收获边界检测方法，实现了 Z 向中心差分的更优检测精度。研究了联合收获机与运粮车自主协同卸粮控制，确定了联合收获机与运粮车自主协同卸粮控制方案，实现了主从作业控制模式下联合收获机与运粮车协同作业控制仿真。

（5）小麦生产全程无人化作业技术装备创制与应用　开展了小麦全程无人化农事管理技术与智慧生产管控模型研究，研究了基于无人机"先远后近"的小麦生长数据采集方法，提高了数据采集效率。开展了多机协同策略与作业决策方法研究，建立了基于高精度地图的田间转运路径静态路网快速构建模型，利用 Node 节点（路口、机库、地块出入点等关键节点）和 Graph 路径，实现了农场级的高精度路网快速生成；构建了基于 A* 算法和虚实结合的最优路径搜索模型，实现了高精度路网条件下任意两点间的路径规划。开展了小麦全程无人化生产智慧云管控平台的研究，对小麦全程无人化生产智慧云管控平台进行了总体设计，建立了农机管控数据库，初步完成了云管控平台的框架的设计，利用 ResTfulAPI 暴露接口、共享算法模型，实现实时监控、作业统计、作业质量评价、多机协同调度、农事管理、农事智慧决策、处方决策、数据共享等功能。

3. 玉米生产全程无人化作业技术装备创制与应用

制定玉米生产农情信息获取方案，建设农田设施和传感器网络，搭建物联网和数据库架构；构建玉米锈病检测、叶片含水量和叶绿素含量值预测、预瞄跟随路径跟踪、基于多复合条件下的运动等模型；研究农场地形基础图层构建、地貌地物的视觉识别与语义标注、多源数据融合与格式转换、高地隙喷雾机路径跟踪控制、脉冲宽度调制（PWM）喷头独立流量调节、收获装备自动驾驶、收获作业路径规划、作业工况信息检测等技术；优化热脉冲与阻抗传感器，研发便携式作物叶绿素检测仪、精整作业机具调控自主控制器、电驱变量排肥器、大型喷灌机流量精准控制器、农机自动导航智能终端、清选损失率检测传感器、产量检测传感器等新装置；构建无线自组网，初步建立玉米协同卸粮及自主转运数字孪生平台和云–边协同数据采集架构和时空多元作业场景。

（1）玉米无人化作业共性关键技术与系统研发　构建了玉米锈病检测模型、玉米叶片含水量和叶绿素含量值的回归预测模型，应用主成分分析和支持向量机建立了玉米锈病检测分类模型，基于 ResNet18 和 DeepLabV3 + 方法开展了玉米病害图像分割研究；创新了土壤宽频介电常数与电导率测量方法，开发了基于 AD5934 阻抗测量芯片的土壤电导率测量系统和基于直接数字式频率合成（DDS）的土壤多参数测量系统；研发了便携式作物叶绿素检测仪；开展了农场地形基础图层构建、地貌地物的视觉识别与语义标注、多源数据融合与格式转换等技术研究，提出了无人机图像下的目标检测算法模型与玉米农场多时序跨模态图像融合语义分割技术；开展了农机作业路径规划方法、复杂边界田块有序边表算法、障碍物多传感器融合算法、障碍物检测与距离估计的研究；研究了多跳局域网多机自组网通信技术方案和机群作业信息获取与共享技术方案，确定了以 ZigBee 为硬件选型构建无线自组网。

（2）拖拉机与耕种无人化作业关键技术研究与装备创制　建立了预瞄跟随路径跟踪模型，基于粒子群优化算法对预瞄跟随路径跟踪控制模型的 PID 参数进行整定；建立了基于多复合条件下的运动仿真模型，提出农机动力参数、机具性状参数、整地深度监测参数、作业效率参数等多环节复杂系统优化调控策略；构建了精整作业机具调控虚拟仿真体系，创制了自主控制器，基于拖拉机运动学和动力学模型研究了北斗卫星定位和惯性测量单元（IMU）融合算法，基于深度相机图像处理技术和智能算法研究了犁深度或播种深度的自动控制技术；开展了无约束柔性绞龙输送器试验，建立了智能控制逻辑策略；初步完成拖拉机线控底盘方案设计，研制了电驱变量排肥试验新装置，完成了拖拉机 CVT 无级变速、CAN 总线通信协议等技术研究，突破主动流量分配技术、液压多点动力输出技术、变论域模糊 PID 耕深控制等关键技术方法，研制了高响应、高稳定性电液控制阀。

（3）灌溉与植保无人化作业关键技术研究与装备创制　研究了基于最优预瞄点的高地隙喷雾机路径跟踪控制技术，提出了一种改进随机抽样一致性循环定向约束的苗期多作物行检测方法，设计了玉米行检测系统，完成玉米田间管理喷药场景的多作物行检测算法研究；开展了基于嵌入式开发系统的 PWM 高频电磁阀控技术研究，确定了以 PWM 方式进行喷头独立流量调节的技术方案，完成了喷灌机变量喷洒控制器的开发；进行了基于 PWM 控制的喷头流量精准控制试验，开发了大型喷灌机流量精准控制器，完成了大型喷灌机喷头流量精准控制方法和设备的研究；研究了 PWM 高频电磁阀控技术，设计了变量施药控制系统；提出了具有四轮转向、四轮驱动等功能的全液压驱动高地隙线控底盘方案，设计了四轮独立式螺旋弹簧减振、轮距伸缩定位系统，设计研发了实现四轮驱动、四轮转向功能的全液压系统。

（4）收获无人化作业关键技术研究与装备创制　开展了农机作业地形环境感知、导航控制的智能控制方法研究，完成了集成多源数据融合的收获装备自动驾驶、作业路径规划技术研究，研制了农机自动导航智能终端、农机自动驾驶控制装置，开发了障碍物感知模块，基于立体匹配算法及目标检测算法构建障碍物类别和深度信息实时监测模型；完成了损失率、实时产量等作业工况信息检测技术的研究，研发了清选损失率、产量检测装置，研究了单位时间收获量获取方法，进行了清选损失传感器田间试验，以及谷物损失量与脱粒清选装置关键部件作业参数对应关系试验；完成收获机卸粮筒空间轨迹规划、运粮车位置自动纠偏调控和局部路径规划等策略研发，开发了结合车辆运动模型的障碍物探测系统，初步建立了玉米协同卸粮及自主转运数字孪生平台，完成了大型玉米籽粒直收机样机研制，并进行了工作可靠性试验。

（5）玉米全程无人化生产智能云管控平台研发　调研了玉米生育期特征及农事作业项目，形成农事管理系统的生育期特征库、专家知识库、农资信息库等重要分析样本；建设了农田设施和传感器网络，搭建了物联网和数据库架构，完成了对农资、农机等各类实时动态数据的分类和归档，集成农场、农资、农机数据库及调研的玉米生育期特征、专家知识等，结合气象、土壤、遥感等信息，初步建设了农事管理系统；构建了基于 A* 算法的农场级最优路径搜索模型，实现了高精度路网条件下任意两点间的路径规划，建立了基于高精度地图的田间转运路径静态路网快速构建模型，以及基于遗传算法的单机多地块农机作业调度模型；初步建立了云 – 边协同数据采集架构和时空多元作业场景，初步完成邹平农场地面环境、拖拉机、收获机、玉米各生育阶段的 3D 数字重构建模，基本完成基于数字重构孪生的重构模型与农机作业数据的实时 3D 场景渲染，制定了土壤、气象等物联网数据传输协议和接口规范。

4. 棉花生产智慧农场关键技术装备创制与应用

进行棉花生产调研，设计棉花生产信息采集试验方案，并进行试验方案论证，形成最终的试验方案，已完成调研报告 1 份，试验方案初稿 6 份，并最终确定试验方案 2 份；完成了棉花生产信息感知监测装置样机 1 套，开展棉花氮素养分、黄萎病和棉蚜虫实验室试验与田间试验；完成棉花播种装备智能测控技术研究进展调研报告 1 份，设计完成基于光电的棉花播种质量监测专用传感器样机 1 套；结合棉花基肥施用的农艺特点，以变量和定量为目标，制定基于施肥处方的变量施肥决策和电液施肥精准控制的技术方案 1 份，完成基于电液比例技术的液压执行控制装置样机 1 套；围绕棉花水分、养分智能诊断便携式监测装备创制，完成需求分析和总体设计方案 1 份；设计了两种仿生棉花打顶装置 2 套，实现了人工打顶动作的高度拟合，减少了棉花植株的损伤，降低了过打顶率。

（1）棉花智慧种管关键技术研究与装备研发　开展了棉花氮素养分、黄萎病和棉蚜虫的监测技术研究，建立了基于宽度学习的棉花黄萎病等级解析模型，开发了基于高光谱技术的棉花生产信息感知监测装置；开展基于光电的播种质量监测系统研究，提出了颜色自动匹配检测方法，设计了基于光电的棉花播种质量监测专用传感器；开展处方变量施药控制系统技术研究，探索了基于旋转坐标和行列扫描推导出的一种正交网格识别算法，突破满足多路施肥控制的基于电液比例控制的精准排肥控制技术，研发基于电液比例技术的变量施肥控制执行装置；探究滴灌棉花氮素养分光谱变化规律，开展基于近地高光谱的棉花氮素监测研究，明确了花铃期和盛铃期为棉花冠层氮素监测的最佳生育时期；探索棉花人工打顶原理，运用机构仿生学原理，建立打顶运动学和动力学模型，确定低损伤与精准打顶路径方案。

（2）棉花高效采收关键技术研究与装备研发　开展了基于采净率、撞落棉率等采棉质量指标的高效低损收获方法研究，构建了作业速度、采棉头转速等的自适应调控模型，开发了采头智能控制系统，集成研制了高效智能采棉头；开展了重载变速箱动力换挡、轮边减速、静液压适时驱动、液压驱动转向等技术研究，构建了动力换挡控制、适时四轮驱动模型，开发了采棉机动力换挡底盘智能控制系统，集成研制了载重量25吨级采棉机专用底盘；建立了排棉喂棉控制模型，研究了摆臂油缸压力、打包带速度与棉包密实度的关系，建立了棉包成型密度控制模型，集成研制了高效裹包装置；开展了棉花采收多参数、无线传输监测等关键技术研究，提出了采净率、撞落棉率、棉花产量等核心传感器设计实施方案；开展了棉花采收作业质量的多参数自适应调控技术研究，开发了采棉机作业质量智能控制系统；开展了采棉无人作业智能反馈知识决策方法研究，研发了无人化作业控制器、智能车载人机交互终端、柱式仪表，集成创制了采棉机自主作业控制系统；集成研制了大型圆包式智能采棉机。

（3）棉田废弃物高效回收技术研究与装备研发　开展了棉田废弃物高效回收技术和作业质量评估方法研究，完成了残膜回收作业自动对行系统硬件方案设计研制；开发了基于单片机和角度传感器反馈的自制电动转向盘，具有跟踪车轮偏转角的运动控制功能；针对残膜回收机在大田中的复杂作业环境，实现了基于ROS系统的残膜回收作业对行控制系统，完成了转速和膜箱闭合状态监测系统开发；确定了自走式棉花秸秆回收打捆机的总体方案，创制了宽幅棉秆剪切收获割台和三行棉秆断根起拔装置；针对残膜回收膜杂分离困难问题，创制了一种筛孔网带式卷膜装置，完成了牵引式残膜回收机弹齿式捡拾、刮板清杂、拨板脱膜等关键零部件试制；针对残膜回收机作业质量评估，搭建了车载式残膜污染评估装置，实现了坐标定位、残膜图像等信息的采集。针对残膜回收机在大田中的复杂作业环境，搭建了适用于残膜回收作业时进行经纬度采集及作业效率计算的系统，初步构建了残膜回收率评估模型，其中残膜识别准确率大于或等于95%。

（4）棉花采后智能高效加工技术装备研发　开展了棉花含杂率、回潮率、衣分、长度、颜色等快速检测技术研究，通过系统集成及算法整合，实现了5分钟内快速检测棉花品质；研究了圆模自动开包扫码技术，研制了圆模自动标识、自动开模成套装置与装备；研究了棉花含杂率和回潮率等品质参数在线检测方法，研制了棉花质量在线检测装置；研究了棉花成包液压伺服控制及棉花成包捆扎技术，研制了棉花高效成包成套装备；研究了棉花回潮率快速调控技术，研发了棉花回潮率快速调控装备；研究了多参数信息融合与故障诊断技术，建立了棉花生产设备多参数高效运行状态模型；研究了棉花高效加工控制技术，研发了棉花高效智能加工控制系统。

（5）棉花智慧农场技术集成与应用示范　调研了新疆棉花主产区棉花生产模式，开展了棉花智慧农场标准化体系研究，确定了适于我国棉花产业的智慧农场建设模式，设计了棉花智慧农场实验平台，完成了《棉花智慧农场建设基本技术条件》标准草案撰写和棉花智慧农场技术体系研究报告总体架构；开展了棉花质量追溯技术研究，搭建了"棉花高质量生产流通监管平台"，建立了棉花质量追溯硬件调试平台，并在棉花加工企业应用示范。

5. 特种经济作物智能收获技术装备创制与应用

针对加工葡萄、加工红辣椒、三七、甘草机械化收获技术装备国内外进展情况进行了调研，分析 4 种作物的生物学特性，搭建 6 种试验台架，开展采收、挖掘、清选、分离等 13 项关键技术的理论分析和试验研究，确定 4 种作物智能化收获装备的总体技术方案；开展采收机理试验研究，完成 14 种高性能部件第一轮样件设计，完成 6 种装备第一轮样机设计。初步落实 4 种作物的试验应用场景，并在山东烟台瀑拉谷酒庄完成 500 亩标准化加工葡萄果园建设、在新疆巴州建立加工红辣椒机械化收获技术示范验收基地 1 个。

（1）特种经济作物智能化收获关键共性技术研究及系统开发　针对加工葡萄、加工红辣椒、三七、甘草机械化收获技术装备，研究了精准对行导航辅助驾驶技术、加工葡萄品种在线识别技术、加工红辣椒生物量在线感知技术、多机协同实时转运调度技术等，开发了基于超声传感结合机器视觉的收获机收获量智能检测系统，搭建了加工葡萄振动式脱粒参数试验系统、加工红辣椒弹齿滚筒式采摘试验台等 6 种试验台架，开展了采收、挖掘、清选、分离等关键技术的理论分析和试验研究，确定了 4 种作物智能化收获装备的总体技术方案。

（2）加工葡萄智能化收获技术研究及装备创制与应用　开展了加工葡萄自适应柔性采摘技术研究，搭建了振动式脱粒参数试验系统，初步开发了采摘装置调节间隙、振幅调节控制系统，设计完成了柔性振动采摘杆和双支撑中枢振动式采摘装置；开展了加工葡萄低漏损集运与多级清杂技术研究，开发了杂物目标检测及追踪计数算法，研发了自适应气力除杂试验台，设计完成了鱼鳞式低漏损接果装置、双通道集运装置和风力 + 梳刷式去梗装置组成的多级清杂系统；开展了加工葡萄底盘仿形调平技术研究，设计了整体升降调平模式、前后升降调平模式和左右升降调平模式的液压驱动底盘；完成了自走式加工葡萄收获机的整机设计开发。

（3）加工红辣椒高效低损收获技术研究及智能化装备创制与应用 开展了加工红辣椒不对行柔性智能采收技术研究，开发了弹性采摘指，研制了柔性仿人工采摘滚筒；开展了采摘台地面仿形技术研究，开发了宽幅面横向仿地形左右浮动装置、随地面高低仿形浮动采摘台镇压辊，研制了不对行低损仿形采摘收获割台；开展了加工红辣椒分级清选分离技术研究，研制了辊式上清选、星形轮式下清选结合的分级清选分离装置；开展了复脱清杂技术研究，研制了多钉齿滚筒组合式复脱滚筒；开展了加工红辣椒机收落地损失率、产品含杂率和辣椒生物量在线监测技术研究，建立了多作业流程协同智能控制系统模型；完成了大型轮式加工红辣椒收获机试制和小型履带式加工红辣椒收获机设计。

（4）三七联合收获技术研究及智能化装备创制与应用 开展了三七仿生减阻挖掘技术研究，探究了三七挖掘机理，建立了土壤－三七－挖掘铲的 EDEM 离散元模型，结合三七种植农艺，研发了仿生挖掘铲；开展了低损柔性分离输送技术研究，搭建了多作业参数可调的输送分离部件试验台架，开展了三七根土分离技术研究，初步探明根土分离较优参数组合，设计了一级柔性输送分离装置和二级波浪形输送分离装置；开展了三七防堵收集减缠装卸技术研究，设计了 L 型刮板纵向提升装置和大翻转角度收集料斗；开展了三七收获作业信息检测技术研究，开发了基于 CAN 总线的自走式三七收获机整机监测和控制系统框架，完成自走式三七联合收获机设计。

（5）甘草节能高效收获技术研究及智能化装备创制与应用 开展了甘草深根低阻振动挖掘、大土量节能运移分离等关键技术研究，形成了适用于移栽甘草收获的"固定铲＋多级辊＋升运链"收获方案，以及适用于直播甘草的"振动铲栅＋组合键筛"收获方案，研发了单摆铲栅式、摆振键栅式、铲辊链组合式 3 种挖掘分离部件，研发了 4GSBZ－140 型甘草收获机、4BZJS－140 型甘草收获机、4Y－1800 型中药材（甘）收获机等悬挂式甘草收获机及适用于移栽方式的自走插齿式甘草收获机；开展了甘草收获机控制器设计，实现宽电压供电、CAN 总线通信、多路模拟量输入和 PWM 控制输出；研究了基于大马力重载履带底盘的机组配置方案，开展了自走式甘草收获机设计。

6. 主要饲草饲料生产全程智能化作业装备创制与应用

开展饲草饲料作物特性研究和高线速仿生圆盘式平茬、减阻降耗仿生切碎、优势草种适收期智能判断、优势草种引发抗逆处理、低扰动保墒开沟、三级输送喂入与预压缩、大截面密度可控成型、籽粒揉搓破碎等关键技术研究。

（1）主要饲草饲料全程智能化生产共性关键技术研究与应用 完善了柠条的生物机理研究，对切割作业的原理进行了分析，探究了切割部件－柠条茎秆互作规律，设计低扰损平茬关键切割部件，提高柠条留茬截面质量；以青饲玉米茎秆为研究对象，从切割特性和微观组织结构入手，研究其力学特性和切割特性，建立刃形和刃面双耦合仿生结构模型；根据杂交狼尾草生长环境和收获方式，设计了杂交狼尾草收获机割台仿形系统机械结构，针对关键部件建立了数学模型，结合仿形轮数据对割台的高度和角度进行联合控制。

（2）主要饲草饲料种子高效采集与播前处理智能技术装备创制与应用 搭建了 TEN－YOLO 苜蓿种子目标识别模型，对捋穗－梳脱板齿式草种采集台进行优化仿真，制定了优势饲草种子低损高净度采收智能装备总体方案。以苜蓿种子为研究对象，采用可见近红外区/短波红外区（VNIR/SWIR）高光谱成像（HSI）技术从宏观（单粒苜蓿种子）尺度对高压静电场提升苜蓿种子活力的机理进行研究；以苜蓿、羊草为对象，采用多物理场数值模拟，探究滑动弧放电等离子体稳态发生技术；建立了低温等离子体数值仿真模型，提出了负压引流式滑动弧放电等离子体处理饲草种子技术方案，突破了常压低温等离子体均匀沉浸技术并研制了优势草种引发抗逆处理智能关键装置。

（3）多形态组配饲草饲料精细建植与复壮保育智能技术装备创制与应用 通过试验获取构建土壤模型的基本参数，开展土壤离散元模型构建，并开展仿真试验进行模型优化；以草原鼢鼠前爪爪趾轮廓轨迹为仿生对象，利用函数关系式进行特征描述，应用于兼备深松与切根工艺的退化草地改良的仿生深松铲。基于离散元仿真优化技术，模拟了平面型圆盘刀、阿基米德螺线型圆盘刀和偏心圆盘刀的作业效果，结果表明平面型圆盘刀具有最优的综合性能。研究了饲草饲料机械化建植作业技术工艺、低扰动保墒开沟技术和气力式排种技术，提出了深切缝、窄开沟、浅覆土免耕播种作业工艺。

（4）优质饲草干法保质收获与智能技术装备创制应用 完成了大型高密度苜蓿干法保质智能打捆装备总体结构设计，开展了高效低损捡拾、三级输送喂入与预压缩及大截面密度可控成型等关键技术研究及关键零部件结构设计，研制了高速回转曲面轨道式捡拾装置、压缩活塞、压缩室。开展了草捆物理属性、机械特性试验研究和草捆捡拾技术研究，设计了草捆捡拾输送装置。

（5）优质青贮饲草料保质收获智能技术装备创制与应用　以自走式青饲玉米高效收获智能装备关键部件为研究对象，突破割台自动仿形技术、滚筒自动磨刀与智能对刀控制技术、秸秆破节揉丝组合技术、带有揉丝破节功能和作业过程智能控制技术4项关键技术；对我国杂交狼尾草的种植农艺和田间生长特性进行研究，以明确杂交狼尾草的田间生长状况，为簇生高茎秆杂交狼尾草青贮机械化收获技术工艺的提出提供参考依据；以构树为研究对象，建立构树与土壤的物理机械特性及动力学模型，研究不同载荷作用下构树割茬损伤形式与机制。

7. 丘陵山区智慧农业关键技术装备创制与应用

开展了水稻病害数据采集和水稻病害识别算法研究，构建了基于改进YOLOv5的水稻生长期和叶部病害识别模型，提出一种适用于田间现场害虫识别的方法并进行了初步验证。研究了浮地滑动复合履带底盘技术，完成了小型旋耕机初代整机试验。进行了小型乘坐式水稻插秧机传动系统和液压系统设计，完成了小型乘坐式4行水稻插秧机初代样机制造。完成初代小型收获样机，整体使用质量为700 kg。研制了可变行距蔬菜塑料穴盘苗自动移栽机、小型果园除草机和果园多功能作业平台。开展了固定式仓储环境智能调控方法研究，创制固定式仓储环境智能调控样机1台（套）；开发了山地轨道运输动力机头的自动调平控制系统，并构建了轨道和运输动力机头相对倾角转换函数，控制电磁换向阀实现运输动力机头水平控制。

（1）多源农情信息获取与智能导航关键技术装备研发　开展水稻病害数据采集和水稻病害识别算法研究，构建了基于改进YOLOv5的水稻生长期和叶部病害识别模型。提出一种广义零样本学习范式下的害虫图像识别方法，实现对可见（训练集中包含的类别）与不可见害虫种类的辨识；通过构建养分诊断差异化模型，开发基于主动光源的养分在线检测传感器；对丘陵山地自组网维护方法进行初步探索，提出网络局部重组和越级路由两种处理方法，制定网络节点布置规则，实现网络中节点失效、网络节点移动或网络中新增节点的网络路由自动维护；围绕丘陵山地智能农机导航技术，开展基于MobileV2 – UNet的农田区域地块分割、农田/非农田区域分界线测量、三维倾斜与三维GIS系统重构等初步研究。

（2）梯田水稻耕种管收小型智能精准作业技术装备研发 优化小型自走式耕作机底盘结构，增加底盘浮地功能，采用浮地滑动复合履带底盘，减小耕作机接地压力，提高通过性和机器转向灵活性，完成小型旋耕机整机试验；开展了纯电驱动水田作业通用移动平台设计，开发了移动平台控制系统，搭建了基于ROS的机器人自主导航控制架构；研究了软钵盘自动下、接、绕、回盘技术，开发了适合钵苗卷盘运输的新型钵苗盘，研制了4行乘坐式水稻插秧机样机；创制了丘陵山地轻简型水稻联合收获机动力底盘；搭建了轻型喷药旋翼无人机可控测试平台，并在Dspace系统中进行仿真试验，研究遥感图像拼接与传输，变量喷洒、雾滴防漂移等方面的分析模型构建方法；开展无人机单种箱多通道取种机构、旋翼无人机平台种箱及排种器、射种折叠部件的结构设计及控制方法研究。

（3）山地果蔬智能农机关键技术装备研发 开展履带拖拉机小型化、轻量化、坡地防倾翻、变轮距手扶操作式底盘技术研究，以及基于大重合度非圆齿轮传动的蔬菜穴盘苗高效精准低损取苗、多点强制苗盘输送技术研究，研制可变行距蔬菜塑料穴盘/漂浮育苗盘自动移栽机、小型果园除草机和果园多功能作业平台；开展辣椒植株整理机器人打杈末端自动调平、辣椒收获机自适应地形底盘设计开发及割台挠性随地形起伏变化等技术研究，确定辣椒植株整埋机器人、小型辣椒智能收获机双绞龙结合输送带的设计方案；研究对靶施药常用喷嘴型号与底盘行驶速度的匹配关系，确定小型肥药精准喷施机专用履带底盘方案；完成了小型结球类蔬菜收获仿真试验，支撑甘蓝收获机研制。

（4）移动式农产品自动分级包装仓储智能调控技术装备研发 开展辣椒、柑橘压缩损伤特性及损伤后贮藏品质和内部、外部品质无损检测技术研究，完成了移动式柑橘和辣椒产地现场自动分级设备整体方案设计，开展了移动式柑橘和辣椒产地现场自动分级设备的机械系统设计；开展固定式仓储环境智能调控方法研究，创制固定式仓储环境智能调控样机；研究一体化包装赋码方法，开发一体化包装赋码样机。

（5）丘陵山地农业装备轨道运输系统研发 开展了基于多传感数据与倾斜角度自适应调整的运输动力机头自动平衡控制、在轨状态感知与多制动器闭环制动技术研究，解决山地轨道运输动力机头在复杂地形下的稳定性和轨道车精准制动的难题；突破了纵向自动调整夹紧固定、单自由度液压顶升固定技术，创制了通用轮/履农机装卸快换平台；优化模块化设计，突破了双轨道运输机，集成轨道、传感、遥感技术，创制智能型轨道运输机；开展产地调研并确定在江西上饶马家柚、江苏常州金坛区碧根果及四川雅安水稻种植基地建立示范基地。

8. 无人化植物工厂成套技术装备创制与应用

完成植物工厂建筑建造、环控空调安装，植物工厂种植区立体种植架、营养液供给系统、立体输送系统均已到位安装完毕；在设备作业区，完成19套设备的创制，并在现场安装完毕。项目创制装备的第三方检测工作已提前开展，已完成19项内容中的13项现场测试工作。

（1）植物工厂立体种植环保模式与精准调控技术装备研究 完成植物工厂种植区、作业区、育苗区及辅助作业区的建设任务，完成了植物工厂叶菜种植区、生产作业区的内机及管道安装；开展了装备开发的关键技术研究；研究了营养液紫外线C段（UVC）消毒技术，利用UVC全覆盖照射物体表面，进行了无死角杀菌消毒试验研究；基于UVC光源对营养液进行消毒处理；研究了空调系统气流均质技术，开展了气流均质仿真研究；模拟了空调运行系统中的气流量和风速，优化了空调系统的建造；完成了可降解栽培块开发；开发了以竹炭粉混合木薯淀粉为主要原料粉的可降解栽培块。进行了竹炭粉与木薯淀粉及原料粉与固化胶的比例优化试验研究。

（2）植物工厂叶菜种苗生产智能化作业装备系统研发 完成了立体种植架的结构安装；完成了立体种植系统中的人工光安装，并实现与控制系统联调；完成了立体种植架的营养液供给系统的安装及调试工作；完成了种植区立体种植架及与作业区衔接的种植个体立体输送装备的安装，包括种植架层间输送轨道、单体立体种植架端升降机、进入单体立体种植架旋转机及种植区与作业区的连接轨道，同时完成了装备的调试并将所有种植个体送入了立体种植架中；研发了针式精量播种技术；优化了播种装置负压室管路结构，开展了青梗菜和罗莎绿种子播种性能试验；研发了叶菜种苗高效移植技术，对移植机械手开展了结构优化研究，开发了一种双排8手移植机。

（3）叶菜智能化立体种植与质量管理技术装备研发 完成了种植区立体种植架、人工光系统、营养液输送系统、种植个体立体输送装备的安装，以及种苗移植、叶菜采收、种植个体拆组、种植个体存储、叶菜包装称重贴标、装箱及叶菜堆垛整条生产线的布局与试机工作；完成了育苗区的育苗车、播种线及苗盘输出线的安装并达到了生产状态；基于立体输送的路径特性，采用FlexSim仿真软件对植物工厂不同立体种植架层数、单层容量、立体种植架数量及输送模式条件下的栽培盘输送效率进行了仿真分析；研发了成菜高效采收技术，提出了整行间接柔性采收模式；采取了整行纵向采收模式和间接柔性捡拾板，开发出了叶菜成菜采收机。

（4）叶菜智能化采收与配套装备系统研发 开展了植物工厂及创制设备内部验收，进行了创制设备的第三方检测工作；开发研制并制造出植物工厂环境控制装备、植物人工光调控装备、营养液在线监控装备、苗盘高精密播种机、叶菜移植机器人、栽培盘拆解机器人、栽培盘组合机器人、栽培盘盖板存储机、栽培盘底存储机、栽培盘立体输送装备系统、栽培盘转运机器人、成品菜采收机、成品菜包装机、成品菜称重贴标一体机、包装菜装箱机、成品菜箱堆垛机器人、栽培盘盖板清洗机、栽培盘底槽清洗机、包装菜输送缓冲平台。

（5）无人化植物工厂智慧管理系统与成套装备集成示范 确定了系统与环境调控装备及生产装备的通信协议，以及环境模型，构建了系统框架和界面；通过试验选型，确定使用 UVC 灯消毒模式；基于负压气道均压研究了高精密播种技术；基于育苗盘与种植个体间公约穴数条件，采用等间距双行同步移植技术，实现了自动理杯高效移植作业；采用了 4 株同步下托柔性捡拾技术，实现了成菜高效采收作业；完成了 1 座总建筑面积 1400 米^2、种植区 850 米^2、育苗区 86 米^2、作业区 300 米^{2}的植物工厂的建设；完成了育苗区的育苗装置、种植区的人工光自控营养液立体育苗架、作业区的生产作业装备的布局及现场集成；开发了植物工厂叶菜环保资材；开发了水培叶菜种苗高效移植与叶菜成菜高效采收技术。

9. 绿色高效智能养猪工厂创制与应用

通过项目研究提出养殖工艺及生态参数 7 种，创制环境控制器及空气净化技术 5 种，其应用将确保猪只的福利与健康，提高种猪生产力、商品猪出栏率及饲料转化效率，对提高养猪行业的综合效益具有重要意义。创制的精准饲喂及养殖作业机器人，为我国养猪业向"机器换人"及"无人值守"的养猪时代提供技术与装备支撑。

（1）猪群福利化健康养殖工艺研究与猪舍环境净化设备创制 研究了楼房猪场的臭气问题，总结出猪场臭气全程处理模式，重点研究了楼房猪场的臭气收集与处理工艺；研发了猪场用全天候气象监测站，构建了猪场全天候气象监测系统，为全面了解猪场内外环境参数提供了工具平台，促进猪场管理从传统化向数字化转变，促进了未来猪场的建设与发展；开展了妊娠母猪群养单饲与限位饲养的比较、妊娠母猪群养规模研究、仔猪采食行为和采食量调控、猪群福利化健康养殖工艺模式等，建立了生物学参数，为研究猪群福利化养殖提供了数据基础和技术支撑。

（2）生猪生长及健康状态感知技术与装备研究　研究了猪只检测、个体跟踪与盘点计算、行为识别、体尺体重估算等智能算法，构建了基于深度神经网络的姿态无约束猪只体重估测模型、基于猪只跟踪的盘点算法、常态养殖下妊娠母猪质量智能测定模型、基于耳标数据的猪只活跃度和体温变化分析、基于自监督学习的多模态过道估重算法等10余种算法模型。优化了动物健康监测仪、猪只盘点仪、猪只估重仪、生猪行为实时监测仪等生理生长信息边缘智能感知设备；创制和优化了猪场巡检机器人。围绕养殖舍环境精准调控、精准饲喂、健康监测等关键场景，建设了无人猪场示范基地，推广应用生猪健康养殖智能化监测预警平台，实现养殖业提质、降本、绿色、安全发展。

（3）猪舍环境精准控制与智能环控器创制　研发了基于可编程逻辑控制器（PLC）的智能光照、温度环控器，实时采集温湿度、氨气、二氧化碳、光照强度等多种环境参数指标；通过 PLC 控制猪舍内三防灯、风机、水帘的功率、时长、频次与电路的开断，以达到工厂化养殖舍光照、温湿度的适宜精准调节；开发了猪舍环控无模型多目标自适应控制算法，检测多个环境指标，对猪舍环境进行精准控制；研发了仔猪分群转运智能保育箱，代替母猪对仔猪进行饲养，确保仔猪的存活率并提高母猪饲养的仔猪断奶重。

（4）猪精准饲喂、加药、清粪、消毒机器人等智能作业装备创制　基于生猪不同生理生长阶段的动态营养需要量及采食量模型，融合"信息感知＋养分动态供给＋设备实现＋感知反馈"的闭环思路，研制了妊娠母猪电子饲喂站、母仔一体化的智能饲喂产床系统、福利型保育猪饲喂站、生长育肥猪饲喂站，有5种智能饲喂设备通过第三方性能检测。研发了饲喂机器人第一代样机，研制了不同功率的漏缝地板及夜视地沟清粪机器人，研制了3种类型的消毒机器人，可满足不同场合的清粪要求。

（5）生猪养殖智能化管控平台及智能猪厂建设与运行　研究了猪用产床改进和产前母猪行为体征识别技术，研发了基于机器视觉和自动控制技术的变结构母仔一体化福利型产床。针对观察到的产前活动量、鼻子拱地、姿态转换等筑窝行为，研究了产前母猪行为体征识别技术。引入自适应方向调整机制，通过构建头部摆动频率、站姿占比、头部占用指数的特征向量，建立了母猪头部重复行为特征摆动频率，实现拱地与非拱地的二分类任务，利用滑动窗口识别长视频中的拱地行为，实现对母猪产前 2 天内的拱地时长行为特征统计。

10. 绿色高效智能水产养殖工厂创制与应用

开展养殖模型、养殖装备、机器人、海水、淡水养殖工厂集成等关键技术研究。在水产养殖工厂养殖模型及智能管控平台研发方面，搭建鱼类生物量估测、行为量化、智能投喂、鱼病诊断与预警的实验系统，建立模型训练的数据集，搭建管控云平台系统框架。用机器视觉、图像处理和深度学习技术，突破鱼类生长过程数据实时检测的技术难题，初步构建基于立体视觉技术的水下实时检测鱼类生物量（体长、体高、体重）系统，同步结合水下摄像头，研究大口黑鲈摄食强度量化方法；在上述基础上，在浙江、重庆、江苏等地构建大口黑鲈循环水养殖工厂 10 个，并初步形成鱼菜共生工厂高效种养模式。

（1）水产养殖工厂养殖模型及智能管控平台　开展了鱼类目标探测及轨迹跟踪研究，研究了基于双层知识蒸馏的轻量化水下鱼类品种识别方法，构建了鱼类多目标在线跟踪模型。开展了鱼类智能投喂模型构建工作，构建了石斑鱼不同阶段的生长数据集，搭建了不同环境调控下的石斑鱼摄食行为及特性实验系统；构建了基于水质 – 声音 – 视觉融合的循环水养殖鱼类摄食强度识别模型，实现了石斑鱼精准养殖技术及最佳投喂模式构建；开展了循环水养殖微环境信息采集与鱼病预警系统研究，搭建了鱼病诊断与预警的实验系统，研究了 LSTM 时间序列预测和模糊推理算法，构建了大口黑鲈诺卡氏菌病预警系统，初步构建了鱼病诊断与预警模型训练平台。开展了智能管控云平台开发的研究，制定了智能分析模型的封装和调度方法，开发了云平台数据采集和展示功能模块。

（2）水产养殖工厂智能管控作业装备研制　开展了工厂化循环水养殖水质及环境精准调控、鱼苗精准分级计数、成鱼高效捕获与数字化分拣等装备研制工作。开发了电化学复合氨氮传感器、长寿命高量程新型原电池氧电极和分体式养殖专用数字 pH 和盐度传感器，完成小批量试制；研制了氨氮自动监测仪，完成了 4G 传输、驱动采集电路和控制软件集成测试；研制了溶解氧、pH、液位测控终端，支持溶解氧变频和分段定时控制及 4G 数据远传。制定了鱼苗分级机的设计方案，搭建实验系统开展了接触参数等方面的测定，完成了分级机与鱼苗耦合模型的动力学仿真。完成鱼苗计数器初步结构和算法框架设计，开展了计数器的准确性和计数效率的相关实验。开展了基于光 – 气泡幕驱赶的集鱼技术研究，研发了基于光全反射原理的红色激光赶网与赶鱼小车系统，完成了集鱼、底排 - 泵吸式高效捕获、分拣实施方案的设计，试制了螺杆式自适应集鱼装备和泵吸式捕获装置。开展了鱼类数字化智能分拣算法研究，设计了一套鱼体图像采集及观测系统。

（3）水产养殖工厂无人作业机器人创制　开展了无人值守鱼情巡检机器人结构设计和控制算法研究，开展了水下清污机器人的基本结构设计；提出了基于超声波传感器的水下清污机器人 SLAM 定位建图方法，搭建了基于 Ubuntu 中搭载的 ROS 机器人开发平台，进行了定位导航算法仿真计算。开展了水面死鱼捕捞机器人研制，研发了一种基于 K210 - YOLOv3 的死鱼识别模型；设计了机器人在多种状况下的处理动作，初步实现了水面死鱼捕捞、活鱼误入驱赶及死鱼丢弃动作。开展了自动导引车（AGV）车载式自动投料装置技术方案研究，构建了基于光声耦合的大口黑鲈摄食欲望评估模型；制定了轨道式智能投饵机器人研究方案，搭建投饵机抛料系统测试平台，开展了投饵机器人设计方案下料、抛料系统测试。

（4）智能化海水循环水养殖工厂系统集成与示范　完成了不同投喂频率对云龙石斑鱼生长、生理、生化数据的收集，研究了监测循环水系统中不同投喂频率组间水体内溶解氧和鱼体耗氧水平变化的关系，探究了云龙石斑鱼代谢节律的响应特征，关联分析了云龙石斑鱼生物节律、代谢节律与水体溶解氧周期波动和不同投喂频率的内在关联性。明确了投喂频率对云龙石斑鱼机体生理生化的影响及自身消化代谢水平的日节律特征，明确了循环水养殖环境下云龙石斑鱼的最佳投喂策略和溶解氧的变化，初步构建了循环水养殖环境下云龙石斑鱼养殖适宜投喂和溶氧的精准调控策略。初步分析了不同养殖密度对珍珠龙胆石斑鱼幼鱼生长摄食生理、生化影响的数据，初步确立了珍珠龙胆石斑鱼幼鱼在不同初始生长密度下的生长摄食和基本的生理生化状况关系。

（5）智能化淡水循环水养殖工厂系统集成与示范　搭建了养殖水体环境数据（氨氮、溶解氧、温度、pH、亚硝酸盐等）采集系统，探索了光照、流速、水下噪声对循环水养殖大口黑鲈生长、生理和行为的影响；利用机器视觉、图像处理和深度学习技术，突破了鱼类生长过程数据实时检测的技术难题，初步构建了基于立体视觉技术的水下实时检测鱼类生物量（体长、体高、体重）系统，同步结合水下摄像头，研究了大口黑鲈摄食强度量化方法；在浙江、重庆、江苏等地构建大口黑鲈循环水养殖工厂 10 个，并初步形成了鱼菜共生工厂高效种养模式。

11. 特色果蔬品质无损检测及智能分选装备创制与应用

完成大型水果柔性定向智能上料装备的设计，形成果实对象信息采集系统 1 套；进行西瓜和柚图像数据集的采集和整理，形成果实目标识别数据集 2 套；建立柚果、西瓜可溶性固形物无损检测模型各 1 个，创制大尺寸瓜果视密度检测系统 1 种；突破体积在线测量关键技术、厚皮大尺寸水果品质多源信息融合检测、西瓜隐性缺陷检测识别和成熟度检测方法等关键技术 3 种；完成西瓜分选线整体布局图，初步研制柚智能分选线，生产率为 13.5 吨/时，损伤率小于 2%。构建黄瓜便携式双视角多模态视觉拍摄系统 1 套，黄瓜三维表面快速重建视觉系统 1 套，大豆多面视觉系统 1 套，大豆高光谱内部品质检测系统 1 套。采集黄瓜、大豆的不同品质等级多模态数据集，开展不规则果蔬外形参数、外观品质缺陷、内部品质的快速检测与分级算法研究；研发不规则果蔬快速分级机械机构和智能分拣系统试验平台 2 套。开发 1 套固定托盘分道式分级机械机构，用以实现分级过程中黄瓜的运输、分级和保护。开发气选大豆智能分拣系统 1 套。

（1）果蔬内外部品质高精度智能检测关键技术与核心器件研发　完成了宽波段（190～1100 纳米）平场化光谱仪光路结构设计及优化，以及果蔬内部品质光谱弱信号小空间全透射光谱采集系统研发，并应用于 12 通道、60 吨/时云南褚氏农业有限公司的水果智能分选车间。开发了滑块自动切换式与双光路式两种果品光谱与参比光谱一体化采集机构。

（2）移动式果品品质智能感知设备与关键环节机器人研发　突破了果品高速移动下大光栅短积分多点近红外光谱扫描检测技术，设计并完成了连续多点采集西瓜不同位置的全透射光谱高通量、高灵敏度光学传感系统的开发，并分析位置、姿态等果品品质预测精度的影响因素；完成了大型水果柔性定向智能上料装备的设计，进行了设备选型与平台搭建，形成果实对象信息采集系统 1 套；进行了西瓜和柚图像数据集的采集和整理，形成果实目标识别数据集 2 套；基于 ROS 初步建立机器人数字识别模型，仿真验证了机器人识别、定位、抓取的基本功能。

（3）厚皮大尺寸水果内外品质无损检测及智能分选装备研发与应用　建立了柚果可溶性固形物无损检测模型和西瓜可溶性固形物无损检测模型各 1 个；创制了大尺寸瓜果视密度检测系统 1 种；突破体积在线测量关键技术、厚皮大尺寸水果品质多源信息融合检测、西甜瓜隐性缺陷检测识别、成熟度检测方法等关键技术 3 种；给出西瓜分选线的整体布局图，并初步研制了柚智能分选线，生产率为

13.5 吨/时，损伤率小于2%。

（4）小尺寸易损果蔬内外部品质高通量无损检测及智能分选装备研发与应用　设计了草莓内外部品质无损检测及智能分选装备，完成了草莓工业化料盘、标准化堆垛、分体式草莓上料系统、柔性上料传输机构设计和下料机构的设计优化，给出系统的整线布局图和关键模块的三维图，并进行模块的制作，同步开展了草莓外部品质和内部品质检测的预研工作；完成了樱桃番茄番茄红素无损检测实验系统的设计及验证，搭建了樱桃番茄番茄红素无损检测试验台，建立了樱桃番茄番茄红素破坏性快速标定的规范，并基于近红外光谱对樱桃番茄样品中的番茄红素含量进行检测，为破解番茄红素快速无损检测提供技术支撑。

（5）不规则果蔬品质无损检测及智能分选装备研发与应用　构建了不规则果蔬多表面视觉成像、三维表面快速重建、高光谱成像等系统4套，包括黄瓜便携式双视角多模态视觉拍摄系统、黄瓜三维表面快速重建视觉系统、大豆多面视觉系统、大豆高光谱内部品质检测系统。采集黄瓜、大豆的不同品质等级多模态数据集，开展了基于先进AI技术的不规则果蔬外形参数、外观/内部品质缺陷的快速检测与分级算法研究；针对黄瓜外形不规则、表皮易损的情况，开发了1套固定托盘分道式分级机械机构，用以实现分级过程中黄瓜的运输、分级和保护。针对大豆体积小、分选速度高的要求，开发了气选大豆智能分拣系统1套。

12. 农业废弃物资源化处理成套智能装备创制与应用

针对农业废弃物资源化处理效率低、运行能耗高、智能水平差等核心问题，建立秸秆蔬菜废弃物多参数现场同步智能速测框架模型，摸清秸秆蔬菜废弃物、病死畜禽资源循环技术的转化特性，开展装备关键部件及智能控制系统研制，建立秸秆原料纤维素、半纤维素、木质素、可溶性糖、水分、灰分、挥发分、固定碳、碳、氢、氮、氧的近红外同步速测模型，其中8个参数的检测精度已达到90%以上；研发收集与粉碎、好氧发酵、原位还田智能装备关键部件4套，编制技术规程草案2项。

（1）秸秆蔬菜废弃物多参数现场同步智能速测技术设备研发　确定了废弃物发酵过程中产生气体的智能检测传感器方案，提出了共用气室的检测方案；建立了秸秆原料纤维素、半纤维素、木质素、可溶性糖、水分、灰分、挥发分、固定碳、碳、氢、氮、氧的近红外同步速测模型，其中8个参数检测精度达到90%以上；设计了3路用于叠加信号的加法运算放大器；完成了可调谐二极管温控驱动电路的设计和调试；开发了秸秆蔬菜废弃物原料及利用多参数现场同步速测智能设备软件开发。

（2）秸秆清洁收集及高效资源化成套智能装备研发　探究玉米秸秆与土壤、机械和土壤之间的黏附力学特性，开展了仿生表面改形、秸秆离田高效除土降尘技术研究，提出了秸秆自动集箱操控系统方案；开展了秸秆成型饲料调制试验，确定了成型饲料调质智能控制方案；研究了生物碳基催化剂对热解过程多环芳烃催化解聚活性、元素掺杂改性生物炭提质和多原料共热解炭气提质技术，确定了定向扰动强化秸秆炭化反应关键部件，以及炭化关键参数智能调控方案；研发了己酸合成技术，乳酸和丁酸钠为电子供体和电子受体，连续驯化获得了碳链延长功能菌群。

（3）蔬菜废弃物高效资源化及还田利用成套智能装备研发　开展了蔬菜茎秆理化特性试验、多体动力学仿真试验研究，确定了蔬菜茎秆收集装备和高效粉碎机总体方案；完成了多元蔬菜秸秆废弃物集约化好氧发酵技术工艺包；针对连续式好氧发酵技术，设计了高效均匀的搅拌装置，开展了蔬菜废弃物好氧发酵工艺试验研究，确定了上料装置结构和动力形式；针对序批式覆膜好氧发酵技术，采用自制的小型堆肥反应器开展了番茄茎秆好氧堆肥预实验，创制了序批式覆膜好氧发酵装备；完成了槽轮式药剂撒施关键部件，开展了白菜原位还田土壤消毒方式和病害跟踪试验。

（4）病死畜禽高效处理及肥料化成套智能装备研发　开展了病死畜禽无人上料、大型个体破碎、高温灭菌生物降解、高效生物液化过程有害物消减工艺研究，完成了无人上料、大型个体破碎、高温灭菌生物降解、高效生物液化关键设备设计，研发了病死畜禽生物液化试验装置；开展了病死畜禽高温生物降解过程有害物产排规律、基于堆肥熟料为主要滤料和堆肥余热辅助增温的生物滤池技术研究，集成了含水率、温度、pH 在线监测技术，创制了全天候长效除臭控氨生物滤池智能除臭系统。

（5）农业废弃物资源化绿色工程工艺与装备示范　研发了分子膜/添加过磷酸钙减少氮素损失的氮养分循环利用工艺，开展了废弃物还田固碳技术试验，搭建了减排效应评价模型并在已有生物炭转化工程进行验证；完成了工程示范专题调研，细化 9 处工程示范建设方案，结合适用场景梳理原料除杂、关键参数在线实时监测、二次污染消除与智能监控系统等关键核心技术及配套接口技术，形成了秸秆资源化、蔬菜废弃物肥料化、病死畜禽处理关键技术装备方案 6 份。

附 录

附录 A　部分国际专利分类号（IPC）释义

分类号（IPC）	释义
A01B33/08	工作部件；零件，例如传动装置或齿轮装置
A01B43/00	除去土壤中石头、不需要的残根或类似杂物的收集机，如用拖拉机牵引的堆积机
A01B49/02	带两件或多件不同类型的整地工作部件的
A01B49/04	整地部件与非整地部件，如播种部件的组合
A01B49/06	播种或施肥用的
A01B59/00	专门适用于牲畜或拖拉机与农业机具之间连接的装置
A01B59/042	牵引装置安装在拖拉机尾部的
A01B59/06	用于拖拉机悬挂机械的
A01B63/10	由液压或气动装置操作的
A01B69/00	农业机械或农具的转向机构；在所要求的轨道上导引农机具
A01B69/04	拖拉机自动转向机构的特殊匹配，如环路耕作的电力系统
A01B79/00	整地方法
A01C11/00	移栽机械
A01C11/02	用于种苗
A01C15/00	施肥机械
A01C17/00	带离心轮的施肥机或播种机
A01C21	施肥方法
A01C23	专门适用于液体厩肥或其他液体肥料的撒布装置，如运输罐、喷洒车
A01C5/04	用于播种或种植的挖掘或覆盖坑穴的机械
A01C5/06	用于播种或种植的开沟、做畦或覆盖沟、畦的机械

（续）

分类号（IPC）	释义
A01C7/00	播种
A01C7/04	带或不带吸入装置的单粒谷物播种机
A01C7/06	与施肥装置组合的播种机
A01C7/08	撒播播种机；条播播种机
A01C7/10	调整种子箱的装置
A01C7/12	带喂入轮的播种机
A01C7/18	间隔式定量播种的机械
A01C7/20	导种和播种的播种机零件
A01D41/02	自走式联合收割机
A01D41/06	带收割台的联合收割机
A01D41/12	联合收割机的零件
A01D41/127	专用于联合收割机的控制和测量装置
A01D41/14	割草台
A01D43/08	带收割作物的切碎装置的
A01D45/02	玉米的
A01D61/00	打捆机或联合收获机的升运器或输送器
A01D67/00	专门适用于收割机或割草机的底盘或机架；调整机架的机构；工作台
A01D69/00	收割机或割草机的驱动机构或其部件
A01D75/00	收割机或割草机的附件
A01F12/40	禾秆粉碎机或切割机的布置
A01F12/44	谷物清选机；谷物分离机
A01F12/46	机械式谷物输送器
A01F12/60	粮箱
A01F15/08	零件
A01F25	农业或园艺产品的储藏；收获水果的悬挂
A01G1	园艺；蔬菜的栽培
A01G13	植物保护
A01G13	植物保护（消灭害虫或有害动物的设施入 A01M）
A01G17	啤酒花、葡萄、果树或类似树木的栽培

（续）

分类号（IPC）	释义
A01G18	蘑菇的栽培
A01G22	未提及的特殊农作物或植物的栽培
A01G25/00	花园、田地等的浇水装置
A01G25/09	使用装在轮子等活动设备上的浇水装置
A01G25/16	浇水的控制
A01G27	自动浇水装置，如用于花盆的
A01G31	无土栽培
A01G7	一般植物学
A01G9	在容器、促成温床或温室中栽培
A01H6/46	禾本科，如黑麦草、稻、小麦或玉米
A01J5	挤奶机械或设备
A01J5/00	挤奶机械或设备
A01J5/007	监控挤奶过程；挤奶机的控制或调节
A01J5/01	奶量计；奶流量传感装置
A01J5/013	从奶中现场检测乳腺炎
A01J5/017	元件组的自动安装或拆卸
A01J5/04	气动按摩乳头的
A01J5/08	双室型挤奶杯
A01J5/16	带脉动装置的挤奶杯
A01J7/00	挤奶机械或设备的附件
A01J7/02	用于清洗或消毒挤奶机械或设备
A01J7/04	用于乳房或乳头的处理，如清洗
A01J9/04	带冷却设备的
A01K1/00	动物的房舍；所用设备
A01K1/12	挤奶站
A01K11/00	动物的标记
A01K13/00	动物的刷拭或管理装置；防止咬饲槽的装置；清洗装置；防避不利气候或昆虫的装置
A01K15	动物驯服装置；一般翻倒动物的装置；训练或锻炼设备；交配箱

（续）

分类号（IPC）	释义
A01K29/00	畜牧业用的其他设备
A01K31/00	禽类的房舍
A01K31/16	家禽的产卵巢；蛋的收集
A01K39	家禽或其他鸟类的饲喂或饮水设备
A01K41/00	家禽孵化器
A01K41/06	孵化器的翻蛋装置
A01K43/00	蛋的检验、分级或清洗
A01K43/04	蛋的分级
A01K45/00	养禽业的其他设备，如测定鸟是否将产卵的装置
A01K5/00	家畜和猎兽的饲喂装置
A01K5/02	自动装置
A01K61/00	水生动物的养殖
A01K61/10	鱼的
A01K61/54	双壳类的，如牡蛎或贻贝
A01K61/59	用于甲壳类动物，如龙虾或小虾
A01K61/90	分拣、分级、计数或标记活的水生动物，如性别确认
A01K61/95	专门适用于鱼的
A01K63/00	装活鱼的容器，如水族槽（保管已捕获的鱼的活鱼笼或其他容器入 A01K97/20）；陆地动物培养场
A01K63/02	专门适用于运输活鱼的容器
A01K63/06	装于活鱼容器内，或附属于其上的加热或照明设备
A01K67/00	饲养或养殖其他类不包含的动物；动物新品种或改良的动物品种
A01K7	家畜或猎兽的饮水装置
A01K79	批量捕鱼的方法或工具
A01K9	幼畜哺乳设备
A01M7/00	用于本小类所列目的的液体喷雾设备的专门配置或布置
A01N25	以其形态、非有效成分或使用方法为特征的杀生剂、害虫驱避剂或引诱剂，或植物生长调节剂；用以降低有效成分对害虫以外的生物体的有害影响的物质
A01N3	植物或其局部的保存，如抑制蒸发、改进叶子的外观（所收获水果或蔬菜的保存或化学催熟入 A23B7/00）；接蜡

（续）

分类号（IPC）	释义
A01N37	含有机化合物的杀生剂、害虫驱避剂或引诱剂，或植物生长调节剂
A01N43	含有杂环化合物的杀生剂、害虫驱避剂或引诱剂，或植物生长调节剂
A01N63	杀生物剂、驱虫剂、引诱剂或植物生长调节剂
A01N65	含有藻类、地衣、苔藓、多细胞真菌或植物材料，或其提取物的杀生剂、害虫驱避剂或引诱剂或植物生长调节剂
A01P3	杀菌剂
A01P7	杀节肢动物剂
A23B4	保存肉、香肠、鱼或鱼制品的一般方法
A23B7	水果或蔬菜的保存或化学催熟
A23K10/12	通过自然产品的发酵，如植物材料、动物废弃物或生物量
A23K10/22	从鱼类
A23K10/30	从植物来源的材料，如根、种子或干草；从真菌来源的材料，如蘑菇
A23K10/37	从各种废弃物中提取用于牲畜饲养的饲料的方法和技术
A23K30/18	用微生物或酶青贮
A23K50	专门适用于特定动物的饲料
A23K50/80	用于水生动物，如鱼类、甲壳类、软体动物
A23L3	食品或食料的一般保存，如专门适用于食品或食料的巴氏法灭菌、杀菌
A23N17	专用于制备牲畜饲料的设备装置
A47J29/06	蛋的夹持器；煮蛋时的支撑器
B01F27	在固定容器内具有旋转搅拌装置的混合器；捏合机
B07	将固体从固体中分离；分选
B08B9	用专门的方法或设备清洁空心物品
B25	机械手；装有操纵装置的容器
B25J15/00	夹头
B25J9/16	程序控制
B60D1/62	包括供应线路、电路或类似线路的
B60T7/20	专门用于挂车的，如挂车在脱开连接的情况下
B60T8/17	利用电的或电子的调节装置控制制动的
B62D49/00	牵引车

(续)

分类号（IPC）	释义
B62D49/06	适用多种用途的
B62D53/00	牵引车—挂车组合
B62D53/06	半挂车
B62D53/08	鞍式牵引架牵引连接器
B65B23/00	包装除瓶子以外的易碎或对撞击敏感的物件
B65B23/06	将要包装的蛋类排列、送进或定向；从蛋盘或纸板箱内取出蛋
B65B23/08	使用夹具
B65D25	其他种类或形式的刚性或半刚性容器的零部件
B65D65	包裹材料或挠性覆盖物；特殊形式或形状的包装材料
B65D81	用于存在特殊运输或贮存问题的装入物，或适合于在装入物取出后用于非包装目的的容器、包装元件或包装件
B65D85	专门适用于特殊物件或物料的容器、包装元件或包装件
B65G47/90	捡取或放下物件或物料的装置
B65G65/00	装载或卸载
B66C1/44	利用摩擦力传递提升力到物件上
C02F1	水、废水或污水的处理
C02F103	待处理水、废水、污水或污泥的性质
C02F3	水、废水或污水的生物处理
C02F9	水、废水或污水的多级处理
C05G3/80	土壤调理剂
C08J5	含有高分子物质的制品或成形材料的制造
C08K5	使用有机配料
C09K101/00	农业用途
C09K17/40	含有无机和有机化合物混合物的
C12M3/10	在鸡蛋中培养
C12N1	微生物本身及其组合物；繁殖、维持或保藏微生物或其组合物的方法；制备或分离含有一种微生物的组合物的方法及其培养基
C12R1	微生物
G01D21/02	用不包括在其他单个小类中的装置来测量两个或更多个变量

（续）

分类号（IPC）	释义
G01J3/427	双波长光谱法
G01N	借助于测定材料的化学或物理性质来测试或分析材料
G01N21/25	颜色；光谱性质，即比较材料对两个或多个不同波长或波段的光的影响
G01N21/31	测试材料在特定元素或分子的特征波长下的相对效应，如原子吸收光谱术
G01N21/3563	用于分析固体及其样品制备
G01N21/59	透射率
G01N21/64	荧光；磷光
G01N33/00	利用特殊方法来研究或分析材料
G01N33/04	乳制品
G01N33/08	蛋，如用光照
G01N33/24	地面材料
G05	控制；调节
G06	计算；推算或计数
G06Q10	行政；管理
G06Q50	信息和通信技术
G06Q50/02	农业；渔业；林业；矿业
H04N	图像通信
H04N7/00	电视系统

附录 B　主要申请人名称约定

约定简称	对应申请人名称及注释	国别
利拉伐	利拉伐控股有限公司 DELAVAL HOLDING AB	瑞典
莱利	莱利专利股份有限公司 LELY PATENT N.V.	荷兰
硕腾	硕腾服务有限责任公司 ZOETIS SERVICES LLC	美国
技术控股公司	技术控股公司 TECHNOLOGY HOLDING, LLC	美国

（续）

约定简称	对应申请人名称及注释	国别
迪尔公司	DEERE & COMPANY 约翰迪尔	美国
久保田	株式会社クボタ KUBOTA CORPORATION 久保田株式会社	日本
凯斯纽荷兰	CNH INDUSTRIAL AMERICA LLC CNH INDUSTRIAL BELGIUM N.V. CNH INDUSTRIAL BRASIL LTDA. 凯斯纽荷兰工业（哈尔滨）机械有限公司	美国
BLUE LEAF	BLUE LEAF I. P.	美国
井关农机	井関農機株式会社	日本
阿玛松	亚马逊人 - 威尔克 H·德雷尔有限两合公司 Amazone Werke H. Dreyer	德国
克拉斯	克拉斯自行式收获机械有限公司	德国
爱科	AGCO CORPORATION	美国
麦克唐工业有限公司	MacDon	加拿大
豪狮	HORSCH	德国
马斯奇奥	MASCHIO；马斯奇奥盖斯帕多股份有限公司 马斯奇奥盖斯帕多股份有限公司	意大利
格兰	Kverneland Group 格兰集团朗德热努松公司	挪威
库恩	KUHN	法国
优尼亚	UNIA	波兰
KINZE	Kinze Manufacturing, Inc.	美国
雷肯	LEMKEN	德国
CLIMATE	Climate Corporation CLIMATE LLC	美国
鲍尔园艺公司	BALL HORTICULTURAL COMPANY	美国
立达智慧科技股份有限公司	AG LEADER TECHNOLOGY	美国

（续）

约定简称	对应申请人名称及注释	国别
小桥工业株式会社	小橋工業株式会社	日本
曙光设备公司	DAWN EQUIPMENT COMPANY	美国
AGSYNERGY	AGSYNERGY CORPORATION	美国
Federalna	FEDERALNOE GOSUDARSTVENNOE	俄罗斯
ROWBOT SYST	ROWBOT SYST CORPORATION	美国
精密种植公司	Precision Planting	美国
HOUCK SHANE	HOUCK SHANE CORPORATION	美国
VERIS TECH	verisveraba	美国
TRITANA INTPROP	TRITANA INTPROP LTD	美国
IBM	国际商业机器公司	美国
智能农业公司	智能农业解决方案有限责任公司	美国
瓦尔蒙特工业股份有限公司	Valmont Industries Co.	美国
粮食研究发展公司	GRDC	澳大利亚
蓝河技术有限公司	BLUE RIVER TECHNOLOGY INC.	美国
洋马动力科技有限公司	YANMA	日本
希乐克公司	HILLERK	美国
科汉森有限公司	Hansen A/S	丹麦
有限会社 GM	有限会社 GM	美国
曼卡车和巴士股份公司	MAN Truck & Bus AG	德国
克诺尔商用车制动系统有限公司	Knorr – Bremse	德国
马欣德拉有限公司	Mahindra & Mahindm Group	印度
采埃孚商用车系统有限责任公司	ZF Friedrichshafen AG	德国
ALOIS POETTINGER	ALOIS Co.	美国
海力昂公司	HYLIION INC.	美国
THOMASJR ROBERT	THOMAS Co.	德国
奥什科什公司	Oshkosh company	美国
株式会社格林普乐斯	GREEN PLUS Co., LTD.	韩国
乐金电子公司	LG ELECTRONICS INC.	韩国
卡本科技控股有限责任公司	CARBON TECHNOLOGY HOLDINGS, LLC	美国

（续）

约定简称	对应申请人名称及注释	国别
植物实验室集团公司	PLANTLAB GROEP B. V.	荷兰
ST 再生科技有限公司	ST REPRODUCTIVE TECHNOLOGIES, LLC	美国
斯马特博有限公司	SMARTBOW GMBH	奥地利
杰芝＆古高尔控股股份有限公司	GOOGOL HOLDINGS Co., LTD.	韩国
株式会社 ECO‐PORK	Eco‐Pork Co., Ltd.	日本
维京遗传学 FMBA	VIKING GENETICS FMBA	丹麦
水晶泉侨民农场有限公司	CRYSTAL SPRING COLONY FARMS LTD.	加拿大
罗克塞尔公司	ROXELL N. V.	比利时
希尔氏宠物营养品公司	HILLS PET NUTRITION, INC.	美国
佩特梅特有限公司	PET MATE LTD.	英国
牲畜状态分析股份有限公司	PERFORMANCE LIVESTOCK ANALYTICS, INC.	美国
大荷兰人国际有限责任公司	BIG DUTCHMAN INTERNATIONAL GMBH	德国
基伊埃牧场科技有限公司	GEA FARM TECHNOLOGIES, INC.	德国
塞莱格特有限公司	SELEGGT GMBKH	德国
阿比尔技术公司	APEEL TECHNOLOGY, INC.	美国
大金工业株式会社	DAIKIN KOGYO CO. LTD.	日本
奥卡多创新有限公司	OCADO INNOVATION LIMITED	英国
成长方案技术有限责任公司	GROW SOLUTIONS TECH LLC	美国
流利生物工程有限公司	FLUENCE BIOENGINEERING, INC.	美国
MJNN 有限责任公司	MJNN LLC	美国
水力生长有限责任公司	HYDRO GROW LLC	美国
X 开发有限责任公司	X DEVELOPMENT LLC	美国
SK 美奇科股份有限公司	SK MAGIC Co., LTD.	韩国
MU G 知识管理有限责任公司	MU‐G Knowledge Management BV	荷兰

附录C 2021年和2023年汉诺威国际农机展技术创新奖

2023年汉诺威国际农机展评选出1项技术创新金奖和17项技术创新银奖，具体奖项简介如表C-1所示。

表C-1 2023年汉诺威国际农机展技术创新奖

获奖种类	获奖企业	技术亮点	图示
金奖	凯斯纽荷兰（Case New Holland）	联合收获机脱粒性能在技术上的进一步发展取决于其大小、质量和尺寸的限制。对于轴流收获机来说，增加脱粒滚筒的直径是有效的办法，但这不但影响了收获机的收获速度，而且目将增加收获机的宽度。加长滚筒，在设计理论上来说，已经到达了当前所有大型收获机的设计极限值，增加的越多，效率反而会降低。CR双轴流联合收获机在遵循所有限制的同时，实现功率的最优化。核心技术为根据滚筒纵向安装的发动机驱动技术，实现最大功率密度。中央位置的分动力传动箱用于通过直线或通过传动轴驱动滚筒和割台，左转子用作进料滚筒的副轴，传动轴位于底盘右侧，高于滚筒壳体右侧，在底盘和行走装置之间的底盘两侧没有传动装置，从而使底盘的宽度大大增加，扩宽了脱粒通道，提高了联合收获机的性能输出。CR联合收获机的软件控制系统，不仅执行通常的前后后运动以松动堵塞物，还将皮带张紧器旋转到喂入滚筒皮带的相应张紧侧，从而实现特别精确的转动传速。这一清洁专利系统技术增加了13%的过桥宽度，并优化了升运器的装载能力，同时压力传感器可以分别在前后上端上测量收获的作物分布，首次解决了轴流式联合收获机典型的基本侧向振动问题。通过侧向振动进行补偿，从而确保收获在平坦和横向斜坡时物料在上筛网的均匀分布。秸秆切碎机分布了摄像头，提高联合收获机的能源效率，同时通过优化设计，机器的重心几乎没有变化	 CR双轴流联合收获机

（续）

获奖种类	获奖企业	技术亮点	图示
银奖	斯太尔（STEYR）	凯斯纽荷兰推出斯太尔混合动力 CVT，为中型和大型标准拖拉机提供模块化混合动力概念。展示的原型基于 6 缸入门级的批量生产车型，输出功率为 132 千瓦，轴距为 2.79 米。无级静液压机械变速箱比原来的 1∶1 有所提高，柴油发动机的输出功率为 191 千瓦，并安装在前端，带有弹簧独立车轮悬架和两个集成电动机。发电机由柴油发动机通过电力电子设备将产生的 75 千瓦的电力转发到电动机。电气系统还配备了超级电容器，即静电储能装置，能够在短时间内存储和释放大量电力，制动电阻器和前后 AEF 高压插座。这些组件和串联混合结构使拖拉机具有许多新功能。其中包括电动转向、前桥可主动控制的向前行程和 E-boost，即在运输过程中实现更快速加速的电动助推功能。E-Torque Fill 可以补偿负载峰值，而 E-Eco Braking 的缓速器可回收制动能量。E-Torque Vectoring 和 E-Implemen 用于在速动状态下进行柴油 - 电力驱动，并且可以通过带 E-模式允许在发动机转速下变扭矩或电力输出电力。在大幅度减少二氧化于拖拉机车轴之间分配电力，有效缓解了拖拉机驾驶员的操作疲劳程度碳排放的前提下	 斯太尔混合动力 CVT
银奖	Wilhelm Stoll	Wilhelm Stoll 新型伸缩式前装载机配备了伸缩摆臂和"可伸缩关节"，摆臂可延伸 0.7 米，结合可伸缩距离，可实现 1 米的水平伸缩距离；提升高度增加 1.5 米，适用于多种工作场合。同时设置的电液驱动可可用于实现安全功能	 伸缩式前装载机

（续）

获奖种类	获奖企业	技术亮点	图示
银奖	凯斯纽荷兰（Case New Holland）	Case New Holland T4 Electric Power 全电动自动多功能拖拉机具有强大的自主性和安全性。安装在驾驶室顶部和发动机罩前部的摄像系统可实现拖拉机的360度全方位视图，并可传输到驾驶室终端。检测后部安装的机具以简化联轴器，并在任何人离传动轴太近时自动关闭PTO。"跟随"模式可实现拖拉机随人行驶，如果驾驶员在拖拉机终端上激活"跟随"模式，然后在拖拉机的前部检测范围内"识别"自己，则拖拉机随后会跟随此人。同时还提供手势控制系统，拖拉机可以使用驾驶室外手势操作	 T4 Electric Power 全电动自动多功能拖拉机
银奖	克拉斯（CLAAS）	CLAAS 将液压上连杆集成于多维三点控制系统中，高度测量传感器将机具的三维位置信息传输至控制单元，控制单元将机具的三维位置信息转换为液压系统连杆长度的调节值，实现不同工况下拖拉机机具的自适应作业。在机具上加装传感器和液压装置，解决耕层一致问题	 拖拉机多维三点提升调节技术

（续）

获奖种类	获奖企业	技术亮点	图示
银奖	凯斯纽荷兰（Case New Holland）	Case New Holland 创制了带液化天然气（LNG）储罐的天然气牵引车，采用了特殊的双壁技术，使得特殊真空绝热储罐可适应拖拉机的典型工况，其储罐容量可达 200 千克。同时采用了低温冷却器，解决了蒸发气体的问题，可将甲烷始终保持在 < -162℃ 的液态。电动冷却器所需的能量非常低，并且日来自可以通过外部电源或集成电路（IC）发电机充电的电池。蒸发气体用于驱动发电机，使冷却系统能够自主运行。世界第一台甲烷动力拖拉机，实现秸秆、沼气的循环、解决环保问题	 T7.270 甲烷发电技术
银奖	SAPHIR Maschinenbau	具有秸秆还田和驱动耙一体功能。Case New Holland 于 GRINDSTAR® 中创制了新型刀具系统，可轻易切割难以切割的农田地表留茬，该系统设有反旋转子，单个转子直径为 75 厘米，每个转子都以平行四边形引号，保证系统在前进过程中的地面适应性，更有利地调整土壤表面，从线茬中去除泥土并调节收获残留物，以便迅速开始分解。同时系统设与液压系统实现行驶过程中耕作自适应调整	 GRINDSTAR® 灭茬耕作系统
银奖	科罗尼（KRONE）	KRONE 割草机自动草料研磨装置增加磨刀石的使用周期，从原来的 400 个周期提升到 2200 个周期。采用了新型磨削装置，磨削次数 2200 次无须进行任何维护保养，其密封性良好，可更好地防止环境尤其是灰尘对整机的影响。同时该机创制了新型磨石安装模式，可将更换磨石的工作量及所需时间减少 73% 左右	 割草机自动草料研磨装置

（续）

获奖种类	获奖企业	技术亮点	图示
银奖	阿玛松（AMAZONEN）	阿玛松离心施肥机曲线控制技术可根据施肥机不同的转弯速度调整喷洒的横向分布位置，并校正离心施肥机在弯道行驶时的移动轨迹。该项技术的应用使得喷撒更加均匀，防止弯道行驶时过度施肥及超过边界施肥，在转弯时实现精准施肥控制	 离心施肥机曲线控制技术
银奖	芬特（Fendt）	Fendt割草机自动调节装置精准控制割茬高度，使牧草干物质含量保持一定水平。通过使用卫星数据或应用地图数据创建或让传感器在田间行驶时直接记录产量数据来确定生物量增长，收集的数据通过 ISOBUS 发送到工作计算机，计算出适当的设置并将其直接转发到调节计数器上的电动机，可在每次割草中保持恒定的干物质含量，使青贮饲料更加均匀。这种基于干物质的调整可以减少油耗和损失，人工智能自动调节减轻了驾驶员的工作量，缩短了设置时间，并实现了品质一致且具有成本效益	 割草机自动调节装置
银奖	凯斯纽荷兰（Case New Holland）	Case New Holland 轴流式联合收获机雷达传感器安装在联合收获机前部，探测作物的高度、密度和倒伏状况，优化收获系统。可测量田间作物的高度、密度及其他参数，用作喂入量控制器的输入变量，同时传感器还可测量地面剖面，利用新型算法可计算出最优刀杆高度，可使收获机的作物喂入量更加一致，并确保割台控制，减少地面接触，提高联合收获机的产量，运行可靠性，从而提高效率	 轴流式联合收获机雷达

（续）

获奖种类	获奖企业	技术亮点	图示
银奖	格立莫（GRIMME）	一种分选快速互换技术，如可以在收获马铃薯和洋葱之间快速互换。多作物分拣装置实现了在收获机中不同块茎状作物分拣设施之间无须工具的快速切换。设计为循环刮刀或导流辊的橡胶指网分离设施可以快速地适应不断变化的土壤和收获条件及不同的收获方法（直接、劈裂或浓缩）。该技术的应用可大幅度节省分拣时间，实现了柔性化作物分拣	 ChangSep 多作物分拣装置
银奖	格立莫（GRIMME）	GRIMME SmartFold 马铃薯收获装置采用液压折叠机构实现了犁刀深度控制，进料深度可轻松调整喂入量。同时该机构将裸露块茎放置于滚筒压实的土壤上，减小了马铃薯漏筛造成筛的损失	 SmartFold 马铃薯收获装置
银奖	ALL-IN-ONE	起垄质量高，动力消耗少。ALL-IN-ONE GmbH 开发的新型旋转起垄成型机能够以节能的方式形成形状均匀的马铃薯垄，可有效避免土壤中的杂质卡塞整机，集成了切割元件，新型起垄装置作业所需牵引力小，大幅度降低了起垄机例行时起垄部件损坏。起垄机中的结构化元件可以单独更换，且由耐用材料制成，延长了整机使用寿命	 新型马铃薯起垄装置

（续）

获奖种类	获奖企业	技术亮点	图示
银奖	雷肯（LEMKEN）	LEMKEN iQblue 刀具监控系统可在中耕机运行期间监测刀具状态，确保整机工作质量防止刀具进一步损坏。该系统在刀具升起时采用 AI 算法分析相机图像进行刀具分析，可检测及预测刀具磨损损失	 iQblue 刀具监控系统
银奖	Zunhammer	Zunhammer 的 ECO-Duo Vario 果园施肥系统代表了液体厩肥撒播技术领域的重大进步。该系统采用了新型独立双泵驱动技术，可对施肥机的双侧肥量进行独立调节，精确控制液体罐车施肥。该技术的应用使得整机的施肥精确度提高了近一倍左右，有助于大面积果园施肥工作	 ECO-Duo Vario 果园施肥系统

（续）

获奖 种类	获奖企业	技术亮点	图示
银奖	AgXeed	AgXeed 的 3A 农业多机协同系统代表了作物生产数字化在自主田间机器人方向上的重大进展。3A 农业多机协同系统的 AgXeed Box 首次通过 ISOBUS 接口将标准拖拉机和机具集成到规划和自主作业过程中。3A 是一个开放接口系统，机具可以通过此界面与机器人和拖拉机进行交互，以优化流程。机具可通过该接口与其他农业机械互动，同时该系统传感器可探测农机运行过程中的故障，以确保农业机械系统的平稳运行。可用于与拖拉机和机具协作控制机器人的规划和实施软件已以 3A-Advanced Automation and Autonomy 的形式开发	 3A 农业多机协同系统
银奖	精准种植公司（Precision Planting）	Radicle Agronomics 农田土壤分析系统标志着精准农业土壤采样过程的重大发展。该系统是以简单、快速、可靠和精确的方式为农民提供土壤采样与分析的系统。该系统结合了土壤采样的规划、取样、分析及其他功能，采用射频识别（RFID）技术为每个样品容器提供地理位置数据。系统中的 Radicle Lab 虚拟土壤实验室可在几分钟内全自动完成校准、数据处理及报告分析工作	 Radicle Agronomics 农田土壤分析系统

2021 年汉诺威国际农机展评选出 1 项技术创新金奖，15 项技术创新银奖，具体奖项简介如表 C-2 所示。

表 C-2　2021 年汉诺威国际农机展技术创新奖

获奖种类	获奖企业	技术亮点	图示
金奖	NEXAT	NEXAT 是一种运输工具，可用于所有作物的生产工作，从耕作和播种到植保和收获。与传统的运输工具不同，该车是可用于耕种管收作业的工具，与拖拉机和牵引机组合相比，可大大提高效率。NEXAT 为自主工作机器，配备了外围监控系统。动力由 2 台独立的柴油发动机提供，每台发动机的输出功率为 400 千瓦，配有发电机。目前，该车专为燃料电池等替代驱动技术而设计。可旋转 270 度的驾驶室可用于过程监控。集成式机具安装在 4 个大型电动履带传动装置之间，这些履带传动装置可旋转 90 度，便于公路行驶。NEXAT 首次实现了 130~200 吨/时的谷物喂入量。在创新的脱粒概念中使用了一个长 5.8 米的轴向转子，脱粒性能是传统机器的 2 倍，并为使用 2 台切碎机的均匀分布秸秆和谷物奠定了基础。割台宽度为 14 米。36 米³ 的粮仓确保了谷物输送，在正常长度的田地上不需要转运车。卸料能力为 600 升/秒，该过程仅需约 1 分钟。	 　NEXAT 动力平台

（续）

获奖种类	获奖企业	技术亮点	图示
银奖	芬特（Fendt）	Fendt 自动除尘系统，可在运行期间或驾驶时识别发动机空气过滤器的污染程度，并完全自动清洁它，而无须将其移除。该系统提供了一种独特的解决方案，系统在所有操作条件下运行，包括满载，可以最大限度地减少拖拉机停机时间和由于空气过滤器脏污而导致的油耗增加的风险。解决方案是在空气过滤器的内侧有 2 个短而强大的压力脉冲，实现向外部的直通流。沉积在过滤器表面的灰尘被松动，同时通过真空从外壳中吸出。真空是在静液压驱动的冷却空气风扇的上游产生的，其转速暂时增加。压力脉冲来自一个单独的压缩空气储气罐，储气罐由压缩机以 1200 千帕的压力填充空气。由于污垢增加，一旦进气系统中的真空度低于极限值，就会触发自动清洁间隔	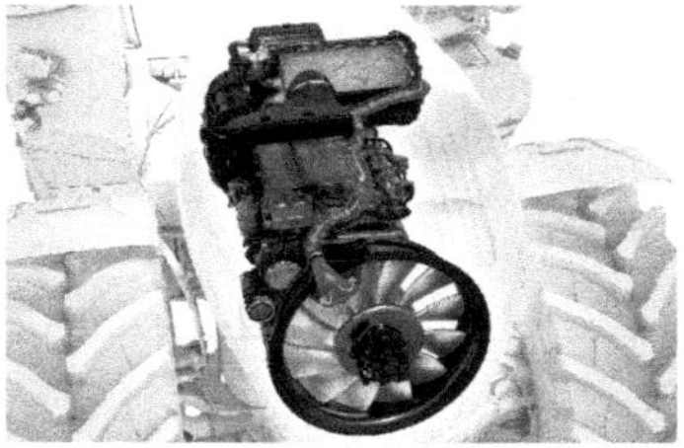 自动除尘系统
银奖	克拉斯（CLAAS）	土壤压实预防系统以地图的形式提前显示田地当前的压实风险，从而显示其通过性，为用户提供了有关土壤压实风险的决策辅助工具，并有助于特定车辆配置的田地上决定应在何时何地进行工作，是为消除有害压实及由此产生的一氧化碳排放而采取的额外耕作措施。用户能够以最佳方式规划工作，并尽可能地保护土壤。这样可以节省时间和成本，并确保高产量潜力	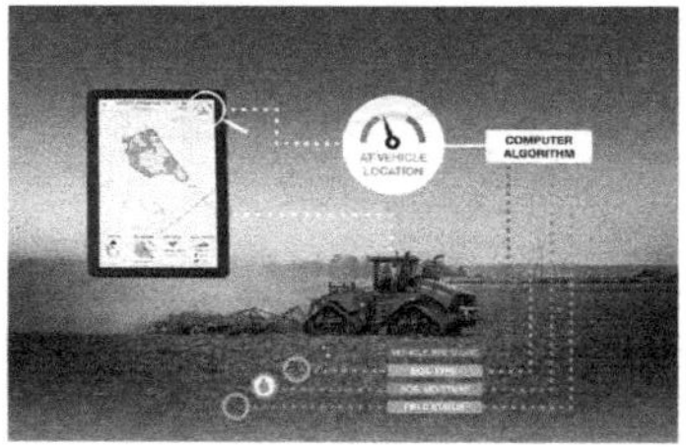 Agtech 2030 土壤压实预防系统（CPS）

（续）

获奖种类	获奖企业	技术亮点	图示
银奖	农业智能 ApS	RoboVeg Robotti 由用于选择性西蓝花收获的自主机器人与 RoboVeg Ltd. 共同开发。RoboVeg Robotti 将高性能 Agro Intelligence ApS 田间机器人与 RoboVeg Ltd 的西蓝花收获机器人相结合。RoboVeg Robotti 有 2 个发动机，总输出功率为 104 千瓦。输出的 40 千瓦可以在取力器轴上分接。起升机构的起重能力为 750 千克。RoboVeg Robotti 配备了高分辨率 2D 摄像头和 3D 传感器。两个可以围绕 6 个轴旋转的机器人手臂进行自动西蓝花收获。机械臂从田间选择西蓝花到放下西蓝花大约需要 3 秒。收获效率约为每小时 2400 个，而人工效率仅为每小时 300～360 个。RoboVeg Robotti 是第一个用于收获西蓝花的机器人，显著提高了生产力	 RoboVeg Robotti 西蓝花收获机器人
银奖	阿玛松（AMAZONEN）	DirectInject 灵活地计量液体和颗粒剂，实现快速、灵活和基于需求的植保剂量施用。不再需要额外的通道，从而节省了投入和劳动时间。未使用的植物保护剂可以放回原始容器中，在施用前不需知道作物保护剂的数量，并且不再担心须混合残留量的处理。完全集成到喷雾剂回路中，并通过 ISOBUS 系统操作喷雾器，通过喷雾器的 Comfort – Pack plus 进行自动清洁。所有操作均在田间的拖拉机驾驶室方便快捷地进行。如果有处方图，可以高精度地对靶喷雾。DirectInject 为以最少的资源使用实现更精确的作物保护奠定了基础，保护了环境并降低了成本	 DirectInject 注入系统

（续）

获奖种类	获奖企业	技术亮点	图示
银奖	克拉斯（CLAAS）	Terranimo 系统直接在驾驶室的终端上向驾驶员展示在当前操作条件下压实的风险。CLAAS 将 CEMOS 驾驶员辅助系统提供的土壤类型、条件、轴重或轮胎压力等方面的信息与 Terranimo 联系起来，Terranimo 是一种用于模拟土壤负荷和承重能力的工具。在这种情况下，红色的压力球表示压实风险很高。例如，驾驶员可以中止计划的操作或实施适当的对策（例如，改变压载重量或轮胎压力），并立即再次检查这些措施的影响。终端上的土壤压实风险显示可以避免有害的压实，以及对土壤健康的负面影响	 Terranimo 土壤压实监测系统
银奖	克拉斯（CLAAS）	联合收割机上具有可变割台的螺旋刀杆经常使用不当。一方面，滚筒位置不适应作物条件；另一方面，由于割台宽度与植物的幅宽不协调，收获作物的流动不规则。刀杆调整不当，会导致收获损失和脱粒损失大。CLAAS 开发了第一种调整控制技术，即 CEMOS AUTO HEADER，用于螺旋刀杆调节。激光扫描仪连续记录作物的高度，操作员只需通过滚筒进入作物的标称深度和标称水平位置，它们就会随着作物高度的变化而自动调整，并通过自动调节系系统为最大化喂入量创造了先决条件。系统可识别有轨电车线和作物的结束，并引导从割台各作物的谷物喂入量控制器调整刀杆的长度。收获物料的流动或均匀，传感器的振动就越小。根据层厚传感器的结果，为进气管道中的喂入量控制器调整气螺旋钻。收获物料的流动或均匀，传感器的振动就越小	 CEMOS AUTO HEADER 自动调整接头

（续）

获奖种类	获奖企业	技术亮点	图示
银奖	凯斯纽荷兰（Case New Holland）	联合收获机切碎物料的均匀横向分布是作物精确生产的基本先决条件之一，尤其是在减少耕作的情况下。Case New Holland 开发了一款采用直接测量技术的切碎物料分配系统，即 OptiSpread 自动化系统。安装在联合收获机两侧的 2D 雷达传感器可测量切碎物料的速度和整个投掷过程。如果在整个工作宽度上的分布不再对应于标称分布模式，则液压驱动的进料转子在两侧的转速将相应地分别增加或减少，直到分配模式再次对应于标称分布模式。该技术即使在顺风或逆风的情况下也能记录不规则的切碎物料分布，并且还可以生成分布图。OptiSpread 自动化系统是作物精确生产的关键要素，可以减轻联合收获机操作员的负担	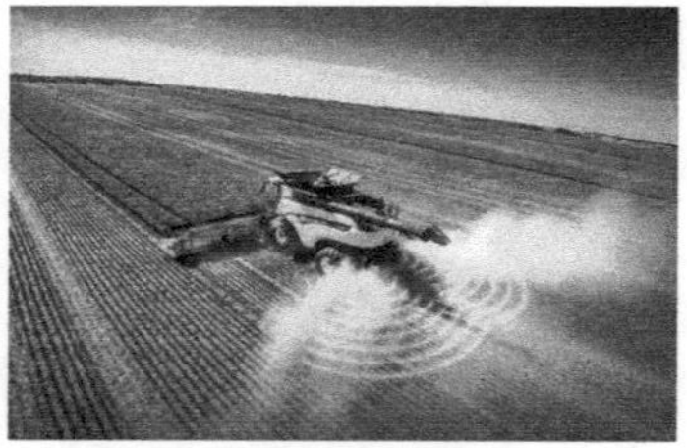 OptiSpread 自动化系统
银奖	凯斯纽荷兰（Case New Holland）	大型自动打捆系统是第一个操作员可以直接在农业生产过程中设置所需的方形捆包重量的系统，然后系统独立进行机器引导和调节拖拉机的速度和打捆参数设置。激光雷达传感器（Light Detection and Ranging，简称 LiDAR）通过光学测量拖拉机前方的作物行，而 IMU 传感器则检测拖拉机的加速度和方位。拖拉机在作物行上完全自动引导，其速度根据作物行条件进行有预见性的调整。同时，收集的数据用于不断预先计算捆包重量，以便调整打捆压力设置，并通过车速调整各个活塞行程。因此，即使在收获和产量条件发生变化的情况下，打捆机也能持续以高容量运行，并且始终实现相同的预设捆包重量	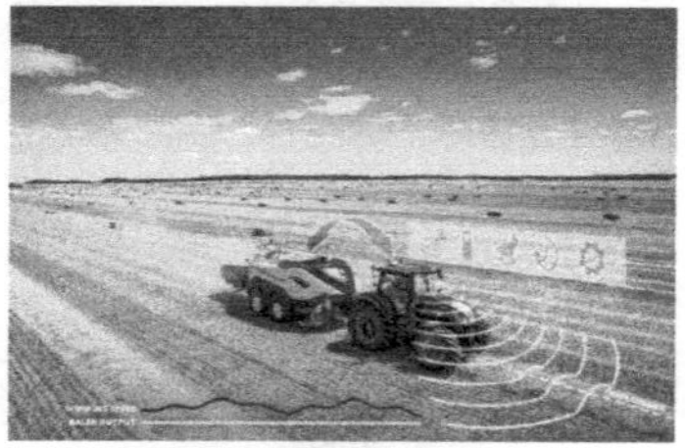 大型自动打捆系统

（续）

获奖种类	获奖企业	技术亮点	图示
银奖	Continental AG	轮胎漏气在农业中的不利影响比其他行业要严重得多，并且由异物进入轮胎造成的损坏发生得更频繁。但由于机器和轮胎的尺寸和重量，以及在播种和收获季节中抢抓农时因素，在田间更换轮胎会导致生产的严重延迟。这些成本超过了更换轮胎的成本。Agro ContiSeal 密封系统标志着农用轮胎聚合物的重要进步，确保农机运行的可靠性。轮胎内侧的黏性聚合物可以密封泄漏，以防胎面被钉子或其他尖锐物体穿透。尽管损坏了，但车辆可以继续行驶，轮胎可以在以后修理或更换。在经常需要完成农作业时非常紧迫的时间段内，这一点尤为重要。因此，可以避免在公路上或路上困难条件下更换轮胎，增加了车辆的可用性	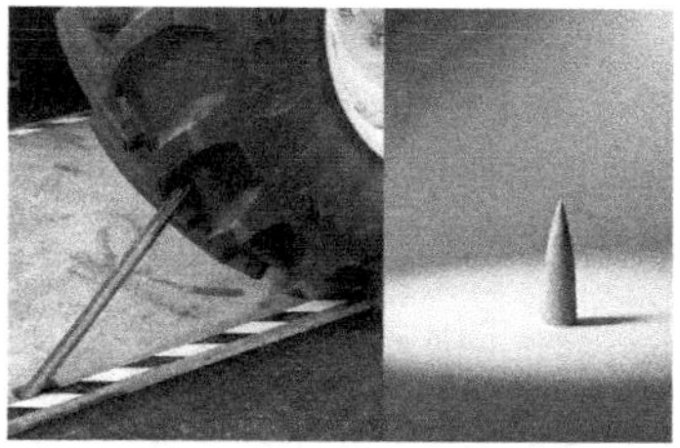 Agro ContiSeal 密封系统
银奖	Maschinenfabrik Bernard Krone GmbH & Co. KG	Krone 智能自动卸料系统，可以控制从前向后运行的新型 GX 滚筒皮带车的卸载，输送的物料可以在预先确定的距离内均匀分布。拖拉机和拖车在速度速度窗口内移动的速度（最高 3.5 千米/时）不影响卸料的分布和压实，有利于保证青贮饲料的质量	 Krone 智能自动卸料系统

（续）

获奖种类	获奖企业	技术亮点	图示
银奖	Fasterholt Maskinfabrik A/S	Fasterholt 的 DL 66 Pro 灌溉机是移动式灌溉机的创新组合，带有机器推进装置和安装的喷嘴托架，托架由伸缩式和液压可折叠的 66 米铝制动臂组成。目前广泛使用的自行式桁架和喷嘴托架两种方法的优点结合在机器中。 与大型喷灌机相比，喷嘴托架方式的优点有：在低压（100～200 千帕，取决于所使用的喷嘴）和靠近地面的地方灌溉，节约资源；可以精确划分工作区域；液滴为低比例的细小液滴，从而最大限度地减少了蒸发；由于不必通过远射程实现横向分布，可以保持较低的作业高度，风敏感度大大降低。缺点是随着管道长度的增加，拉力显著增加，需通过增加壁厚来抵消，并且灌溉的田地长度限制在最大 600 米。 相比以前折边臂高要大量的工作，而且通常不能由一个人单独完成。带机器推进装置的移动式灌溉机（自行式桁架）的优点是其管道长度更长（最长约 1000 米），因为机器从地面拾取柔性管道并将其缠绕起来，而不是将其长度拖到地面上。如果管道经过相应设计，则可以在床层中额外运行整个田地，从而不再需要重新定位。这种系统的缺点是重量相对较大，特别是当几乎整个管道在灌溉过程中被缠绕时。DL 66 Pro 灌溉机的动臂被细分为总共 10 个大约 6 米长的段，每个段都有自己的供水系统。未来计划以一种即将到来的部分控制系统的形式进行一种灌溉的"部分控制"；这也将使楔形的部分田地能够得到灌溉，同时广泛避免重叠和非目标区域的灌溉	 DL 66 Pro 灌溉机

（续）

获奖种类	获奖企业	技术亮点	图示
银奖	Müthing GmbH & Co. KG Soest	Müthing CoverSeeder 将播种、残茬处理等组件结合在一起，形成了间作播种系统。前置式耙子可确保细腻的土壤并改善秸秆分布。拖曳式秸秆残茬处理机将秸秆和残茬切碎，并从苗床中清除靠近地面的收获残渣。产生的混合物通过输送覆盖种床种子上，可以保护土壤免受蒸发和侵蚀，即使在极端干燥的条件下也能提供发芽所需的水，这种包新代表了前瞻性和资源节约型农业的新方向	 Müthing 间作播种机
银奖	Planungsbüro Heinrich	行间机械杂草控制是确保作物生长超过竞争性杂草的重要措施，Photoheyler 除草机作业效率每小时超过 1 公顷。行引导功能借助摄像头可靠地检测作物行，机器的传感器轮可以使用液压缸进行转向，并与拖拉机的轮子同步，除草机可以精确地沿着行进行引导。除草转动机构总是与作物成 90 度的角度切割，保证作物行中剪下的杂草放置在两行之间，减少了作物保护剂的使用量	 Photoheyler 除草机

（续）

获奖种类	获奖企业	技术亮点	图示
银奖	Reichhardt GmbH	SIS REMOTE 是一个用于远程控制自主农业机械的集成控制系统，由无线电控制控制系统和 ISOBUS 自动化系统组成，可满足功能安全的所有要求，由 Reichhardt GmbH Steuerungstechnik、HBC-radiomatic、Vogt 和 MDB 的联合开发。它可以同时监视和控制多台机器。将无线智能农业操作员终端集成到安全（冗余）无线电控制系统中，并与基于全球导航卫星系统的自动转向系统相结合，带有实时动态定位校正信号，以及用于安全区域也能实现分段和分区控制的完整 ISOBUS 自动化。即使使用 ISOBUS 自动化和自动轨道引导，同时使用 ISOBUS 自动化也能实现整部分自主机器的控制，确保操作员及其周围环境的安全，提高了操作的舒适性和安全性	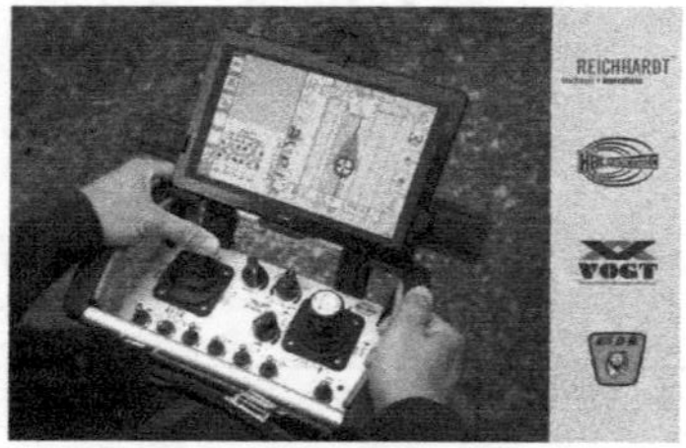 SIS REMOTE 控制系统
银奖	Rostselmash	RSM Ok ID 系统持续对驾驶员的状态进行智能监控，如果识别出困倦或其他状态变化的迹象，它会立即以响亮的声音信号通知驾驶员并停止机器，以避免悲剧性后果。此外，系统会自动向 Agrotronic 农场管理系统生成消息。操作员的瞳孔、眨眼、头部位置和脉搏通过摄像头持续监测，以实现睡意识别功能。因此，该系统可以识别嗜睡的典型迹象：频繁眨眼、眼睛向下看或闭合超过 3 秒、心率下降及打哈欠和揉眼睛。由于 RSM Ok ID 系统与机器的 ISOBUS 耦合，因此它能够主动停止车辆，防止事故发生	 RSM Ok ID 系统

附录 D　2022 年 ASABE 杰出创新 AE50 奖

制造商及网页信息	技术亮点	图示
Deere & Company https://www.deere.com/en/	播幅 24 行，行距 76.2 厘米，能够搭载容量更大的种、肥量，同时还能够低整机对土壤的压实。与 2021 年机型相比，新的机载种子容量增加了 816.5 千克，液体肥料容量增加了 557.75 升，主车架采用履带配置，可使播种机中心部分的对轮胎压力减少 70% 左右；与传统的轮式机型相比，履带系统出厂即包含角调节和负载分配功能，可减少机具在高速和不平坦路面行驶过程中产生的热量。在公路进行转场运输时，播种机能够满足大容量无溶剂的速度连续行驶 2 小时	 1775NT（播幅 24 行，行距 76.2 厘米）型播种机
SCO2, LLC. https://www.sco2.com	SCO2's 技术融合了混合冷压和临界二氧化碳萃取两个步骤，实现了提取过程的一步到位。巧妙结合了临界二氧化碳萃取的化学特性及液压机构的力学特性，大大缩短了原本需要花费几小时才能完成的提取过程，在几分钟内即可实现植物的精准萃取。通过压力、温度的远程实时监控，以及液压油缸内部的线性位置传感器，保证了提取过程的精确控制和即时反馈。为提高用户操作体验和使用便利性，研发人员对系统进行了自动化设计，对操作过程进行了简化和优化。提取时所需进行的预处理步骤减少目无须研磨或碎砂。萃取后，液体将以压缩袋的形式排出，为技术人员节省了时间、空间成本，同时也简化了物料处理流程。目前，SCO2's 的这项技术具有 5 种标准的操作模式，能够满足 7.26～226.8 千克的原料，每小时可以处理 7.26～226.8 千克的原料，适合连续 24 小时的工业生产	 B－系列提取系统

（续）

制造商及网页信息	技术亮点	图示
RealmFive, Inc. https://realmfive.com	RealmFive 的 "Barn View" 系统是一款专为畜牧业设计的综合性产品组件，旨在通过强大的企业级应用软件，即插即用的连接性功能及插拔式无线监测设备，增强畜牧场饲料、水、空气和排污处理等多个层级的管理效率和监控能力，具有系统连接可靠和设备安装简便的优势。在北美，仍有 90% 以上的猪舍尚未联网，这让养殖户难以利用企业的标准化数据来提高生产效率，不论是仓舍还是畜牧场，安装不同类型的控制器，"Barn View" 系统能够为不同年代、各种类型的畜牧场和仓舍提供一体化的解决方案，使其接入 RealmFive 的 "EcoSystem" 系统。"EcoSystem" 系统是一个涵盖农业、灌溉、仓储管理、合规性和物流解决方案的生态系统	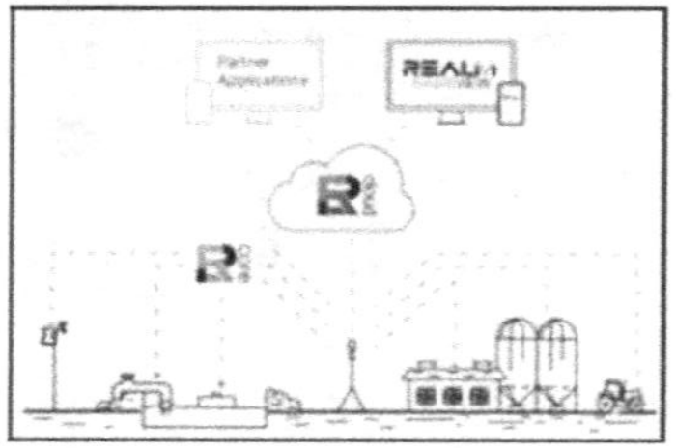 Barn View 智能畜牧监测系统
Deere & Company https://www.deere.com/en/	C770 型采棉机采用更先进的采收技术，具备更高效的作业效率。其中，CP770 机型配置的 PRO16 HS 行采摘单元，能够有效减少棉花的采收损失，每小时可连续作业 60.7 亩；CS770 型打包采棉机配置的改进型 SH12F 12 排可折叠采棉头，每天能额外增加收获 600.7 亩的棉花。这两款机型都安装了一套棉花处理系统，可分别降低 8% 和 12% 的包装、运输成本；其驾驶室也都使用了最新技术，能自动连接约翰迪尔运营中心并共享作业数据；通过融合约翰迪尔动力模块中的 JD14P 发动机和液压系统，收获机的动力系统效率更高、燃油消耗降低 20% 左右	 C770 型采棉机

（续）

制造商及网页信息	技术亮点	图示
Case IH https://www.caseih.com	Case IH Fast Riser 6100 型 3 段前折叠式玉米/大豆/棉花播种机，播幅 27 行，行距 45 厘米，专为巴西的种植户和承包商设计，符合当地出台的农机具公路转场运输标准。使用拖拉机对该机对该机幅宽由 13 米调控至 3.2 米的规定道路运输宽度，就可在 1 分钟内将该机幅宽由 13 米调控至 3.2 米的规定道路运输宽度；两个润滑点可使播种机在每个播种季节节省数小时的维护时间，5440 升的种箱容量大大增强了作业效率；配备的三段式液压翼下压力系统和基于农艺要求设计的行业单元，能够有效扩大机具作业覆盖规模并提高作物的单产潜力	 前折叠式玉米/大豆/棉花播种机
Case IH Agriculture https://www.caseih.com	Patriot 50 系列喷雾机是 Case IH Patriot® 系列近 15 年来首次开展的全方位重新设计，这一系列的更新涵盖了全机的各个方面，包括轮胎、悬挂系统、发动机和动力传动系统、机身结构、驾驶室、喷雾系统及车辆电子和液压结构等。与其余 Case IH 旗舰设备的共同理念是围绕一系列集成的、互联贯通的解决方案开展设计；这不仅使机具优化、数据、诊断、农艺标准化，也为整合未来不断发展的施药模式和车辆控制技术提供了实体平台。也为整合未来将进一步提高施药过程的远程管理成为了可能，也将整合未来将进一步提高施药的准确性，通过精准农业和微站点管理控制了成本投入；同时也提高了机具的效率、自主性、安全性及驾驶员的舒适性	 Patriot®50 系列喷雾机

（续）

制造商及网页信息	技术亮点	图示
Amity Technology LLC https://www.amitytech.com	Crop Chaser 1000 是一款能够装载多种作物的单仓倾卸车，通过液压技术实现前后独立地板活动链的控制，使操作人员能够最大限度的操控卸载过程。与传统的自卸车类似，车厢的升降和倾斜动作主要通过Crop Chaser 1000 独立的液压遥控来完成；而前后地板活动链的增加，则增强了机具卸载时的稳定性，并在优化车厢卸载装载方面提供更好的农控制手段。无论是青贮饲料、豆类、玉米和甜菜，还是其他种类的农产品，Crop Chaser 1000 都能够有效提高收获作业阶段的物流效率，同时该车型的自动卸载检测系统和轨道是标配设备	 Crop Chaser 1000 型单仓倾卸车
AGCO Corporation https://www.agcocorp.com	Fendt 推出了一种有别于现有的全自动转弯类型的反向转弯类型（Y 型类型和 K 型类型）策略，以便拖拉机驾驶员能够在田间小地头完成 3 点式悬挂机具的自动转向。当前的自动转弯类型（如 Ω 型转弯或 U 型转弯）需要较大的物理空间，否则机具将无法直线行驶。使用 Y 型转弯功能时，一进入地头，拖拉机转向程序即可自行启动，实现自动刹车和倒车，并在地头末端，将拖拉机和悬挂机具的行进轨迹无缝贴合。K 型转弯功能特别适合在坡地上转弯，因为带有后悬挂装置的拖拉机可以在倒车时的爬坡，这种转弯方式有助于掩贴拉机及其后悬挂机具的稳定	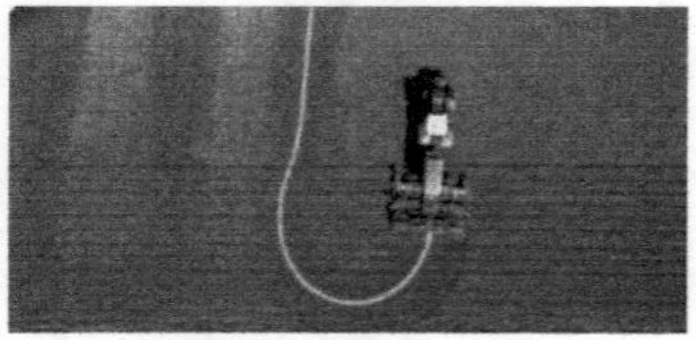 Fendt TI Headland 转弯系统

（续）

制造商及网页信息	技术亮点	图示
AGCO Corporation https://fendt.com/us	Fendt® 300 Vario®系列大马力拖拉机有效整合了Fendt公司的创新技术和功能，并将其应用到了北美轮式拖拉机的产品线中。最新一代的产品包括4种型号，其额定功率范围为74.57~98.43千瓦，包括Power，Profi和Profi+3种配置。第四代Vario在Fendt 314 Vario的基础上进一步采用了智能动力提升概念Fendt Dynamic Performance，可根据用户的作业需要提供多达7.46千瓦的额外动力。在设计这一平台时，首要考虑的是卓越的驾驶性能和工作时的舒适性。该平台系统通过VisioPlus™驾驶室，可选的FendtONE™操作站，自平衡悬挂式前轴，可选的驾驶室悬挂，Fendt货物装载机及各种Fendt智能农业解决方案，提供了最好的乘坐体验感和使用便利性	 Fendt® 300 Vario®系列大马力拖拉机
AGCO Corporation https://www.agcocorp.com	Fendt® Rogator® 900系列机型是一种喷杆后置的自走式喷药机，具有双位置可调的作物间隙，适合从播种前直至高茎作物的施药作业。只需按下按钮，该机就能在45秒内从142.24~152.4厘米标准高度调整至182.88~193.04厘米的高地隙。该款机型可配备液体，干粉气动或干粉离心撒布系统，能在2小时内完成系统的快速切换。因此，它适用于全年施喷施营养液或干质营养，植保产品及播种产品及覆土作物等，实现了多种作业模式的功能融合。该款喷药机的设计及其多功能性可以使作业人员更好地把握作业时间，进而优化了用户在设备资金方面的投入。并控制产品的施用方式，有助于作物产量的优化和植保产品的投入	 Fendt® Rogator® 900系列喷药机

（续）

制造商及网页信息	技术亮点	图示
RealmFive, Inc. https://realmfive.com	Flex Mini VTH 是一款无线监测设备，它主要利用无线数据采集技术，将收集到的数据传输到 RealmFive 的 Barn View 软件系统中。这款设备可用于专门监测畜舍内的温度、湿度，并检测饲料供应是否集中断；它能在5分钟内快速安装到畜舍内的饲料输送线上，并通过持续检测饲料输送线的振动状况，来区分"满仓"和"空仓"等运行状态。Flex Mini VTH 的报警功能能使畜牧场主能够放心养殖，即无论他们的养殖规模有多大，或者经营地点有多偏远，系统都能确保性畜得到到充足的饲料供给和舒适的生长环境。结合 Flex Mini VTH 提供的实时数据与饲料库存数据，猪场管理员能够远程判断饲料供应系统中是否出现饲料堵塞或短缺。这款设备采用了研发多年的无线技术，使其能够应对农业环境中，诸如动物畜舍内的严苛条件	 Flex Mini VTH 无线监测设备
AGCO Corporation https://www.automatedproduction.com	XD Ultra 卸料机是一款针对畜牧养殖而专门设计的新型启闭（启闭机：控制物料流动的设备）和模块化卸料系统。XD Ultra 的耐用性设计确保了饲料罐中的饲料可以通过多种输运选择顺畅的流动出来。为增加进料流量，同时减少堵塞情况的发生，XD Ultra 的启闭机的开口尺寸增加了50%。对 XD Ultra 进行的测试表明，磨损板的使用寿命相较之前至少延长了4倍，它还可采用更换螺栓的方式来安装远程流量控制闸门；其配置选择的多样性意味着养殖户能够为他们的畜收场找到最合适的养殖方案。XD Ultra 卸料机在使用寿命、流量改善、配置选择及添加自动化选项等方面均有所提升，使得该型卸料机相较于其他卸料机有着更显著的优势	 Flex-FLO™ XD Ultra 卸料机

（续）

制造商及网页信息	技术亮点	图示
RealmFive, Inc. https://realmfive.com	The Front Cloud Connect（前端云），即利用世界级的无线数据采集技术与各种田间环境下的传感器接口进行连接，并提供与RealmFive View数据平台的能力。Front提供了一个高度可靠且性价比高的接口，适用于SDI-12土壤水分传感器、叶面湿度传感器及全套气象站传感器的数据输入（具体输入取决于前端的型号）。这款设备从用户使用的便捷性出发开展设计，无须使用任何工具即可完成安装，其太阳能驱动设备包括无线连接（需要一个单独的RealmFive网关，即网关连接器：不同通信系统连结用的协议转换装置），蜂窝直联和蜂窝网关选项3种通信模式。通过无线固件更新，Front通信设置和系统配置可以在购买后进行修改，给用户提供了极大的灵活性和便利性。而蜂窝网关选项是Front Cloud Connect（前端云）的独特之处，它允许用户在Front设备周围部署多达50个无线传感器，极大地扩展了设备的监测范围和数据采集能力，方便用户能够获取更全面、更细致的田间数据	 前端云连接监控设备
Hagie Manufacturing Company. https://www.hagie.com	Hagie™ STS20型喷药机配有容量为7570升的药箱，其高效紧凑的结构布局和精量化的技术配置为农业生产力的提升提供了最佳选择。与药箱容量为4540升的喷药机相比，STS20型喷药机可在每亩施用37.85升药液的条件下，额外增加485.62亩的喷施面积，大大提高了机具作业效率和减少了药箱溶液的补充次数。同时标准配置下的STS20具备四级活性碳过滤系统，这有助于保证	 Hagie™ STS20型喷药机

（续）

制造商及网页信息	技术亮点	图示
	喷施溶液的质量和作业环境的安全性；此外，STS20 的最高作业速度为 40.23 千米/时，结合 STS20 专有的悬挂系统，保证了机具高速作业工况下驾驶员的工作舒适度。在工厂生产环节，STS20 的模块化设计相比之前的 STS 系列机型，可最多减少 35% 的劳动生产时间	
Deere & Company https://www.deere.com/en/	HDF 收获机具有贴近地面的跟随（跟踪）能力，可同时满足贴地、离地的收获作业，能够在满足用户对现代联合收获机高容量需求的同时，收获更多的作物。HDF 通过结合收获柔性和铰接框架和液压悬挂系统，来为收获作业提供支持。其中，悬挂系统可将结合收获机的驱动力与割台进行分离，使其在复杂收获地形中的切割高度保持一致；当与 Deere X 或 S 系列联合收获机配合使用时，地面和离地收获所需的调节所需都集成在驾驶室内，便于驾驶员控制。新而其可选的集成式低速运输系统有助于田间－田间的物料传送，而能将收获机侧翼部分恢复到预先设定的"平坦"或"弯曲"的位置，以便在地头转弯时的使用。HDF 收获机还提供了 10.67、12.19、13.72 和 15.24 米等多种割幅选择，能够适应不同规模和需求的收获作业	 HDF 铰链框架柔性割台

（续）

制造商及网页信息	技术亮点	图示
CNH Industrial New Holland https://agriculture.newholland.com/en-us/nar	Horizon Ultra 驾驶室经过全新设计，从根本上满足了客户最严苛的功能需要：新的驾驶室创造了行业内最安静的记录，噪声仅为66分贝；而在夜间，24个LED灯也保证了视野的开阔性。此外，高通量的空调控制系统包含了双风扇和区域控制；而一个大型冷藏空间和众多电源插座也为物资存储提供了多种解决方案。同时，驾驶员与外界的联系比之前更加紧密，各类信息可在一个类似平板电脑的12英寸显示器及CentreView方向盘显示屏上呈现，且拖拉机的所有操作都可通过SideWinder Ultra扶手控制。得益于拓展的玻璃区和前后摄像头，驾驶员享受到了全景工作视野	 Horizon Ultra 驾驶室
Kuhn North America Brodhead https://www.kuhn-usa.com	Kuhn FC 9330 D RA 上的液压可调节的草条（捆）合并系统是三联割草机械中最灵活的合并系统之一，其传送带的速度和位置可在驾驶室内设定，可使驾驶员自行定义 1.8~3.6 米范围内的草条宽度。每个合并输送带都可单独折叠，方便在不合并的情况下形成宽大的草条。液压系统可在机载倾角仪辅助下自动补偿起伏地形，或激活自动功能，使机器在需要时进行正确的调整；而驾驶员也可手动调节皮带速度、皮带的运转速度，这对操作技能有限的驾驶员来说是有益的选择	 Kuhn FC 9330 D RA 上的液压可调节的草条（捆）合并系统

（续）

制造商及网页信息	技术亮点	图示
Deere & Company https://www.deere.com/en/	约翰迪尔公司生产的 8RX 型拖拉机配有 ExactRate™ 液体肥料系统，实现了四履带式拖拉机和 1775NT 型播种机系统功能的有效结合，整合后肥箱容量达到了 6056.66 升（拖拉机上 3785.41 升，播种机上 2271.25 升），提高了农业生产效率。该系统由约翰迪尔设计、制造，并得到了经销商广泛支持，它允许用户在播种最关键的时刻施用肥料，同时保持了车辆的作业幅宽、卓越的驾驶视野和肥料进出的便捷性，这些都通过完全集成的控制系统实现。在满载状态下，如果以 12.47 升/亩的施用量进行施肥作业，肥箱每次加料都可为种植户额外增加 485.64 亩的施用面积。此外，拖拉机和播种机上的履带可保持较低的地面压力，在精准播种和施肥的同时最大限度地减少土壤压实	 集成 ExactRate™ 的 液体肥料系统
Deere & Company https://www.deere.com/en/	为了在最佳的播种/种植窗口期内完成春季播种种植工作，粮食种植户通常会延长每天的工作时间，此时拖拉机的作业速度比以往任何时候都快，作业幅宽比以往任何时候都高。升级后的约翰迪尔 9R 系列拖拉机的发动机增加了 20 马力的功率，并将最大配重增加到 30.39 吨，全新设计的 JDPS 13.6 升发动机旨在提供卓越的性能，便捷的维护及作业可靠性，功率范围从 390~590 马力。驾驶室的设计采用了行业领先的 LED 照明，具有与顶级轿车相媲美的舒适环境。该系列拖拉机结合了约翰迪尔精准农业技术，可以辅助农民推动农牧场管理变革、提高产量、降低成本，并在更短的时间内耕种更多的土地	 约翰迪尔 9R 系列 MY22 拖拉机

（续）

制造商及网页信息	技术亮点	图示
MacDon® Industries https://www.macdon.com	MacDon® M1170NT 是一款集收获机动力性能、田间作业性能于一体的机型。在田间，它可提供 37 千米/时的平稳快速的行驶体验，同时也符合道路运输的标准宽度。通过驾驶室内的一个按钮，驾驶员可以轻松地将收获机从 382 厘米的田间作业姿态折叠为适合于道路运输的 346 厘米窄幅运输姿态；在此过程中，屏幕上的提示会指导用户完成操作。用于前轴和后轴的滑杆机构经过了严格的测试，以确保其耐用性。窄幅运输（NT）模式使得长途转场托运变得更容易。MacDon® M1170NT 灵活性高，可以更轻松地实现田间转运，同时也能够铺出最宽的料垫，以获得理想的干燥效果	 MacDon® M1170NT 自走式收获机
MacDon® Industries https://www.macdon.com	新款的 FD2 FlexDraper® 割台系统（9.14～15.24 米）旨在提高针对各种作物品种、作业条件下的收获效率。其中，ClearCut™ 高速切割系统采用了专利几何设计，可将切割作业面积增加 25%，而全新配备的驱动系统也将行驶速度提高了 30%。机头฀架可容纳行业领先的 127 厘米侧边输送系统（side draper），能够确保作物的顺畅流动，同时提高了联合收获机 20% 的生产能力，更加有利于收获大型作物。此外，翼部弯曲范围增加了 70%，并能够了贴地跟随地面跟随。可选的 ContourMax™ 系统配备前置车轮，能够实现更高度，并形成了最高为 45.72 厘米的留茬高度。自成一体的 EasyMove™ 运输系统需要更加便捷，从田间作业模式到运输模式的转换速度也更快	 MacDon FD2 FlexDraper® 割台系统

（续）

制造商及网页信息	技术亮点	图示
AGCO Corporation https://www.agcocorp.com	Massey Ferguson 8S 系列拖拉机（5 种型号，额定功率 210～290 马力）采用了全新的 New product – UTM 设计，这一设计使驾驶室与发动机之间留出了超过 22.86 厘米的空间，有助于新鲜空气自由的流通并对冷却性能进行了改善，同时也提升了驾驶视野并显著降低了驾驶室的噪声与振动。新的驾驶室采用类似于几十年前老式麦赛福格森拖拉机的前倾式结构，其内部装饰和直观的控制布局。双离合 Dyna E-Power 传动系统提供了多功能操纵杆和直观的控制布局，也保持了机械传动的效率和价格优势。此外，液压系统和暖通空调系统的性能也都得到了实质性的改进	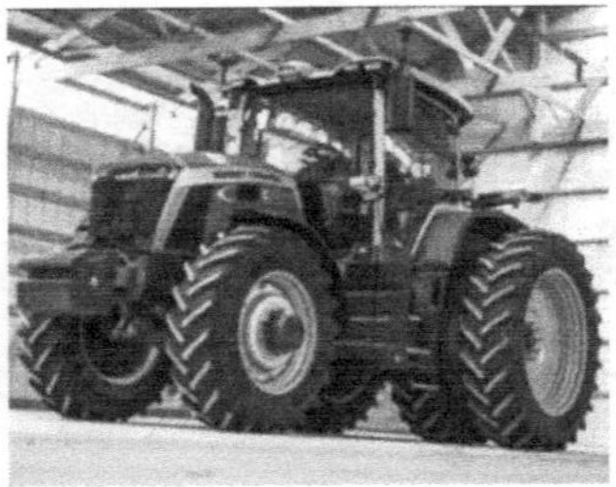 Massey Ferguson 8S 拖拉机
AGCO Corporation https://www.agcocorp.com	DM 367 FQ – RC 是一款前置三点悬挂式割草机，配有橡胶调节滚筒。这款割草机采用了重型一体式焊接钢制 RazorEdge™ 割台，其宽大的圆盘直径确保了在较重的作物中也能保持高产量和低水平的动力消耗，从而降低了使用成本。割草机的连杆设计表明其作业时是被拉动的，而非推动的。使用的三维短前端悬挂的气缸可确保割草机具有最佳的地况适应能力，转向杆和带球形接头的损失最小的情况下，无须"A"型框架也可直接连接到拖拉机悬挂系统，同时还能提高稳定性和舒适性。可折叠的保护罩便于道路运输，而前盖的宽开口设计可轻松检查切割刀盘并快速更换刀片	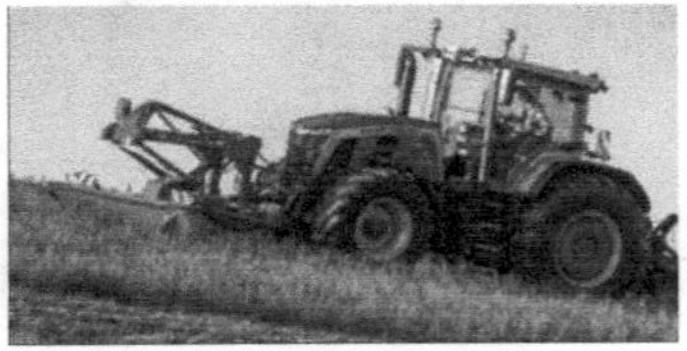 麦赛福格森 DM 367 FQ – RC 前置式割草机

（续）

制造商及网页信息	技术亮点	图示
Raven Industries Sioux Falls https://ravenind.com	OMNiDRIVE™ 是首款使用无人驾驶技术的谷物收获作业车。它允许用户在收获机驾驶室内监控和操作无人驾驶拖拉机。这项技术是一个基于零后市场的集成系统，可安装在多款现有拖拉机型号上。使用 OMNiDRIVE™，用户可以创建一个田间作业计划，设置和修改各阶段位置，调整速度使机返回到用户定义的卸载区域。卸载完成后，OMNiDRIVE™ 可以重新同步并准备部署下一个任务。OMNiDRIVE™ 通过一个直观的平板电脑用户界面进行操作	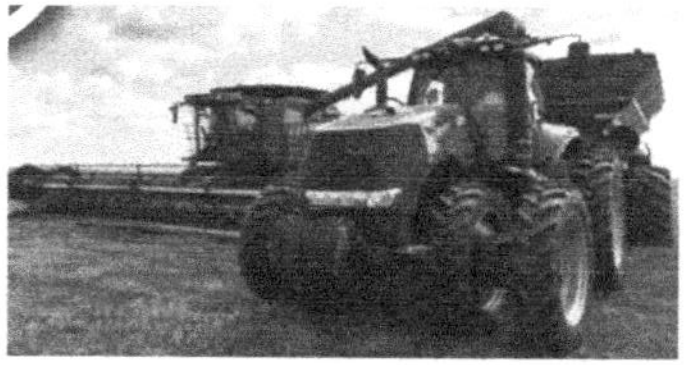 OMNiDRIVE™谷物收获作业车
Kuhn North America Brodhead https://www.kuhn-usa.com	KUHN 的 OptiWrap® OWR 6000 系列圆形草捆包装机具备高效的包装性能，其预拉伸装置具有 70%的拉伸比率，能够最大程度地减少薄膜和燃料的使用。该机通过 IntelliWrap™ 系统控制整个包装过程，使操作员能够调整薄膜层数、接缝层数、加载延迟和草捆尺寸。OptiWrap OWR 6000 的拉伸比提供了更高效的塑料薄膜，IntelliWrap™ 控制系统结合可选的 FilmSense™ 系统，降低了塑料使用成本。IntelliWrap™ 可以调整推杆和箍圈速度，以保持目标层数，即使在预拉伸器用完或在包装周期中薄膜撕裂的情况下也能保持目标层数。BaleEye 光电传感器能够在不使用机械运动部件的情况下检测装载平台上的草捆。OptiWrap OWR 6000 配备了双工业聚合物非气动箍圈驱动轮，适用于恶劣条件下的最佳箍圈牵引力	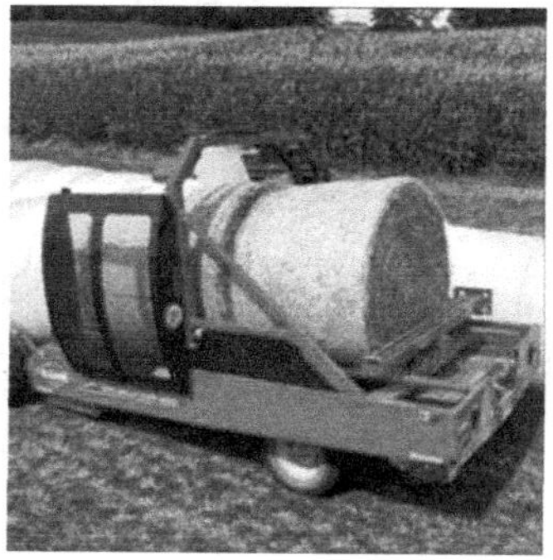 OptiWrap® OWR 6000系列圆形草捆包装机

（续）

制造商及网页信息	技术亮点	图示
Kelley Manufacturing Company https://www.kelleymfg.com	KMC 花生变频自动速度控制系统可提高花生挖掘机构–分筛机构–变频器的效率，它可自动调节传送带的速度，使之与用户定义的机具前进速度百分比相匹配，从而确保花生从挖掘刀片平稳过渡到设置理想的传送带上。KMC 系统允许操作员根据花生品种和土壤类型设置理想的传送带的速度，最多可减少 50% 的作物损失。此外，自动速度控制系统还能减缓操作员的疲劳。在传统的花生收获作业中，操作员需要根据不断变化的地况手动调整传送带的速度，这不仅增加了操作人员的复杂性，也导致了人员的疲劳。KMC 系统通过简化甚至消除这些手动调整的需求，可以使操作员更加专注于其他作业任务，进而提高了整体的作业效率和安全性	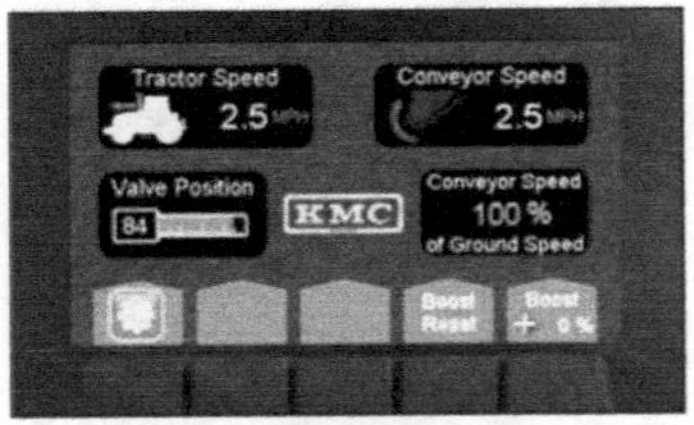 KMC 花生变频自动速度控制系统
Smart Guided Systems https://smartapply.com	永久作物分析仪™ 是一款多用途以车的附加组件，它利用激光雷达技术扫描多年生作物，并实现以下功能：即统计植株数量、种类和生长状况，记录植株位置、轨迹或区段边界及种植密度、基于统计结果进行产量估算；并利用 Smart Apply® 智能喷雾控制系统™ 预测植保药液的节约量。永久作物分析仪™ 使用 Android 无线平板电脑接口，可由种植户自主安装成为经销商的一项安装服务内容。它能生成一个基于位置的历史清单，包括植株的高度、宽度和每株植株的叶片密度等指数。化学品节省分析仪™将种植户当前的喷雾使用情况与基于密度的喷雾系统进行比较，概述了植保药物可能的节约位置和节约方式。通过使用历史密度热图，种植户可以判别植物的生长状况，将密度热图与年度收获产量进行比较，通过逐年对比，数据的决策。将密度热图与年度收获产量进行比较，通过逐年对比，预估得到当年的产量	 永久作物分析仪™

（续）

制造商及网页信息	技术亮点	图示
Deere & Company https://www.deere.com/en/	快速更换刀片功能是 ProSeries™ 开沟器的一项产品升级功能，它显著减少了开沟盘更换所需的维护时间和人力成本。通过一个设计巧妙的仿形轮臂，只需极少的工具和零件拆卸即可更换开沟刀片。ProSeries™ 开沟器自 2018 年推出以来，作为 90 系列开沟器的重大升级而引入，可适用于所有 John Deere 的气力式免耕播种机。快速更换刀片功能是在 ProSeries™ 开沟器的改进基础上进一步增强了其服务性、耐用性和可靠性，包括消除两个润滑点，改进的种子引导和定位元件、更强力的覆土轮，更薄更灵活的镇压轮及改进的 ProSeries™ Opener 导种套件安装方式，使其更加可靠且更易于维修	 ProSeries™ 开沟器的快速更换刀片功能
Ålö USA Inc. https://www.quickehub.co.uk	Quicke® QE-command 智能前装载控制系统配置了 Q – companion 模块，具有载荷称重、工作循环自动化、末端位置阻尼及限制机具高度和倾斜角度等多项功能。它配备的彩色显示屏带有屏幕说明和内置产品手册，使用简便；系统能够保存面向个别操作工况的设置，为用户提供更方便的使用体验。虽然该系统功能丰富，但在其设计时也考虑了无操作经验人员的使用需求。装载机配备一个倾斜角度传感器和提升高度传感器，2 个液压传感器及一个电子控制单元；驾驶室配备有彩色显示屏和操纵手柄；先进的运动规划用于预设机具作业位置，这在能见度有限的情况下非常有用；同时通过蓝牙和手机专用的手机应用程序，用户可以方便地传输和存储物料称重数据，便于后续的数据分析和管理	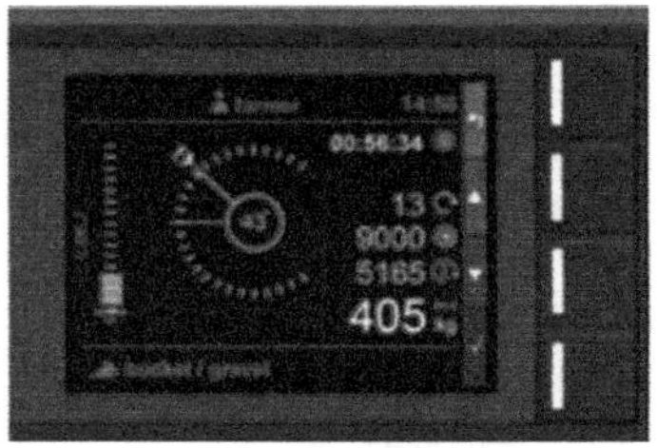 Quicke® QE-command 与 Q-companion 智能前装载控制系统

（续）

制造商及网页信息	技术亮点	图示
Precision Planting™ https://shop.precisionplanting.com	Reveal™是一种安装在机架上的浮动式残茬管理系统，专为中耕作物播种机设计。该系统利用一个拖挂式内部导向轮末控制清洁齿的深度，并通过2个气囊来调整每行耙齿与地面的接触压力。Reveal™被安装在车架上，使其能够隔离自身重量和调整播种机的单行播种单元的运动状态。内部导向轮用于在清理过的土壤上运动，而不是在秸秆上运动，从而确保清洁齿具有一致的深度。Reveal™配备2个气囊，一个用于施加向下的压力，另一个用于提升压力，以对行间清洁耙的力度进行必要的调整	 Reveal™浮动式残茬管理系统
Kuhn North America Brodhead https://www.kuhn-usa.com	库恩公司的SB 1290 iD TwinPact活塞可提供更高的草捆压缩密度，而无须大幅增加打捆机的重量和功率。分体式柱塞设计计巧妙地将标准方捆90厘米（高）×120厘米（宽）的打捆机力量应用到一半以上的区域，使打捆效果加倍。结合SB 1290 iD TwinPact打捆机上更长的压捆室和9个液压缸，该系统的打捆密度得到了提高。与同类产品相比，SB 1290 iD TwinPact打捆机的飞轮和整体结构更小，运行更平稳，使运转打捆机所需的功率降低，同时还能制成密度更高的草捆。数量更少、密度更高的捆包与更低的燃油消耗相结合，为制成本更低廉的运营成本，也能充分保证运载卡车更大的载重量，进一步降低了运输成本	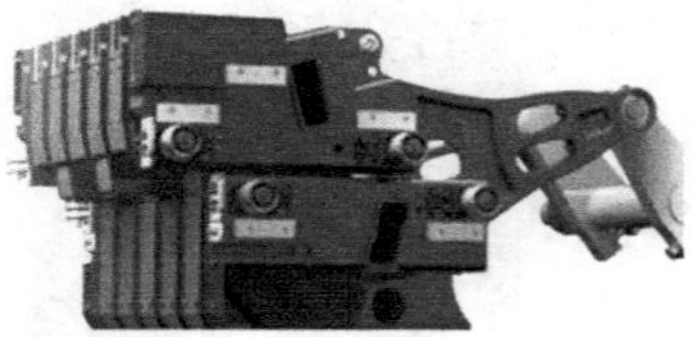 SB 1290 iD TwinPact打捆机

（续）

制造商及网页信息	技术亮点	图示
Deere & Company https://www.deere.com/en/	See & Spray™ Select 可对休耕地上的杂草进行定点喷洒，是约翰迪尔首次使用该技术为农民提供了一个出厂安装和机器集成的解决方案。See & Spray™ Select 使用相机和控制技术来区分休耕地的杂草颜色，检测到杂草后进行精准喷药；这种目标喷雾的准确率相当，但平均能减少77%的除草剂用量。这使得农民可以降低除草剂成本，或使用更昂贵的、更复杂的药剂配方来管理杂草。在 John Deere Exact Apply™ 的基础上，See & Spray™ Select 可在目标喷洒与宽幅喷雾之间利用单机进行无缝切换，同时通过操作中心提供最佳的性能、诊断和数据管理方案	 See & Spray™ Select 精准喷药机
Aware366 LLC https://www.aware366.com	智能昆虫早期探测和通知系统是一种创新的技术解决方案，旨在提前发现昆虫并对农作物和食品（如谷物和坚果）在贮存和运输过程中的环境条件进行监测。该系统在昆虫出现时通过新型昆虫诱捕器捕提昆虫，远程监控昆虫的活动，并向设备管理者发送通知，以便采取适当行动。通过收集产品的环境条件数据，智能昆虫早期探测和通知系统能够预测昆虫出现的情况并进行更好的管理。探测的数据信息可存储在本地和云端，并通过应用程序进行访问。这项技术的优势在于它能够显著减少虫害所造成的产品和质量损失，减少化学杀虫剂的使用，降低食品安全风险，并降低管理成本	 智能昆虫早期探测和通知系统

（续）

制造商及网页信息	技术亮点	图示
Kuhn Krause, Inc. https://www.kuhn-usa.com	KUHN 公司的 Smart Soil Technology™（智能土壤技术）采用 AEF 认证的 ISOBUS 电子控制技术，首次将 Excelerator® XT 上的动态调整和多功能微调完整地带入拖拉机驾驶室。Smart Soil Technology™ 提供了仅预置模式，可最多保存 8 个用户自定义的预设值，操作员只需轻触按钮，即可同时进行多模式调整。此外，仅预置模式还可以激活，仅能在已保存的预置参数下选择方便技能较低的操作员操作机器时，仅能提供了真正的智能土壤作业模式。AEF 认证的 ISOBUS 软件提供了真正的 ISOBUS 显示认证显示器兼容，并提供了一款从一个品牌的拖拉机到另一个品牌的拖拉机之间，无需额外设备即可兼容的系统	 Smart Soil Technology™ 智能土壤技术
Precision Planting https://shop.recisionplanting.com	SmartDepth™ 是一种适用于播种机行作作物播种作业单元的自动深度校准和控制系统。当与 SmartFirmer 搭配使用时，可作为自动深度控制系统，能根据土壤湿度进行自动深度调整。SmartDepth 使用电子执行器连接行单元的深度调节机构，替代了原出了原厂标准的 T 形手柄深度调节。SmartDepth™ 使种植者能够通过种植前的预校准过程，确保每行排种单元能够设置准确的播种深度。种植者也可以在驾驶室手动调整深度，或者在 20 英寸显示器上设置 SmartFirmer 的沟槽深度目标，以自动控制深度	 SmartDepth™ 智慧深度系统

（续）

制造商及联系方式	描述	图
RCI Engineering, LLC Mayville https://rciengineering.com	T 系列农用装袋机具有大容量的特点，可维护性和运输能力也高于其他机型。其中，T7170 和 T7060 取代了传统的 Ag-Bagger 系列产品，是 RCI Engineering 公司自 2019 年 11 月，从 CNH Industrial America 收购 Ag-Bag 以来生产的首批 Ag－Bag® 机具。主要的改进包括转子的齿数加倍，并采用新的作业模式来提高产袋装密度。单个 30.48 厘米加宽输送机可运送更多作物，转子的输运能力提高。因此，一台饲料分配器、加长运送通道、扫荡式通道清理系统、加长电缆、反向运输系统、集成液压升降系统和简化的操作控制系统的集成，使这款机型成为种植者通过增加容量、维修性和运输便捷性来扩大经营规模的理想选择	T-SERIES AG-BAGGERS 农膜机
METER Group, Inc. https://metergroup.com	TEROS 21 是首款全方位、免维护的水势传感器。它使过去难以测量的关键参数变得易于获取且经济实惠。水势在分析植物水分可用性、土壤坡面稳定性，以及滑坡潜在风险等方面至关重要。开发一种精确、易于部署的传感器对于提高检测和了解重要土壤属性的能力至关重要。TEROS 21 Gen 2 拥有改进的电路，更加强大的微处理器及更大的测量范围，这些改进使得 TEROS 21 Gen 2 真正成为了一款全方位水势传感器，能够测量从空气干燥到接近饱和和状态等不同情况下的土壤水分参数	TEROS 21 Gen 2 传感器

（续）

制造商及网页信息	技术亮点	图示
VeriGrain Sampling Inc. https://verigrain.com	VeriGrain 是一个自动采样和数据管理系统。这个系统通过2个相互连接的硬件模块来采集粮食样本，即一个位于地表的样本提取模块和一个位于谷物流中的样本管理模块。精确的横截面样本通过气动输送到仓储设备，收集后存储在带有条形码的容器内。样本数据被输入到一个应用程序中，该程序可以获取最优的取样质量和数量，与实验室互动以获取样本分析，分析谷物以协助营销决策，并允许与买家及其他农场管理软件共享数据。该应用提供从仓库到买家的可溯源性，还能提供用于可持续发展、区块链和碳信用额度判定的数据；产品平台也包括了确定谷物特性的机载功能	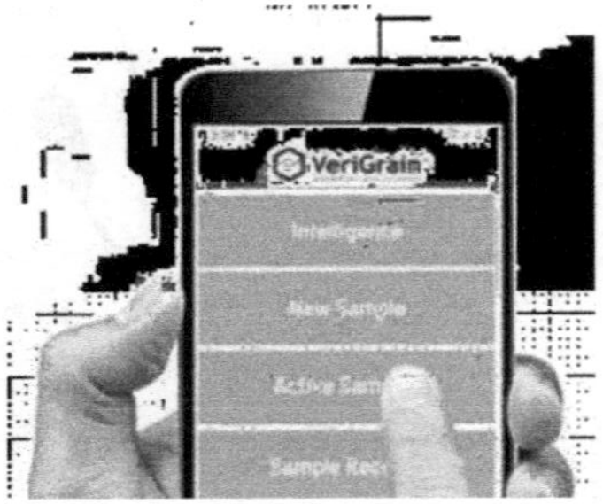 VeriGrain 自动采样和数据管理系统
Flory Industries https://goflory.com	Flory VX240 是一款由拖拉机驱动的新型坚果收获机，该机采用无水、无过滤器的除尘系统来减少收获过程中的粉尘排放。采用三级抑尘系统，紧凑的体积足以适应果园环境，空气转移速度超过5.66米³/秒，同时以每小时数千千克的速度连续清除碎屑和灰尘。传统的移动式抑尘系统多依赖喷雾器来减少空气中的尘埃，但该机有效减少了操作水车和填充水箱所需的大量人力及后勤需求	 VX240 收获机

（续）

制造商及网页信息	技术亮点	图示
Deere & Company https://www.deere.com/en/	新型 W200 系列自走式割晒机为生产商提供了多种选择和新功能选项，如 TouchSet™ 车内控制系统，它允许操作员通过按键在驾驶室内轻松的调整草捆的拍打与成型操作。TouchSet™ 预设数据库会根据收获作物的类型进行建议设置，并允许自定义设置，简化了操作流程。四款 SPW 新型设备是在 W200 系列成功的基础上进行的扩展和改进，增加了更丰富的产品型号和作业功能。R Spec 型号提供了更高的运输速度，更大的铺平宽度。M、R、R400、R500 和 D600 等多种选项为干草生产商提供了丰富的操作环境、马力、速度、切割和调节选项，这些选项使得 W200 系列自走式割晒机能够满足不同生产商的需求，无论是小型农场还是大型农业企业，都能找到适合自己需求的配置	 W200 系列自走式割晒机
Case IH Agriculture https://www.caseih.com	WD5 系列自走式割晒机能使生产者快速开展田间作业，并在不牺牲收获质量或工作舒适度的情况下应对复杂地形。最高 48.28 千米/时的运输速度和最高 32.19 千米/时的切割速度，再加上简化的操作和创新技术，如田间巡航系统和三重割晒机附件，将操作效率提升到了最高水平。此外，割晒机还整合了先进的农业系统（AFS）技术，包括 AFS Pro 700 显示屏，用于管理自动导航、控制关键机器功能和监控割晒机性能。WD5 系列自走式割晒机树立了创新、技术和舒适度的典范，机具的高效率在每一次切割表作业中都能体现出来。全新的电子油门地面推进和转向系统使道路转运和田间作业变得轻松自如，为操作员提供了更加轻松的使用体验	 WD5 系列自走式割晒机

参 考 文 献

[1] 徐广飞，陈美舟，金诚谦，等. 拖拉机自动驾驶关键技术综述[J]. 中国农机化学报，2022，43
    (6)：126 – 134.
[2] 郑娟，廖宜涛，廖庆喜，等. 播种机排种技术研究态势分析与趋势展望[J]. 农业工程学报，
    2022，38(24)：1 – 13.
[3] 张正中，谢方平，田立权，等. 国外谷物联合收割机脱粒分离系统发展现状与展望[J]. 中国农
    机化学报，2021，42(1)：20 – 29.
[4] 辜松. 我国设施园艺生产作业装备发展浅析[J]. 现代农业装备，2019，40(1)：4 – 11.
[5] 沈明霞，丁奇安，陈佳，等. 信息感知技术在畜禽养殖中的研究进展[J]. 南京农业大学学报，
    2022，45(5)：1072 – 1085.
[6] 刘成良，贡亮，苑进，等. 农业机器人关键技术研究现状与发展趋势[J]. 农业机械学报，2022，
    53(7)：1 – 22, 55.
[7] 孙景彬，刘志杰，杨福增，等. 丘陵山地农业装备与坡地作业关键技术研究综述[J]. 农业机械
    学报，2023，54(5)：1 – 18.
[8] 杨天阳，田长青，刘树森. 生鲜农产品冷链储运技术装备发展研究[J]. 中国工程科学，2021，
    23(4)：37 – 44.
[9] 马肖静，刘勇鹏，黄松，等. 不同 LED 光照强度夜间补光对番茄幼苗生长发育的影响[J]. 植物
    生理学报，2022，58(12)：2411 – 2420.
[10] 孙锦，李谦盛，岳冬，等. 国内外无土栽培技术研究现状与应用前景[J]. 南京农业大学学报，
    2022，45(5)：898 – 915.
[11] 李佳，王梦瑶，刘良好，等. 植物工厂育苗微环境及水肥精灌智控系统技术研究进展[J]. 农业
    与技术，2022，42(21)：36 – 39.
[12] 黄梓宸，SUGIYAMA Saki. 日本设施农业采收机器人研究应用进展及对中国的启示[J]. 智慧农
    业(中英文)，2022，4(2)：135 – 149.
[13] 苑进. 选择性收获机器人技术研究进展与分析[J]. 农业机械学报，2020，51(9)：1 – 17.
[14] 宋怀波，尚钰莹，何东健. 果实目标深度学习识别技术研究进展[J]. 农业机械学报，2023，54
    (1)：1 – 19.
[15] 苟园旻，闫建伟，张富贵，等. 水果采摘机器人视觉系统与机械手研究进展[J]. 计算机工程与
    应用，2023，59(9)：13 – 26.
[16] 吴剑桥，范圣哲，贡亮，等. 果蔬采摘机器手系统设计与控制技术研究现状和发展趋势[J]. 智
    慧农业(中英文)，2020，2(4)：17 – 40.